普通高等教育农业农村部“十三五”规划教材

导航定位原理及农业应用

吴才聪　主编

中国农业大学出版社
·北京·

内容简介

本书是针对农林院校开设本科生和研究生的卫星导航原理与应用教学为目标，以作者近年来从事卫星导航原理教学和精准农业应用技术研究为基础并吸收同行有关最新研究成果编写而成，系统地阐述了卫星导航的基本原理及农业应用的理论、方法和实务。全书共8章，主要内容包括导论、GNSS定位基础知识、GNSS定位基本原理、GNSS差分增强原理、GNSS信号接收机及数据、农业机械自动导航与控制、农业机械精准作业定位与控制、农业机械位置服务系统。

本书可用作农林院校的农业机械化及其自动化、电子信息工程、地理信息科学、机械设计制造及其自动化、车辆工程和数据科学与大数据技术等专业的本科生教材，也可用作农业机械化工程、农业电气化与自动化、农业工程与信息技术、农业水土工程、车辆工程和农业工程等专业的研究生教材。

图书在版编目(CIP)数据

导航定位原理及农业应用/吴才聪主编. —北京：中国农业大学出版社，2019.11
ISBN 978-7-5655-2310-6

Ⅰ.①导… Ⅱ.①吴… Ⅲ.①卫星导航-全球定位系统-应用-农业机械-教材 Ⅳ.①S22 ②TN967.1③P228.4

中国版本图书馆CIP数据核字(2019)第245098号

书　名　导航定位原理及农业应用
作　者　吴才聪　主编

策划编辑　张秀环　　　　责任编辑　张秀环
封面设计　郑　川
出版发行　中国农业大学出版社
社　址　北京市海淀区圆明园西路2号　　邮政编码　100193
电　话　发行部 010-62733489,1190　　读者服务部 010-62732336
　　　　编辑部 010-62732617,2618　　出　版　部 010-62733440
网　址　http://www.caupress.cn　　**E-mail** cbsszs@cau.edu.cn
经　销　新华书店
印　刷　北京鑫丰华彩印有限公司
版　次　2019年11月第1版　2019年11月第1次印刷
规　格　787×1092　16开本　11.25印张　280千字
定　价　36.00元

编审人员

主　编　吴才聪（中国农业大学）
副主编　（按姓氏笔画排序）
印　祥（山东理工大学）
杨丽丽（中国农业大学）
张　漫（中国农业大学）
张智刚（华南农业大学）
编　者　（按姓氏笔画排序）
丁慧玲（河南科技大学）
王　玲（中国农业大学）
印　祥（山东理工大学）
兰玉彬（华南农业大学）
齐江涛（吉林大学）
杨　丽（中国农业大学）
杨卫中（中国农业大学）
杨丽丽（中国农业大学）
吴才聪（中国农业大学）
张　泽（石河子大学）
张　漫（中国农业大学）
张国忠（华中农业大学）
张智刚（华南农业大学）
苑严伟（中国农业机械化科学研究院）
孟志军（国家农业信息化工程技术研究中心）
楼益栋（武汉大学）
主　审　李民赞（中国农业大学）

前　言

全球卫星导航系统(GNSS)是智慧农业的核心支撑技术,是融合物质、能量与信息等资源发展智能农机系统的关键要素,也是当前及未来农林院校培养农业电气化与自动化等本科生专业和农业机械化工程等研究生专业人才必须掌握的基础知识。

当前,农林院校开设"GNSS原理及应用"等课程面临一个严峻的问题,即没有合适的教材可供参考,测绘类相关教材越来越趋向于专业化,不利于农林院校教师和学生理解和掌握。而农业工程领域常使用的教材,尚停留在GNSS基本原理和GNSS农业应用的笼统介绍,缺乏农业机械(以下简称"农机")路径规划、农机自动导航、农机协同作业、农机远程监测、农机位置服务和农用差分增强等最新知识,而这些知识已是不可或缺且已成为现代农机装备的必要组成部分。因此,面向智能农机快速发展对人才培养的迫切需求,立足于测绘类教材,结合农业应用,编写一本深浅恰当、易于理解的教材,显得异常必要和紧迫。

本书由中国农业大学博士生导师吴才聪副教授主编,参加编写的人员来自全国10所高等院校和科研院所,本书主审为中国农业大学博士生导师李民赞教授。

全书共8章。第一章由吴才聪和杨丽丽编写,第二章、第三章、第四章、第五章由吴才聪和楼益栋编写,第六章由张漫、印祥和张智刚编写,第七章由兰玉彬、杨丽、王玲、齐江涛、苑严伟和张泽编写,第八章由吴才聪、杨丽丽、杨卫中、孟志军、丁慧玲和张国忠编写。书中引用的参考文献列于书后,以便读者进一步查阅。

本书得到了国家重点研发计划项目(2016YFB0501805)和中国农业大学信息与电气工程学院的资助和农业农村部教材办公室、中国农业大学出版社的支持。在此,我们对所有关心和支持本书出版的单位和个人以及所有参考文献的作者深表谢意。

书中如有不妥之处,敬请读者指正。

编　者

2019年8月

目　录

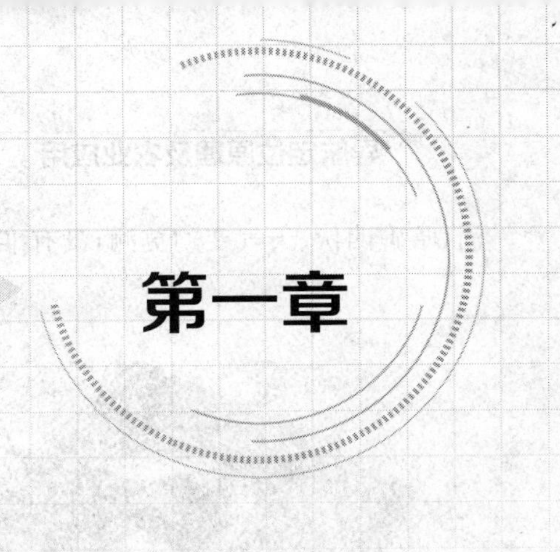

导　论

从古至今,定位、导航无不与人们的日常生活、经济建设和国家安全息息相关。人类在漫长的进化过程中,也在不断地追求更准确的导航方法。本章将介绍导航定位技术发展历程、全球卫星导航系统组成及其民用应用概况。

第一节　导航定位技术发展历程

定位,是指确定某一事物在某一环境中的位置的方法。导航,是指按照指定的航线引导事物从一个位置到达另一个位置的方法。定位与导航既有联系,也有区别。定位是导航的基础,导航是定位的延续。航海时代、航空时代和航天时代的陆续开启与演进,催生了导航定位技术的革命,带动了导航定位产业的飞速发展。特别是随着无线电技术和空间技术的应用,以卫星为平台的导航与定位方式,得到了极大的发展和应用。可以说,全球卫星导航系统已成为当今人类最为重要的时空信息基础设施。

一、发展历程

(一) 早期导航技术

人类在上古时代,因为生产和生活需要穿越丛林、沙漠和草地,去往目的地和回归宿营处,所用的导航方法是通过识别自然现象或人为标记来指引路线。日月星辰、起伏的山峦、叠起的石堆、刻痕的树木等,便是早期人类出行认路的参照物。

随着时代的进步和人类活动范围的扩大,导航定位技术的方法、手段和仪器也随之丰富、发展和日趋完善。早在我国战国时期,就出现了“司南”这种指示方向的工具(图 1-1),北宋时期又发明了指南针,这些工具很快就被应用到军事、生产和日常生活等方面。明初航海家郑和七下西洋,宝船及船队能安全往返,指南针起到了决定性作用。但在这个时期,人们只能确定大概的方位。

(二) 航海时代导航技术

人类进入航海时代,仅知道大概的方位,已不能满足应用需求。设想茫茫的大海暗流汹涌、暗礁四伏、天气变幻莫测，没有准确的位置和方向，将难以漂洋过海、平安到达目的地。

图 1-1　中国古代发明的司南

数字资源 1-1　三打祝家庄的导航故事

数字资源 1-2　郑和下西洋

在航海初期，人们只能沿着海岸线航行，利用地形、地物、灯塔和航标指引方向。这个时期，人们利用星盘、六分仪(图 1-2)等仪器测量恒星或太阳的角度和方位，配合指南针等工具以确定方向和纬度，但尚难以准确估算经度。由于测不准经度，远洋航行仍危机四伏。

关于经度，存在 2 方面的问题，一是经度的基准问题，二是经度的测量问题。在统一经度的基准方面，世界各国同意将穿过格林尼治的经线确定为本初子午线，经度测量即如何测量舰船与格林尼治经线之间的距离。和纬度不同，经度无法通过观察太阳或恒星的高度来计算。伽利略、牛顿等知名科学家也曾加入经度测量研究的活动中，其中，伽利略发现木星的 4 颗卫星上每天都有星蚀，只要做出星蚀表，就可以确定经度。这个方法在陆地上可行，且得到了很好的应用，但在不停摇摆的船上，显然无法准确观测木星星蚀。这个看似简单的问题，却花了近二百年的时间才得以解决，而且精度也只有 10 余千米。

数字资源 1-3　伽利略的经度测量方法

1713 年，英国政府成立了海上经度确定委员会，并设置了 2 万英镑的巨奖，以奖励那些能使人类在茫茫大海上确定经度的最佳发明。这个委员会在 19 世纪中叶解散时，已经发放 10 余万英镑的奖金，其中 1 个重要的发明就是航海钟(图 1-3)。18 世纪，木匠出身的哈里森父子经过数十年、2 代人的努力，发明制造了精度较高的航海钟，才确定了相对准确的海上经度。自此，人类才拥有测量方位、纬度和经度的导航技术。

数字资源 1-4　航海钟的故事

（三）近现代导航技术

进入 20 世纪后，人类经历了 2 次世界大战，坦克、潜艇、飞机、导弹陆续投入使用，进入海、陆、空三军联合作战时期。这个时期，军事对定位、导航乃至授时，提出了更高的要求，要求能够支持全天候、大范围、快速、连续及高精度的作战。也是在这个时期，人类发明了无线电，掌握了电磁波在均匀介质中沿直线传播、速度恒定，遇到障碍物或介质变化有反射和折射的特性。是否可以利用无线电波进行导航呢？科学家们的探索随之开始了。1906 年无线电测向仪制造成功，1921 年出现无线电信标，1937 年雷达开始在舰船上用作导航手段。第二次世界大战中后期，陆基无线电导航系统得到迅速发展，通过测量无线电导航台发射的信号，可以确定运动载体相对于导航台的方位、距离和距离差等几何参量，从而确定运动载体与导航台之间的相对位置关系，据此对运动载体进行定位、导航和授时。

图 1-2 六分仪

图 1-3 航海钟

仪表着陆系统(Instrument Landing System，ILS)是 1 个重要的无线电导航应用。飞机的进近着陆阶段是事故多发阶段，也是最复杂的飞行阶段。这一阶段飞行高度低，因而对飞机安全的要求也最高，尤其在终端进近时，飞机的所有状态都必须高精度保持，直到准确地在 1 个规定的点上接地。ILS 是国际民航组织在 1948 年指定的最后进近与着陆的非目视标准设备，是通过地面的无线电导航设备和飞机上的无线电领航仪表配合工作，使飞机在着陆过程中建立 1 条正确的下滑线，飞行员(或自动飞行系统)根据仪表的信号修正航向、高度和下滑速率，以保持正确的下滑轨迹。

数字资源 1-5 仪表着陆系统

另一个比较有代表性的远距离无线电导航系统是罗兰-C(Loran-C)，该系统由 3 个地面导航台组成，采用脉冲相位双曲线定位原理，导航工作区域约为 2 000 km，定位精度为 200～300 m。由于交流电源设备会产生低频干扰，该系统不适合高动态飞行器(如战斗机)，也不适合在城市使用。据解析几何可知(图 1-4)，距 2 个固定点的距离差为常数的动点之轨迹，是以这 2 个点为焦点的 1 条双曲线。船舰(动点)在航行过程中利用无线电接收装置，接收陆地导航发射台(固定点)发射的无线电波，测定距 2 个固定点的距离差并画出双曲线，双曲线的交点即为船舰位置。

相比航海时代，这个时期的导航技术已经有了很大程度上的飞跃，定位精度为 100～200 m，覆盖范围超过 1 000 km。导航技术的应用，也从陆地、海洋走向了天空。

在这个时期，惯性导航技术也得到了长足的发展。惯性导航技术利用加速度计和陀螺仪测量飞行器的加速度和姿态，通过 2 次积分来推算飞行器的位置。图 1-5 为惯性测量单元，可以测量三轴加速度和角速度。惯性导航具有隐蔽性好、抗干扰性强和数据更新频率高等特点，其中最重要的优点是不受敌方的干扰影响。但由于惯性导航系统是航位推算系统，定位精度随时间增加而降低，因此需要不断地修正。

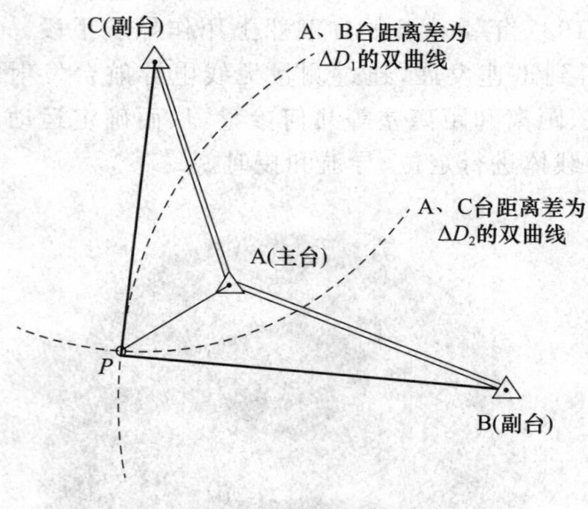

图 1-4　双曲线导航定位方法

图 1-5　惯性测量单元

（四）现代导航技术

第二次世界大战后，人类进入相对和平的发展时期。但是战略威慑、军事应用仍然在推动导航技术的持续发展。作为当时的超级大国，美国的核潜艇要在全球巡逻和作战，怎么样才能够实现全球、全天候、连续、准确的定位和导航呢？陆基无线电导航技术由于覆盖范围有限，已经不能满足现代军事应用的要求。

数字资源 1-6　V2 火箭利用惯性导航技术制导

早在 1945 年，英国科幻小说家亚瑟·克拉克（1917—2008）为《无线电世界》写了 1 篇题为《地球外的中继》的文章，详细预言了可将广播和电视信号传播到全世界的远程地球同步通信卫星系统，给了世人研制人造地球卫星极大的启发。

1957 年 10 月 4 日，苏联成功发射了世界上第一颗人造地球卫星。美国霍普金斯大学应用物理实验室的威廉·盖伊尔和乔治·韦芬邦奇 2 位物理学家，发现通过分析苏联卫星的多普勒频移，可以确定卫星的轨道参数。据此，该实验室主席弗兰克·麦克卢尔建议：如果卫星位置已知和可预测，则可以将卫星信号用于确定地球上接收机的位置。基于这个发现和推论，1964 年诞生了第一代导航卫星系统——美国海军导航卫星系统，由于卫星轨道与地球子午圈重叠，该系统又称为子午仪导航系统。这个系统将导航台放置在卫星上，在地球表面任何地方、任何气候条件下，1 h 内均能测定位置，定位精度与观测次数有关，定位精度在 1～500 m。

数字资源 1-7　亚瑟·克拉克

数字资源 1-8　第一颗人造地球卫星

子午仪导航系统的成功应用，在美国海、陆、空三军中掀起了卫星导航热，为后续的全球定位系统的建设奠定了基础。子午仪导航系统存在的缺陷有：卫星数目较少（约 5 颗）；会出现信号突然间断；等待卫星出现的时间较长（35～100 min）；高精度定位虽然可以达到 1 m，但需要 40 次以上的卫星观测（可能耗时数天），且需要使用精密星历。

鉴于此，经过详细的论证，1973 年 12 月，美国国防部批准了建立新的卫星导航定位系统的计划，即全球定位系统。1978 年第一颗试验卫星发射成功，1994 年顺利完成了 24 颗卫星的布设，这标志着 1 个革命性的全新导航时代的到来。该系统不仅集成了以前所有的单用途卫星系统，并且致力于提供更广泛的服务。该系统用 24 颗卫星实现了全球性覆盖和全天候服务，可实时动态地提供 10 米级至厘米级的定位、导航和授时一体化服务，充分体现了航天技术的魅力和其他导航方式难以比拟的优越性。

数字资源 1-9　约翰·霍普金斯大学应用物理实验室

数字资源 1-10　美国海军导航卫星系统

二、发展分析

人类的生活需要、经济发展和军事斗争，驱动着导航定位技术的发展。当前，导航定位技术已经进入第 4 个阶段，以天基卫星为信号发射源平台，利用无线电波测距与定位，实现了全天候、全球性、实时、连续的高精度定位。天文导航、惯性导航、无线电导航与卫星导航形成拼图，建立了现代导航定位技术体系(图 1-6)。

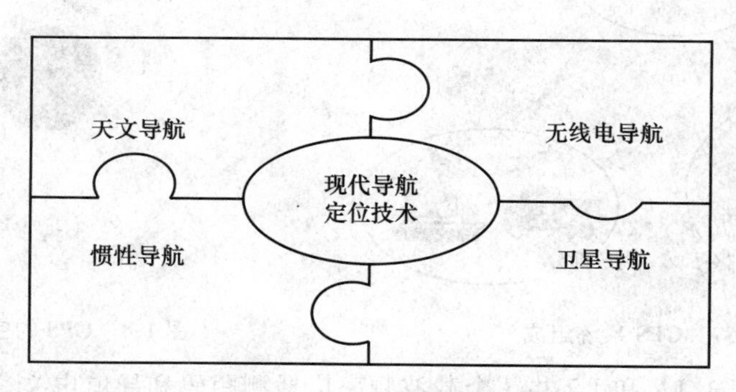

图 1-6　现代导航定位技术

由于受制于信号强度，卫星定位信号很容易受到遮挡或干扰，导致全球卫星导航系统在城市峡谷及室内环境定位不准甚至无法定位。为了解决室内环境下的定位问题，近年来出现了众多室内定位技术，如基站定位、Wi-Fi 定位、RFID 定位、蓝牙定位、超宽带无线电定位、地磁定位和伪卫星定位等。室内外无缝定位与导航已成为当前学术界和产业界关注的热点。

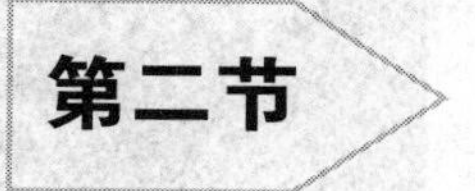

第二节　全球卫星导航系统组成

目前，全球卫星导航系统(Global Navigation Satellite System，GNSS)主要包括美国的全球定位系统、俄罗斯的格洛纳斯系统、欧洲的伽利略系统和中国的北斗卫星导航系统。

一、全球定位系统

全球定位系统是美国建设的“卫星授时与测距导航系统”(Navigation by Satellite Timing and Ranging Global Positioning System,NAVSTAR GPS),简称全球定位系统(GPS)。

(一)系统组成

GPS由空间部分、控制部分和用户部分3部分组成(图1-7)。这3部分,又相应地称为空间段、地面段和用户段,或者称为空间星座、地面监控系统和用户接收机。

数字资源1-11 GPS空间星座

1. 空间部分

GPS的基本空间星座由24颗工作卫星与3颗备用卫星组成(图1-8)。卫星分布在6个轨道面内,每个轨道面上分布4颗卫星,运行周期11h58min,同一观测站每天出现的卫星分布图形相同,只是每天提前约4 min。

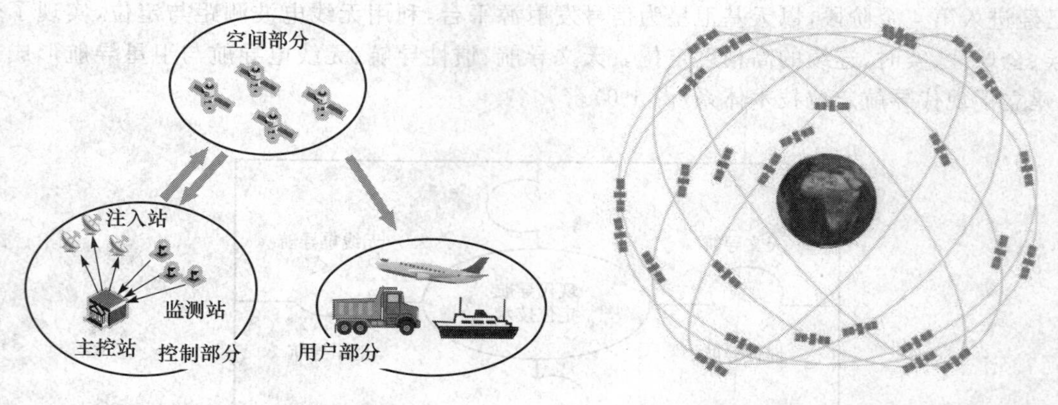

图1-7 GPS系统组成　　图1-8 GPS的空间星座

GPS卫星采用L1、L2和L5共3个载波频率广播测距码和导航电文。迄今为止,GPS卫星已设计了3代。第一颗GPS卫星于1978年发射,为Block Ⅰ试验型卫星。截至2019年5月1日,GPS在轨卫星有32颗,均为Block Ⅱ卫星(图1-9),其中包括10颗Block Ⅱ-A、12颗Block Ⅱ-R、8颗Block ⅡR-M和2颗Block Ⅱ-F。

Block Ⅱ-A

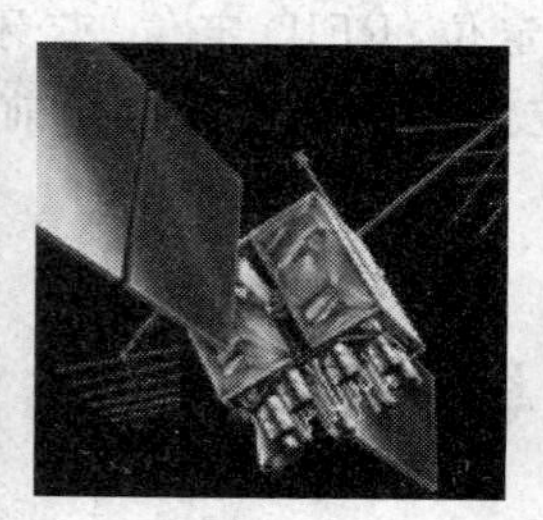

Block Ⅱ-R

Block ⅡR-M

Block Ⅱ-F

图1-9 GPS的工作卫星

2. 控制部分

GPS 地面监控系统包括 1 个主控站、3 个注入站和 16 个监测站，其主要功能是收集数据、编算导航电文、诊断卫星状态及调度卫星。

数字资源 1-12 GPS 地面监控系统分布

(1) 监测站。监测站的主要任务是对每颗卫星进行观测，并向主控站提供观测数据。每个监测站配有 GPS 双频接收机，对 GPS 卫星进行连续观测，每 6 s 进行 1 次伪距测量和积分多普勒观测，并采集气象等数据。16 个监测站分布在美国本土和三大洋的美军基地上，保证了全球 GPS 定轨的精度要求。监测站提供的观测数据形成了 GPS 卫星实时发布的广播星历。

(2) 主控站。主控站位于美国科罗拉多州的谢里佛尔空军基地，是整个地面监控系统的管理中心和技术中心。另外还有 1 个位于马里兰州盖茨堡的备用主控站，在发生紧急情况时启用。主控站具备监测站的全部功能，负责协调和管理地面监控系统。它根据监测站采集的全部数据计算出每一颗卫星的星历、时钟改正数、状态数据以及大气改正数，编辑为导航电文，传送到注入站；对整个地面支撑系统的协调工作进行诊断；对卫星的健康状况进行诊断，并加以编码向用户指示；根据所测的卫星轨道参数，及时将卫星调整到预定轨道，使其发挥正常作用，而且还可以进行卫星调度，用备份卫星取代失效的工作卫星。

(3) 注入站。注入站除具备监测站的全部功能外，负责将主控站推算和编制的导航电文注入相应的 GPS 卫星。3 个注入站分别设在大西洋、印度洋和太平洋的 3 个美国军事基地上，即大西洋的阿松森岛、印度洋的狭哥·伽西亚和太平洋的卡瓦加兰。

GPS 地面控制系统的各个组成部分通过现代化的通信网络，在计算机程序的驱动和控制下，各司其职，这使得整个地面段，除主控站外，均实现了无人值守。

3. 用户部分

GPS 用户部分又称 GPS 接收机，是指各种 GPS 用户终端，其主要功能是接收卫星信号，计算用户所需要的位置、速度和时间等导航信息。

数字资源 1-13 GPS 用户终端示例

GPS 提供 2 种定位服务，即标准定位服务(SPS)和精密定位服务(PPS)。目前，GPS 的标准定位服务对用户完全开放，不向用户收取费用。GPS 民用单频定位精度优于 10 m，经伪距差分后可提高至亚米级，GPS 双频接收机经载波相位差分后定位精度可达厘米级。精密定位服务的服务对象仅限于美国军事用户以及与国防部有专门协定的盟国政府的军事部门和政府部门，它能提供高精度的定位、授时和测速服务，GPS 军用单频定位精度优于 1 m。

(二) GPS 现代化计划

从 1995 年 4 月 27 日 GPS 宣布投入完全工作状态以后，翌年便启动 GPS 现代化计划。

GPS 现代化计划旨在全面升级其空间段、地面段和用户段，比如在第 2 代工作卫星上增加新的民用信号和军用信号，发射性能更加优越的第 3 代 GPS 卫星(图 1-10)，以改进 GPS 的总体性能，保持美国在全球卫星导航系统上的优势地位，特别是加强 GPS 的军事应用能力。目前，GPS 的现代化计划已经实施 20 余年，取得了巨大的进步和成就。

图 1-10　GPSⅢ卫星

数字资源 1-14　GPS 现代化计划进展

二、格洛纳斯系统

GLONASS(格洛纳斯系统)起步比 GPS 晚 9 年。苏联在 1982 年 10 月开始逐步建设 GLONASS，解体后由俄罗斯接管。

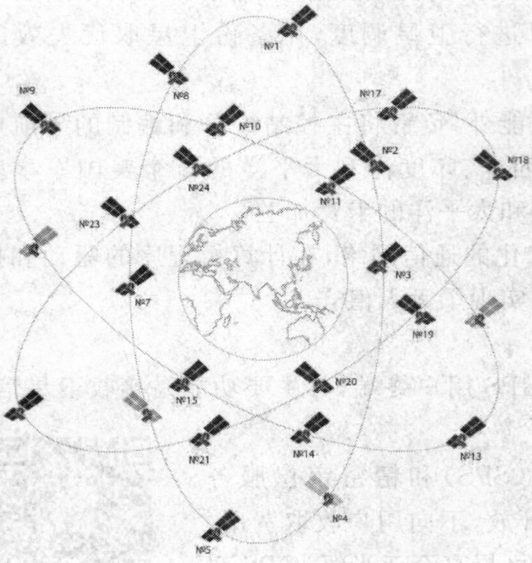

GLONASS 在系统组成与工作原理上与 GPS 基本相似，导航卫星分布在 3 个轨道面上，轨道高度约 19 100 km，轨道倾角为 64.8°(图 1-11)。截至 2019 年 5 月 1 日，在轨卫星 26 颗，其中工作卫星 24 颗，运行周期约 11 h 15 min。这样的分布可以保证地球上任何地方任一时刻都能收到至少 5 颗卫星的导航信息。

图 1-11　GLONASS 的空间星座

GLONASS 的研制与组网过程较为曲折，虽曾遭遇苏联解体和俄罗斯经济不景气，但始终没有中断过系统的研制和卫星的组网计划，终于在 1996 年 1 月 18 日实现了空间满星座运行。此后，GLONASS 还遭遇过 2010 年 12 月和 2013 年 7 月的 2 次“一箭三星”卫星发射失败的严重事故。为了提高系统工作效率、精度性能和增强系统的完善性，俄罗斯已开启了 GLONASS 系统的现代化计划。

三、伽利略导航卫星系统

伽利略导航卫星系统(Galileo Navigation Satellite System，Galileo)，是由欧洲委员会和欧洲航天局联合建设的欧洲全球卫星导航系统。

Galileo 采用由分布在 3 个轨道面上的 30 颗中等高度轨道卫星构成卫星星座(图 1-12)，每个轨道面上有 10 颗卫星，9 颗为工作卫星，1 颗为备用卫星，轨道高度约 23 222 km，运行周期 14 h。2002 年 3 月，欧盟正式启动伽利略系统建设，截至 2019 年 5 月 1 日，在轨卫星 26 颗，工作

数字资源 1-15　欧盟委员会和欧洲航天局

卫星 23 颗。在建设和运行过程中,Galileo 系统遭遇过多次系统性的严重问题,导致整个系统中断导航服务。

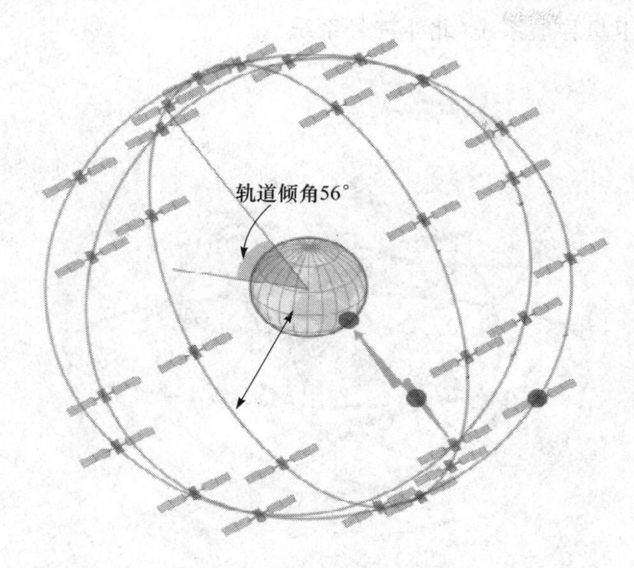

图 1-12 Galileo 的空间星座

Galileo 系统提供公开服务、生命安全服务、商业服务和公共事业服务。公开服务是为全球用户免费提供位置和时间信息,性能与 GPS 的民用服务相当;生命安全服务的性能更高,适用于各种运输业;商业服务是在公开信号上提供加密数据,供商业应用;受控的公共事业服务入网需受欧洲委员会及其成员国政府的管制,可用于警察和应急服务等。

数字资源 1-16 Galileo 遭遇严重问题

四、北斗卫星导航系统

北斗卫星导航系统(BeiDou Navigation Satellite System,BeiDou、BDS 或北斗)是中国建设的全球卫星导航系统。

数字资源 1-17 北斗卫星导航系统介绍链接

(一) 构成与服务

北斗空间段包括 5 颗静止轨道卫星和 30 颗非静止轨道卫星(图 1-13)。截至 2019 年 5 月 1 日,北斗系统在轨卫星 39 颗,工作卫星 33 颗。

北斗系统致力于向全球用户提供高质量的定位、导航和授时服务,包括开放服务和授权服务 2 种方式。开放服务是向全球免费提供定位、测速和授时服务,定位精度 10 m,测速精度 0.2 m/s,授时精度 10 ns。授权服务是为有高精度、高可靠卫星导航需求的用户提供定位、测速、授时和通信服务以及系统完好性信息。

数字资源 1-18 北斗卫星导航系统发展步骤

(二) 发展步骤

根据系统建设总体规划,2000 年首先建成具有导航、授时与短报文通信服务能力的区域有源北斗导航试验系统(北斗一号系统);2012 年建成具备覆盖亚太地区的定位、导航和授时以及短报文通信服务能力的区域无源系统(北斗二号系统);到 2020 年前后,建成覆盖全球的北斗卫星导航系统(北斗三号系统)。

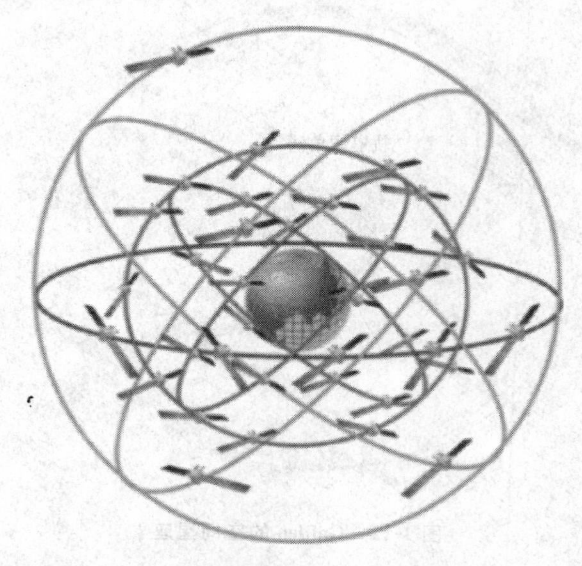

图 1-13　北斗的空间星座与系统标志

(三) 北斗双星定位原理

北斗一号卫星导航定位系统由 2 颗地球静止轨道卫星、1 颗在轨备份卫星、中心控制系统、标校系统和用户机等部分组成(图 1-14)。

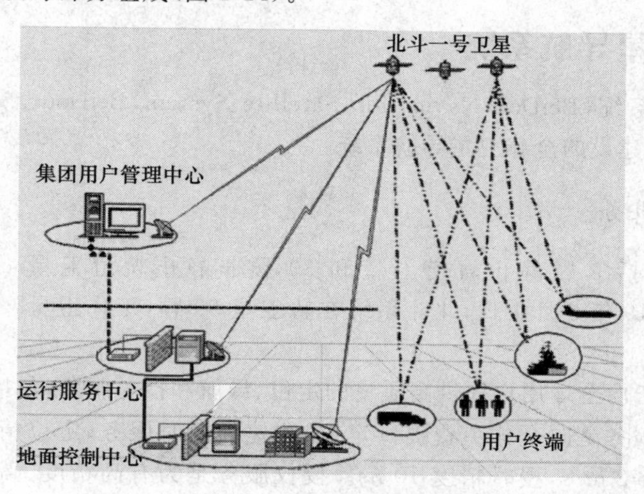

图 1-14　北斗一号卫星导航定位系统工作原理

系统的工作过程:①由中心控制系统向卫星Ⅰ和卫星Ⅱ同时发送询问信号,经卫星转发器向服务区内的用户广播。②用户响应其中 1 颗卫星的询问信号,并同时向 2 颗卫星发送响应信号,经卫星转发回中心控制系统。③中心控制系统接收并解调用户发来的信号,然后根据用户的申请服务内容进行相应的数据处理。

对定位申请，中心控制系统测出 2 个时间延迟：①从中心控制系统发出询问信号，经某一颗卫星转发到达用户，用户发出定位响应信号，经同一颗卫星转发回中心控制系统的延迟。②从中心控制发出询问信号，经上述同一颗卫星到达用户，用户发出响应信号，经另一颗卫星转发回中心控制系统的延迟。由于中心控制系统和 2 颗卫星的位置均是已知的，因此由上面 2 个延迟量可以算出用户到第一颗卫星的距离，以及用户到 2 颗卫星距离之和，从而知道用户处于 1 个以第一颗卫星为球心的 1 个球面，和以 2 颗卫星为焦点的椭球面之间的交线上。另外中心控制系统从存储在计算机内的数字化地形图查寻到用户高程值，又可知道用户处于某一与地球基准椭球面平行的椭球面上。从而中心控制系统可最终计算出用户所在点的三维坐标，这个坐标经加密后由出站信号发送给用户。

（四）北斗短报文

短报文是北斗的 1 个独特功能，该功能通过卫星定位终端、北斗卫星和北斗地面服务站之间进行双向信息传输，不依赖于地面移动通信网络。

当前已建成的北斗区域系统和在建的北斗全球系统保留了该功能，并从原来的 2 颗 GEO 卫星增加至 5 颗。北斗短报文功能在民生、国防和紧急救援等领域具有很强的应用价值。

在农业应用领域，北斗短报文在海洋渔业监管及应急救援方面，发挥了不可替代的重要作用。随着北斗卫星导航系统的升级换代，作为特色应用，短报文将得到进一步的加强。

（五）北斗系统的特点

北斗系统的建设实践，实现了在区域快速形成服务能力、逐步扩展为全球服务的发展路径，丰富了世界卫星导航事业的发展模式。

北斗系统具有以下特点：

（1）北斗系统空间段采用 3 种轨道卫星组成的混合星座，与其他卫星导航系统相比高轨卫星更多，抗遮挡能力强，尤其低纬度地区性能特点更为明显。

数字资源 1-19　北斗与其他系统的区别

（2）北斗系统提供多个频点的导航信号，能够通过多频信号组合使用等方式提高服务精度。

（3）北斗系统创新融合了导航与通信能力，具有实时导航、快速定位、精确授时、位置报告和短报文通信服务五大功能。

五、GNSS 系统比较

表 1-1 列出了全球 4 大 GNSS 系统的关键参数。可以看出，各系统既有区别，也有共同之处。

除表 1-1 所列参数，各大 GNSS 在定位频率及信号的调制方式方面，存在显著的差异。例如，GPS 采用的 L1、L2 和 L5 频率分别为 1 575. 42 MHz、1 227. 6 MHz 和 1 176. 45 MHz，北斗采用的 B1、B2、B3 频率分别为 1 575. 42 MHz、1 207. 14 MHz 和 1 268. 52 MHz。除 GLONASS 采用频分多址外，其他三大系统均采用码分多址。

表 1-1 全球卫星导航系统比较

参数	GPS	GLONASS	Galileo	BeiDou
坐标系统	WGS-84	PZ90	GTRF	CGCS2000
时间系统	UTC	UTC	GST	BDT
基本卫星数	24＋3	24＋3	30	30＋5
轨道平面数	6	3	3	GEO＋MEO＋IGSO
轨道倾角	55°	64.8°	56°	55°＋同步
轨道高度	20 230 km	19 390 km	23 616 km	35 786 km、21 500 km
多址方式	CDMA	FDMA	CDMA	CDMA
定位精度	10 m	10 m	10 m	10 m
业务类型	导航、定位、测速、授时	导航、定位、测速、授时	导航、定位、测速、授时、搜索救援	导航、定位、测速、授时、短报文

数字资源 1-20 GNSS 在轨卫星状况查询网址

数字资源 1-21 多址方式

第三节 全球卫星导航系统应用概况

卫星导航从最初的武器制导、工程测绘和科学研究等应用，已迅速推广到交通运输、精准农业、气象预报、通信授时、电力调度、救灾减灾等各个行业，车辆导航和移动通信等大众消费正引领着卫星导航应用的快速发展。本节首先介绍 GNSS 在精准农业领域的应用概况，然后介绍 GNSS 在测量测绘、交通运输和大众消费等领域的应用概况。

一、GNSS 农业应用

（一）应用需求

精准农业通过有效管理农业生产的空间差异，可以提高水、肥和药的利用率，提高作物产量和减轻环境影响。精准农业要求实现以下 3 个精确。

（1）定位的精确，即精确地确定播种、灌溉、施肥、施药和收获的位置。

（2）定量的精确，即精确地确定水、肥、药的施用量。

（3）定时的精确，即精确地确定农作时间。

正是 GNSS 的建设和完善，为实施精准农业提供了基本的技术条件。除了需要精确的位置，精准农业的不同应用还对相关性能存在以下要求。

（1）可用性：是指用户可使用 GNSS 导航信号服务的时间百分比。

(2) 连续性:是指整个系统在预期的工作周期内不中断工作的能力,或者说在工作周期内保持系统性能持续发挥的概率。

(3) 互操作性:是指用户能够联合使用多个 GNSS 系统提供的信号与服务的能力。

(4) 连通性:是指用户终端与相关软硬件保持连接的能力。

(5) 可追溯性:是指 GNSS 终端记录用户位置和回溯其轨迹的能力。

(二) 具体应用

GNSS 技术在大田精准农业领域的水管理、土地整理、播种、养分管理、病虫害管理和收获 6 个主要的生产管理环节均发挥着重要的作用(图 1-15)。GNSS 与农业的深度融合,构建了精准农业技术、装备与服务体系。

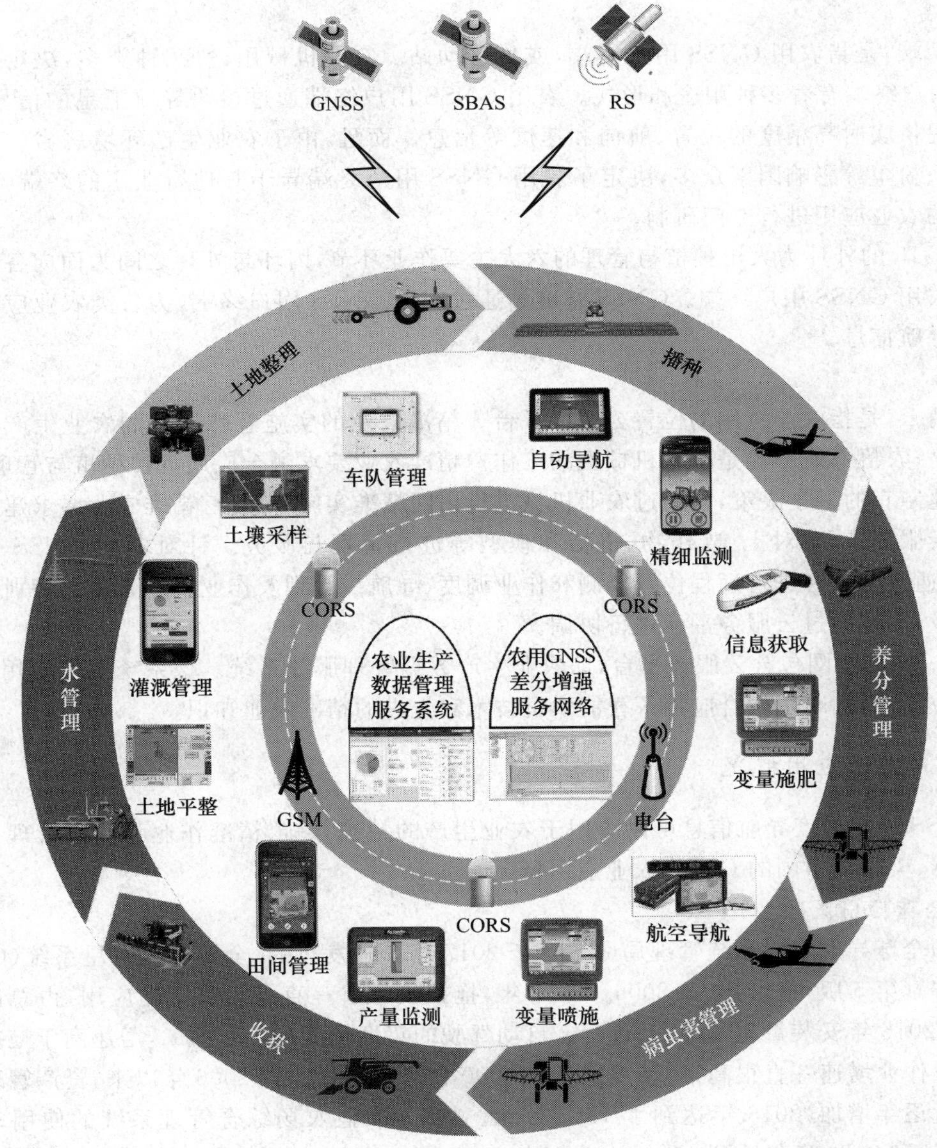

图 1-15 GNSS 在大田精准农业中的应用

GNSS在精准农业中的应用可以概括为3类:站、端、云。

1. 站

所谓站,是指农用GNSS基准站,或称参考站。精准农业对GNSS的定位精度需求涵盖了GNSS的所有精度范围,从米级至厘米级。由于农业生产的特殊性,农业机械(以下简称“农机”)自动导航与辅助驾驶等应用,不仅要求厘米级动态定位精度,而且要求极高的可用性、连续性和可追溯性。

纵观国内外,均非常重视农用基准站或信号服务体系的建设。例如,美国天宝为农业机械提供xFill断点续测信号,在地面RTK(载波相位差分)信号中断后,能够立即切换至星基精密单点定位信号,以保障农业机械连续作业,不受基准站信号中断的影响。

图1-15的内环为农用基准站,这表明基准站是精准农业应用的核心支撑。

2. 端

所谓端,是指农用GNSS用户终端,或称移动站。农业机械用途广、种类多,决定着农用GNSS用户终端有着多种用途和形式。农用GNSS用户终端通过接收导航卫星的信号,为农业机械提供实时高精度的位置、航向和速度等信息。而且,由于农业生产环境恶劣,高温、高湿、振动、粉尘等影响因素众多,决定了农用GNSS用户终端异于其他行业用的终端,需要针对不同的农业应用进行专门研制。

图1-15的外环为大田种植与管理的六大主要作业环节,内环与外环之间为面向各类农业应用的农用GNSS用户终端。GNSS基准站通过农用GNSS用户终端,为各类农业应用提供高精度导航信息。

3. 云

所谓云,是指农业应用的位置云服务平台。精准农业的实施意味着新的农业生产标准体系的建立,农机作业不再是单纯机械性的工作。精准农业要求融合应用各种种植与管理信息,做出因地制宜的科学决策,以通过农业机械进行田间精准实施。因此,精准农业要求建立基于位置的云服务平台,对土壤、作物、机器和模型等进行管理与服务。针对农用GNSS用户终端,可以通过云平台进行远程位置监测和作业调度、导航线管理及作业轨迹分析。特别是多机协同作业,需要通过云服务平台进行协调。

图1-15的内圈包含云服务平台,即农业生产数据管理服务系统。该系统不仅应用GNSS导航定位信息,同时也融合应用了智能农机技术和先进的精准农业知识。

(三) 国际应用概况

GNSS的高精度导航信息可以应用于农业生产的精确导航、精准作业和精细管理。下面介绍全球、美国及中国的GNSS农业应用概况。

1. 全球应用概况

欧洲全球导航卫星系统管理局(GSA)于2017年3月发布的《全球导航卫星系统(GNSS)市场报告》(第5版)指出,全球2006—2016年,拖拉机导航一直是最广泛的应用,占总出货量的41%,2016年安装量超过70万台套。自动驾驶的年度出货量位居第二,增速高于拖拉机导航。变量作业增速一直很高,2016年达到67 000台套出货量。自2006年以来,资产管理终端的安装量逐年增加,2016年达到了15.3万台。目前,欧盟农场综合管理系统的使用率约为10%,预计到2020年将达到40%。

北美是精准农业应用的核心地区，GNSS设备销量最多，其次是亚太地区。北美精准农业GNSS设备出货量在2015—2025年将增长2倍多。亚太地区将继续扩大安装量，尽管增速会有所放缓，但预计到2025年将达到33万台。中国、印度和澳大利亚等国家是精准农业的主要应用地区。欧洲将以适度的速度增长，到2025年精准农业GNSS设备预计达到15.7万套。

数字资源1-22　精准农业GNSS设备出货量

2. 美国应用概况

美国是世界上最早研究与应用精准农业技术的国家。美国普渡大学开展的“精准农业服务经销商调查”，采用间接调查的方式，揭示了美国精准农业技术应用现状。

数字资源1-23　2019年美国精准农业经销商调查链接

图1-16为美国农业技术服务公司历年采用精准农业技术的情况统计。自2000年以来，光靶辅助导航一直是最流行的导航技术，2009年达到顶峰。随着技术进步及成本下降，自动驾驶技术开始替代手动驾驶技术，基于GNSS的自动驾驶应用呈上升趋势，到2019年，已有90%的受访者使用该技术。2011年首次开始统计GPS辅助喷施作业，并在随后的2年里快速增长，由2011年的39%增长到2019年的75%。

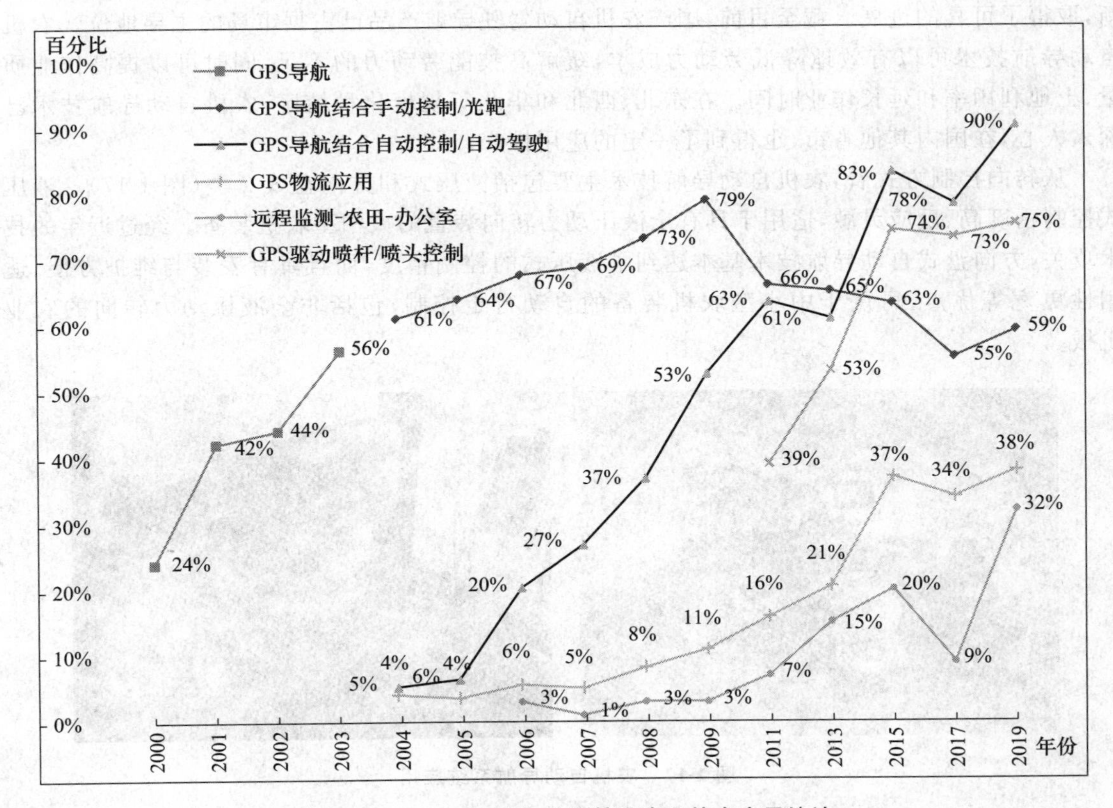

图1-16　2000—2019年美国精准农业技术应用统计

美国采用多种GNSS差分增强技术满足精准农业对高精度定位的需求。当前，应用最广泛的是广域增强系统，可以实现亚米级定位，为美国联邦航空局提供的免费信号。在厘米级信号方面，主要采用网络 RTK 技术和星基精密单点定位技术。相应地，个人 RTK 基准站逐步遭到弃用。

（四）中国应用概况

2013 年 4 月，在北斗二号系统建成并开始提供区域服务之际，为促进我国精准农业技术装备发展和北斗系统农业应用，财政部、农业农村部在国家农机购置补贴目录中，增加“精准农业设备”小类，对“农业用北斗终端（含渔船用）”进行财政补贴。该补贴政策的实施，带动了国家有关部委和地方政府的财政投资，促进了一批导航企业和主机企业研制北斗农机自动导航和辅助驾驶系统，着力培育精准农业技术，形成了良好的技术和市场竞争格局，为我国精准农业技术装备和现代农业的发展奠定了良好基础。

当前，GNSS 在农机化领域中的规模化应用，主要体现在 3 个方面：一是农机自动导航，二是农机作业监管，三是农机管理调度。

1. 农机自动导航应用

黑龙江农垦局在 2000 年前后开始小规模地引进国外农机自动导航系统，开展精准起垄和播种等作业，取得了较好的示范经验。随着 2013 年“农业用北斗终端”纳入农机购置补贴目录，国内导航企业在引进、消化和吸收国外产品的基础上，基于我国的北斗系统，开展自主创新，取得了可喜的进展。截至目前，国产农机自动驾驶导航产品已占据市场的主导地位。农机自动导航技术可以有效地降低劳动力成本，缓解高技能劳动力的不足，同时可以提高作业质量、土地利用率和延长作业时间。在东北、西北和华北等规模化种植区，农机自动导航技术已深入人心，在国内其他省市，也得到了一定的应用推广。

从转向控制方式看，农机自动导航技术主要包括液压式和方向盘式 2 类（图 1-17）。液压式控制精度高、反应灵敏，适用于具有全液压动力转向装置的大中型农机装备。经过近年的技术攻关，方向盘式自动导航技术基本达到了液压式的控制精度，而且具有安装与维护方便、适用性更宽等优点，可用于中小型农机装备的自动行走控制，包括非全液压动力转向的农业机械。

图 1-17　农机自动导航系统应用

经过数年的快速发展，农机自动导航系统的数量增长显著，但后装问题也随之日渐凸显，例如后装的安全性、兼容性和可靠性等难以得到有效保障。因此，在发展后装应用的同时，有关主机企业联合科研院所和导航企业，不断探索自动导航技术前装应用。图 1-18 为有关企业和科研院所研发的前装自动导航系统的拖拉机。前装应用可以提高系统的安全性、兼容性和可靠性，降低产品成本，布线更为紧凑、美观，而且可以利用主机企业较为成熟的销售与服务渠道，缓解严峻的售后服务问题。

图 1-18 北斗农机自动导航系统前装应用

继凯斯纽荷兰推出无人驾驶拖拉机概念后，国际上掀起了无人农场、无人农机、无人作业的热潮。2018 年 6 月，江苏省兴化市组织了农业全过程无人作业试验，进行了夏季水稻耕作、整地和插秧三大作业环节的无人化演示。

数字资源 1-24 无人驾驶拖拉机视频

事实上，我国早在 2012 年，就在新疆石河子开展过初步的无人驾驶拖拉机作业演示，中国工程院原院长周济院士率近 30 位院士及相关专家观看了雷沃重工与华南农业大学联合主办的农机导航及自动作业系统演示活动。

2. 农机作业监管应用

农机深松整地作业是通过拖拉机牵引深松机或带有深松部件的联合整地机等机具，进行行间或全方位深层土壤耕作的机械化整地技术。应用这项技术可在不翻土、不打乱原有土层结构的情况下，打破坚硬的犁底层，加厚松土层，改善土壤耕层结构，从而增强土壤蓄水保墒和抗旱防涝能力，能有效地增强粮食基础生产能力，促进农作物增产、农民增收。“十二五”和“十三五”期间，农业农村部连续发布了《全国农机深松整地作业实施规划（2011—2015 年）》《全国农机深松整地作业实施规划（2016—2020 年）》，我国适宜地区的 7 亿亩耕地全部进行深松整地作业，并进入“同一地块 3 年深松 1 次”的作业周期。中央与省级财政对深松作业进行资金补贴。

为做好补贴监管，有关单位研发了农机作业监控系统，综合应用传感器、计算机测控技术、卫星定位技术和无线通信技术，实现深松机作业状态和作业面积的准确检测，为深松作业补贴提供量化依据。当前，全国每年约 2 亿亩农田开展深松作业。通过运用该监控系统，使得深松补贴惠民措施得以公平、公正、高效、精准地实施。

数字资源 1-25 农机深松作业视频

数字资源 1-26 秸秆还田作业监管

秸秆还田是解决秸秆焚烧的有效途径，既解决了大量秸秆的出路，又避免了因秸秆废弃糜烂和焚烧造成的环境污染问题，还田还可以改良土壤，增加农田有机质，优化农田生态环境。为此，农业农村部于 2017 年提出“实施农业绿色发展五大行动”，积极推广深翻还田、秸秆饲料无害防腐和零污染焚烧供热等技术，推动出台秸秆还田、收储运、加工利用等补贴政策，激发市场主体活力，构建市场化运营机制，探索综合利用模式。为做好秸秆还田监管工作，有关单位基于北斗定位装置研发的秸秆还田监管系统得到普遍应用，在秸秆还田工作实施中，起到了重要的作用。

江西省农业农村厅为促进精准农业发展，提高机具工作效率和农机化管理部门的监管效率，规定自 2018 年起，凡进入江西省的补贴额 1 万元以上（含 1 万元）的大中型机具必须配备卫星定位装置，适用机型包括联合收获机、轮式拖拉机、履带式拖拉机、捡拾压捆机、喷杆喷雾机等。尽管该规定为一省之行为，但对全国其他省市具有示范效应，直接促进了国内外主机厂全面前装 GNSS 定位装置或预留后装条件。

3. 农机管理调度应用

随着农业合作社、农机合作社的不断发展壮大，利用空间信息技术进行资源、计划和生产管理越来越普遍。如图 1-19 所示，通过在采棉机上安装北斗定位与作业监测终端，可以实现作业计划、进度统计、保养记录、管理调度等功能，显著地提高了企业的管理效率，达到了良好的节本增效目的。

图 1-19　采棉机作业现场

二、GNSS 在其他领域的应用

下面简要介绍 GNSS 在测量测绘、交通运输、驾驶员考试培训、民政减灾、地壳监测、野生动物保护及大众消费领域的应用。

（一）测量测绘

GNSS 技术给测绘界带来了一场革命。利用 RTK 技术，在实时处理 2 个观测站的载波相位的基础上，可以达到厘米级的定位精度。

与传统的手工测量手段相比，GNSS 技术有着较大的优势：测绘时间短，定位非移动目标几秒内便可完成；定位精度高，RTK 动态定位可达厘米级，静态定位可达毫米级；仪器易于操作，自动化水平高，只需掌握仪器安装、记录测绘数据、测量相关仪器高度即可；测绘功能强大，不仅能测绘三维坐标，还能获得速度、航向时间等信息；覆盖率高，几乎在地球任何地方都能测绘；观测点之间无须通视；测量结果统一在 WGS-84 坐标下，减少了烦琐的中间处理环节。

（二）交通运输

交通运输是国民经济、社会发展和人民生活的命脉，GNSS 对建立畅通、高效、安全、绿色的现代交通运输体系具有十分重要的意义。GNSS 在交通运输领域的应用主要包括：陆地应用，如车辆自主导航、车辆远程监控、车辆智能信息系统、车联网应用及铁路运营监控等；航海应用，如远洋运输、内河航运、船舶停泊、过闸与入坞等；航空应用，如航路导航、机场场面监控与精密进近等。

GNSS 在交通运输领域的 1 个典型案例是“两客一危”车辆监管应用（图 1-20）。“两客一危”车辆是指从事旅游的包车、3 类以上班线客车和运输危险化学品、烟花爆竹、民用爆炸物品的道路专用车辆。

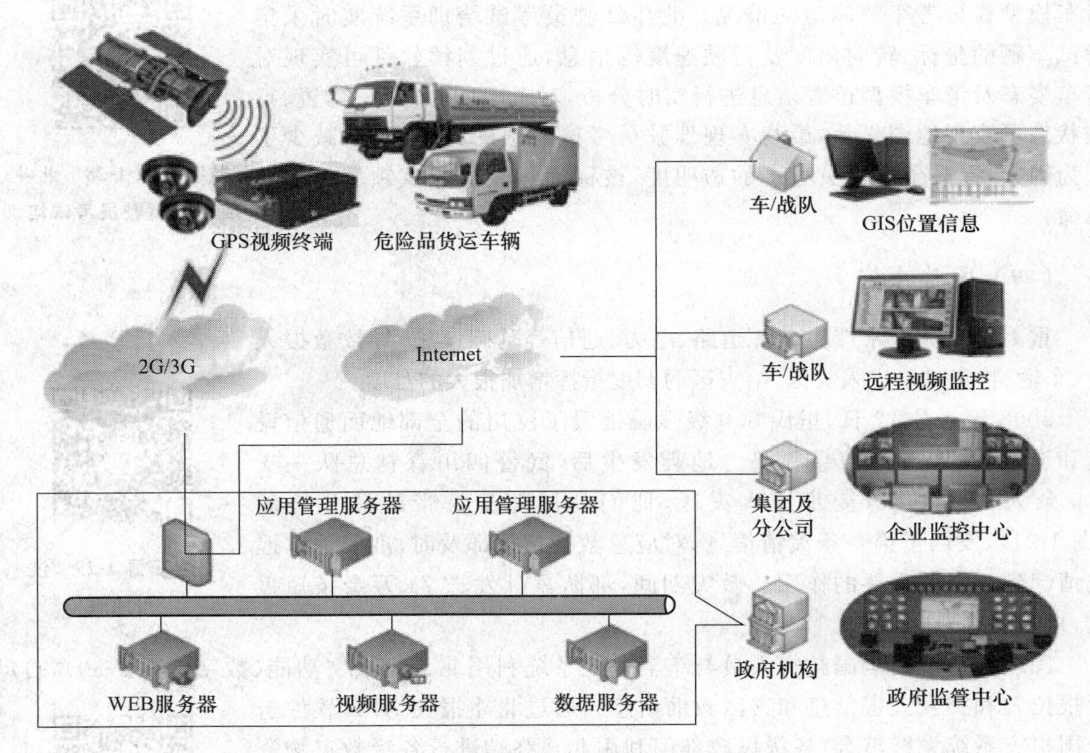

图 1-20 GNSS 应用于“两客一危”监管

为了加强道路运输安全管理和运输车辆动态监管工作，预防和减少道路交通运输事故的发生，确保“两客一危”车辆能被企业、政府平台实时监控，2011 年 3 月交通运输部等国家 4 部委联合发布了《道路运输车辆卫星定位系统　车载终端技术要求》和《道路运输车辆卫星定位系统　平台技术要求》，要求“两客一危”车辆必须安装带行驶记录功能的卫星定位装置。

全国已经有超过 500 万辆营运车辆安装北斗兼容终端并接入全国“两客一危”营运车辆动

态监管系统，形成了全球最大的营运车辆动态监管系统，建立了包含测试、审查、数据接入、管理、考核等一整套营运车辆动态监控管理体系，有效地加强了道路营运车辆监控效率，提高了道路运输安全水平。根据交通运输部发布的数据，2016 年全年道路运输领域重大事故起数和死亡失踪人数同比分别下降 50%和 51.6%。

（三）驾驶员考试培训

传统的驾驶员考试系统需要在考试车辆及考试场地内安装大量电子传感器。由于需要在场地路面上进行管线预埋、布线、设备安装、调试等工作，因而施工量巨大，建设工期长，维护不方便。为此，2013 年 1 月 1 日开始施行的公安部令第 123 号，规定科目二考试关于车辆位置的判断精度应达到 2 cm，从而促进了北斗驾考应用。

数字资源 1-27　公安部 123 号令

北斗卫星导航自动化驾驶员考试系统由 GNSS 基准站、GNSS 监测站、通信系统和自动化判读软件组成，利用 RTK 定位技术，通过准确的考车模型模拟考车整体运动情况。北斗驾驶员考试培训系统实时采集考试车辆的坐标、转向角度及行驶速度等信息，通过判读软件可实现对考车姿态及考车模型位置信息进行实时分析，对考车所在区域、位置、行驶状态可实现地图显示，最终实现驾驶员考试成绩的自动评判，减少了人为因素，提升了驾驶员考试的透明度，被称为驾驶员考试领域的 1 次革命。

数字资源 1-28　北斗应用于驾驶员考试培训

（四）民政减灾

重大自然灾害常严重破坏道路、电力、通信等基础设施，导致救援人员、车辆、物资难以进入灾区，给灾区的调度指挥增加很大的难度。

2008 年 5 月 12 日，里氏 8.0 级强震摧毁了汶川的全部地面通信设施和道路，汶川成为信息孤岛。地震发生后，武警四川森林总队一支 200 余人的先遣队，徒步进入灾区，他们利用随身携带的北斗终端（图 1-21），发回了第一条灾情信息，对应急救援指挥部及时、准确地掌握灾情起到了至关重要的作用。救灾期间，部队累计发送 74 万余条短报文，挽救生命难以计数。

数字资源 1-29　汶川地震

民政部建设的全国救灾人员与车辆监控系统利用北斗短报文功能（数字资源 1-30），自动上报位置和突发灾害信息和灾区救助信息。通过北斗报灾 APP 软件与全国报灾系统无缝整合，各级民政部门利用北斗终端进行各级救灾物资的查询管理和监控，大幅度提升了全国救灾物资管理与调运水平。目前已经建成部、省、市（县）3 级平台，实现 6 级业务应用，应用北斗终端超过 4.5 万台。

数字资源 1-30　救灾人员与车辆监控终端

（五）地壳监测

高精度 GNSS 技术已成为世界主要国家和地区用来监测火山地震、构造地震、全球板块运动，尤其是板块边界地区的重要手段。

图 1-21　北斗应用于应急救援

数字资源 1-31　中国大陆构造环境监测网络基准网分布图

中国大陆构造环境监测网络(陆态网)以 GNSS 观测为主,辅以甚长基线干涉测量和激光测距等空间技术,并结合精密重力和水准测量等多种技术手段,建成了由 260 个连续观测(数字资源 1-31)和 2 000 个不定期观测站点构成的、覆盖中国大陆的高精度、高时空分辨率和自主研发数据处理系统的观测网络。

数字资源 1-32　中国大陆相对于欧亚板 2011—2015 年水平运动速率场

陆态网主要用于监测中国大陆地壳运动、重力场形态及变化、大气圈对流层水汽含量变化及电离层离子浓度的变化,为研究地壳运动的时-空变化规律、构造变形的三维精细特征、现代大地测量基准系统的建立和维持等科学问题提供基础资料和产品。

(六) 野生动物保护

藏羚羊作为我国特有的物种(图 1-22),对维持青藏高原的生态环境发挥着重要作用。当前,藏羚羊处在濒危阶段,从最早的几百万只到 20 世纪不到 5 万只,目前已超过 20 万只。但是由于藏羚羊一般栖息在海拔 5 000 m 左右的高原荒漠、冰原冻土地带及湖泊沼泽周围,条件极为恶劣且属于无人区,这增添了藏羚羊保护工作的难度。

为了帮助科研人员获取更多、更精确的数据,准确地掌握藏羚羊迁徙路线,2013 年,北斗定位项圈被首次应用于藏羚羊研究,实现对藏羚羊全天候、无盲点的实时卫星跟踪,使得科考工作在数据搜集和统计上大大改进。科研人员在 15 只藏羚羊身上佩戴了北斗项圈,并对这 15 只藏羚羊以及所在的羊群的活动时间和范围进行实时了解和跟踪,研究藏羚羊的栖息地和迁徙路线。

数字资源 1-33　藏羚羊跟踪监测

因为藏羚羊是群体活动,佩戴北斗定位项圈的藏羚羊活动轨迹代表了很大一部分羊,不管它走到哪里,都会把这群羊的信息提供给研究人员。研究人员按照它的活动轨迹绘制藏羚羊迁徙的路径图和时间表,对藏羚羊精细的迁徙路线做定量化的描述,使我国对藏羚羊生态环境的保护和研究提升到一个新的高度。

图 1-22　利用北斗保护藏羚羊

（七）大众应用

随着芯片小型化、低功耗、射频基带一体化等技术的发展，以及卫星导航 IP 核与移动通信等领域的广泛集成，北斗/GNSS 将全面融入大众应用，服务大众生活。

目前，北斗已在智慧旅游、无人机摄像、出行导航、养老关爱与学生监护等民生领域实现跨界融合，正从根本上改善民生事业。例如，综合应用通信卫星、北斗卫星和遥感卫星建设的卫星大数据综合应用服务平台，能够给游客提供智慧旅游、安全旅游和全域旅游的服务。利用北斗卫星的短报文通信技术，即便在网络未得以覆盖的无人区，也能通过北斗手持终端迅速发出求救信号，使得应急部门能够快速开展现场救援。

数字资源 1-34　北斗/GNSS 大众应用领域

数字资源 1-35　GNSS 大众应用示例

数字资源 1-36　北斗引领穿越阿里大北线

复习思考题

1. 简述导航、定位的含义、联系及区别。
2. 简述上古人类如何导航定位。
3. 简述陆地和海上经度测量的难点和方法。
4. 子午卫星导航系统的缺陷是什么？
5. GPS 定位技术的优点是什么？
6. 北斗对全球卫星导航系统有什么贡献？
7. 精准农业对 GNSS 有哪些要求？
8. 简述 GNSS 在大众领域的创新应用。

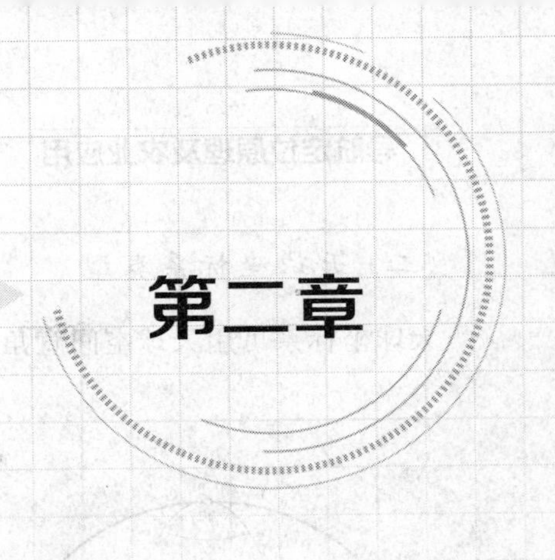

GNSS定位基础知识

本章介绍坐标系统、高程系统、时间系统和卫星运动轨道，以掌握描述卫星运动、处理观测数据和表达观测站位置的基础知识。

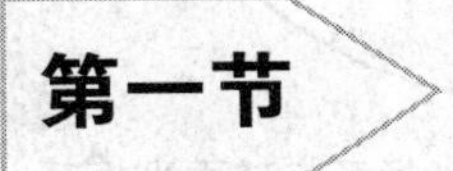

第一节　坐标系统

GNSS最基本的任务是以GNSS卫星为参照物，确定用户在空间的位置，即该用户在特定坐标系中的坐标。为此，首先要设立适当的坐标系。在GNSS系统中，卫星的运动主要依赖于卫(星)地(球)间的中心力，该作用力与地球的自转无关，因此需要建立描述卫星和地球的相对运行位置和状态、在空间固定的坐标系统，即天球坐标系；而被测用户随地球自转而运动，其位置与地球自转有关，则需要建立描述用户与地球固联的坐标系统，即地球坐标系。为了利用GNSS卫星测量用户的位置，还需要建立2种坐标系之间的转换关系，将2个坐标系变换到1个坐标系中去。

坐标系统由坐标原点、坐标轴指向和尺度3个要素所定义。坐标系的原点一般选取地球的质心，而由于坐标系相对于时间的依赖性，每一类坐标系又可划分为若干种不同定义的坐标系。无论采用什么表示方式，不同的坐标系统之间均可以通过坐标平移、旋转和尺度转换进行坐标系的变换。

一、天球坐标系

(一) 天球的定义

在GNSS系统中，天球指以地球质心为中心、半径为无穷大的一个假想球体(图2-1)。

图2-1中，地球自转轴的无限延伸直线为天轴，天轴与天球的南北交点P_n(北天极)、P_s(南天极)称为天极。通过地球质心m与天轴垂直的平面为天球赤道面，天球赤道面和天球表面的交线为天球赤道，天球赤道是半径无限大的圆周。黄道是指地球绕太阳公转时的轨道平面和天球表面相交的大圆，即当地球绕太阳公转时，地球上的观测者所看到的太阳在天球面上作视运动的轨迹。黄道平面和天球赤道面的夹角称为黄赤夹角ε，约23.5°。黄极是指过天球中心且垂直于黄道平面的直线和天球表面的交点。黄极也有黄北极(K_n)和黄南极(K_s)的区分。

（二）天球坐标系类型

天球坐标系可用天球空间直角坐标系和天球球面坐标系 2 种形式来描述（图 2-2）。

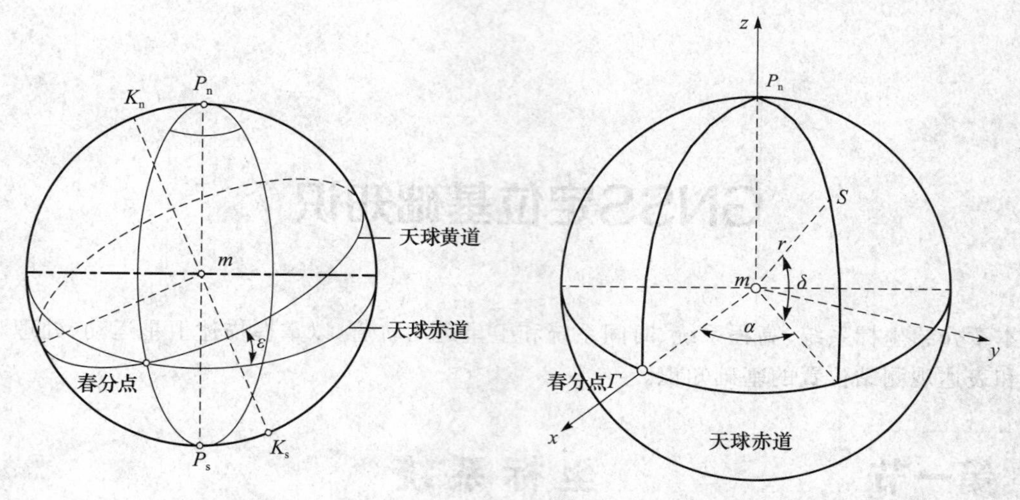

图 2-1　天球的概念　　图 2-2　天球空间直角坐标系与球面坐标系

1. 天球空间直角坐标系

以地球质心 m 为坐标原点，z 轴指向天球北极 P_n，x 轴指向春分点 Γ（赤道平面与黄道的交点之一，每年 3 月 20 日或21 日），y 轴垂直于 xmz 平面，与 x 轴和 z 轴构成右手坐标系。在此坐标系下，天体 S 的位置由坐标(x,y,z)来描述。

2. 天球球面坐标系

以地球质心 m 为坐标原点，春分点轴与天轴所在平面为天球经度（赤经 α）测量基准——基准子午面，赤道面为天球纬度（赤纬 δ）测量基准而建立球面坐标系。原点 m 到天体 S 的径向距离为 r。在此坐标系下，天体 S 的位置由坐标(r,α,δ)来描述。

上述 2 种形式的坐标系对于表达同一天体的位置是等价的。对同一天体 S，天球空间直角坐标系与其等效的天球球面坐标系参数间有以下转换关系：

$$\begin{bmatrix} x \\ y \\ z \end{bmatrix} = r \begin{bmatrix} \cos\delta \cdot \cos\alpha \\ \cos\delta \cdot \sin\alpha \\ \sin\delta \end{bmatrix} \tag{2-1}$$

或者

$$\left.\begin{aligned} r &= \sqrt{x^2+y^2+z^2} \\ \alpha &= \arctan\left(\frac{y}{x}\right) \\ \delta &= \arctan\left(\frac{z}{\sqrt{x^2+y^2}}\right) \end{aligned}\right\} \tag{2-2}$$

（三）岁差与章动的影响

上述天球坐标系的建立，是基于假设地球为均质的球体且没有天体摄动力影响的理想情况，即假定地球的自转轴在空间的方向是固定的，因而春分点在天球的位置保持不变。

实际上，地球的自然表面是一个起伏很大、不规则的复杂曲面。地球在日月引力和其他天体引力的作用下，地球自转轴绕北黄极缓慢旋转，该变化意味着天极的运动，而在天文学中把天极的运动分解为一种称为“岁差”的长周期运动和一种称为“章动”的短周期运动。

岁差是由月球、太阳和其他天体引力场不均匀引起的地轴长周期运动(图 2-3a)，主要体现在地球自转轴产生进动，在空间绕黄极描绘出 1 个圆锥面，使春分点在黄道上随之缓慢向西移动，每年西移约 50.26″，春分点漂移周期约 25 800 年。

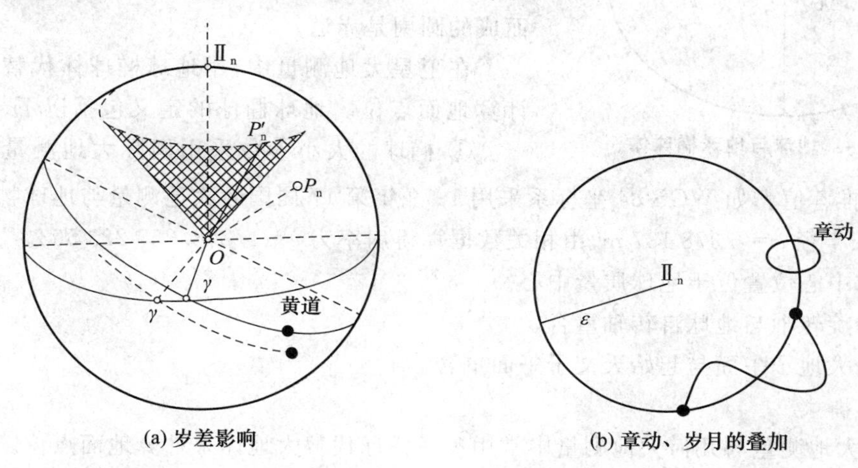

(a) 岁差影响　　(b) 章动、岁月的叠加

图 2-3　岁差与章动的影响

在岁差的基础上又附加着许多短周期性的摆动，即为章动(图 2-3b)，月球轨道面位置的变化是造成章动的主要因素。章动最大的摆动振幅是 9.2″，周期约为 18.6 年。

（四）协议天球坐标系

由上可知，受到岁差和章动的叠加影响，北天极和春分点是运动的，这样，在建立天球坐标系时，z 轴和 x 轴的指向也会随之运动，给天体位置的描述带来不便。鉴于此，人们通常选择某一时刻作为标准历元，并将标准历元的瞬时北天极和真春分点作岁差和章动改正，得 z 轴和 x 轴的指向，这样建立的坐标系称为标准历元的协议天球坐标系。

国际大地测量学协会(IAG)和国际天文学联合会(IAU)决定，从 1984 年 1 月 1 日起，以 2000 年 1 月 15 日为标准历元(即为 J2000.0，即儒略日 JD2451545.0)。也就是说，目前使用的协议天球坐标系，其 Z 轴和 X 轴分别指向 2000 年 1 月 15 日的瞬时平北天极和瞬时平春分点。

为了便于区别，z 轴和 x 轴分别指向某观测历元的瞬时平北天极和瞬时平春分点的天球坐标系称为平天球坐标系，z 轴和 x 轴分别指向某观测历元的瞬时北天极和真春分点的天球坐标系称为瞬时天球坐标系。

二、地球坐标系

（一）地球椭球和参考椭球的定义

1. 地球椭球

由于地球表面的不规则性，在进行平面测量和三维空间位置测量时很不方便。为此，用一个形状和大小与大地体非常接近的椭球体代替大地体。

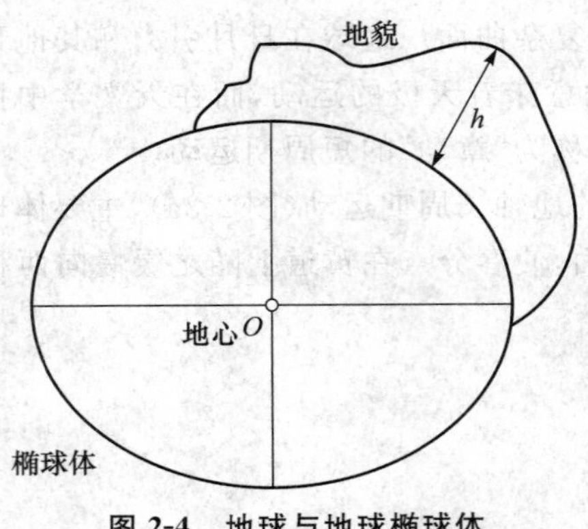

图 2-4　地球与地球椭球体

地球椭球体是由椭圆绕其短轴旋转而成的几何体(图 2-4)。椭圆短轴,即地球的自转轴(地轴);短轴的2个端点是地极,分别被称为地理北极和地理南极;长轴绕短轴旋转所成的平面是赤道平面;长轴端点旋转而成的圆周是赤道。

在卫星大地测量中,用地球椭球体代替大地体来计算地面点位。地球椭球的定义包括以下4个方面。

① 椭球的大小参数采用国际大地测量与地球物理联合会的推荐值。如WGS-84坐标系采用1979年第17届国际大地测量与地球物理联合会的推荐值:长半径 a=6 378 137 m,由相关数据算得扁率为 e=1/298.257 223 563。

② 椭球中心位置位于地球质量中心。

③ 椭球旋转轴与地球自转轴重合。

④ 起始大地子午面与起始天文子午面重合。

2. 参考椭球

在天文大地测量与几何大地测量中常用参考椭球代替大地体来计算地面点位。参考椭球定义如下。

① 形状大小采用国际组织推荐值或采用天文大地测量和几何大地测量的计算值。

② 椭球旋转轴与地球自转轴重合。

③ 起始大地子午面与起始天文子午面重合。

④ 椭球体与大地体之间满足垂线偏差及大地水准面差距的平方和最小。这样定位的参考椭球体其中心位置不在地球质量中心。

(二) 地球坐标系的类型

地球坐标系按坐标原点的不同分为以下几种。

(1) 地心坐标系:地心空间直角坐标系、地心大地坐标系。

(2) 参心坐标系:参心空间直角坐标系、参心大地坐标系。

(3) 站心坐标系:站心直角坐标系、站心极坐标系。

1. 地心坐标系

(1) 地心空间直角坐标系:原点 O 与地球质心重合,Z 轴指向地球北极,X 轴指向地球赤道面与格林尼治子午圈的交点,Y 轴在赤道平面里与 XOZ 构成右手坐标系(图 2-5)。地面点 D 的位置在该坐标系中表述为(X_D,Y_D,Z_D)。

(2) 地心大地坐标系:地球椭球的中心与地球质心重合,椭球的短轴与地球自转轴重合,大地纬度 B 为过地面点的椭球法线与椭球赤道面的夹角,大地经度 L 为过地面点的椭球子午面与格林尼治平大地子午面之间的夹角,大地高 H 为地面点沿椭球面法线至椭球面的距离(图 2-6)。地面点 D 的位置在该坐标系中表述为(B,L,H)。

对同一空间点,直角坐标系与大地坐标系参数间有以下转换关系:

$$\left.\begin{aligned} X &= (N+H)\cos B\cos L \\ Y &= (N+H)\cos B\sin L \\ Z &= [N(1-e^2)+H]\sin B \end{aligned}\right\} \tag{2-3}$$

$$\left.\begin{aligned} L &= \arctan\left(\frac{Y}{X}\right) \\ B &= \arctan\left(\frac{Z(N+H)}{\sqrt{X^2+Y^2[N(1-e^2)]+H}}\right) \\ H &= \frac{Z}{\sin B}-N(1-e^2) \end{aligned}\right\} \tag{2-4}$$

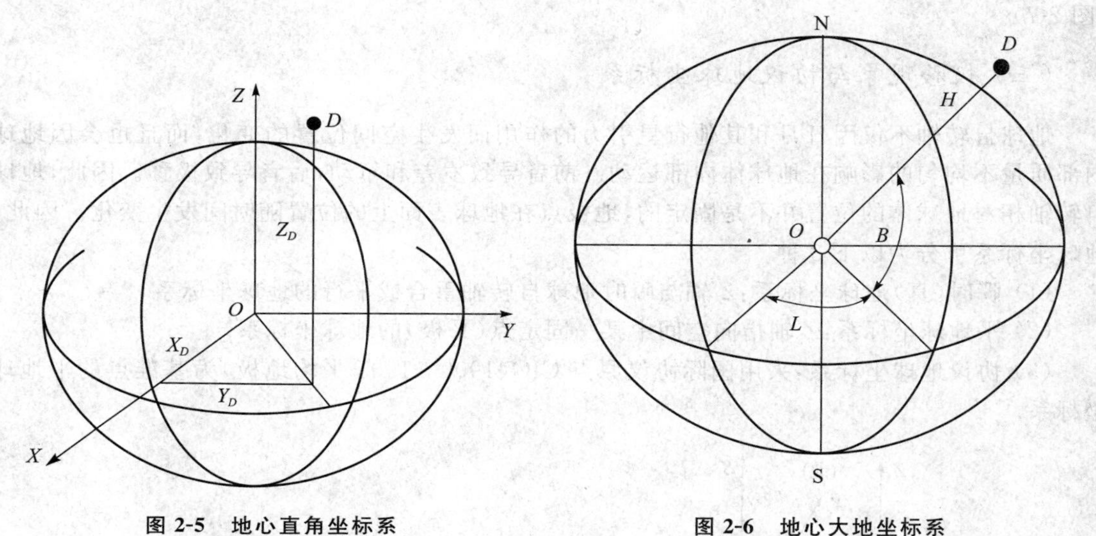

图 2-5　地心直角坐标系　　　　图 2-6　地心大地坐标系

式中，N 为卯酉圈的半径，$N=\dfrac{a}{\sqrt{1-e^2\sin^2 B}}$，$e$ 为第一偏心率，$e^2=\dfrac{a^2-b^2}{a^2}$，a、b 分别为该大地坐标系对应椭球的长半轴和短半轴。

GPS 系统采用 WGS-84 坐标系，即世界大地坐标系-84。WGS-84 坐标系的原点在地球质心，Z 轴指向 BIH1984.0 定义的协定地球极(CTP)方向，X 轴指向 BIH1984.0 的零度子午面和 CTP 赤道的交点，Y 轴和 Z、X 轴构成右手坐标系。它是一个地固坐标系。

WGS-84 的 4 个基本参数为：

(1) 长半径：$a=6\ 378\ 137$ m；

(2) 地球引力常数(含大气层)：$GM=3\ 986\ 005\times10^8$ m^3/s^2；

(3) 正常 2 阶带谐系数：$C_{2,0}=-484.16\ 685\times10^{-6}$；

(4) 地球自转角速度：$\omega=7\ 292\ 115\times10^{-11}$ rad/s。

2. 参心坐标系

在经典大地测量中，为了处理观测成果和计算地面控制网的坐标，通常需要选取 1 参考椭球面作为基本参考面，选取 1 参考点作为大地测量的起算点(称为大地原点)，利用大地原点的天文测量来确定参考椭球在地球内部的位置和方向。

把以参考椭球的中心为坐标原点的坐标系称为参心坐标系。参心坐标系的特点包括：坐标原点不位于地球质心；由于所采用的地球椭球不同，或地球椭球虽相同，但椭球的定位和定向不同，而有不同的参心坐标系；参心坐标系适合于局部用途的应用，有利于局部大地水准面与参考椭球面更好地符合，保持国家坐标系的稳定，并有利于地心坐标的保密。

3. 站心坐标系

在地球某一观测站观测 GPS 卫星时，有时需要直观地了解 GPS 卫星的高度角、方位角及距离，这就需要描述卫星瞬时位置，建立站心坐标系。

除按坐标点的不同划分，站心坐标系还有 2 种表达形式：一种是站心直角坐标系，另一种是站心极坐标系。站心直角坐标系以观测站为原点 O_r，椭球法线与 Z_r 轴重合，X_r 轴垂直于 Z_r 轴并指向椭球的短轴（向北为正），Y_r 轴（向东为正）垂直于 $X_rO_rZ_r$ 平面，构成左手坐标系。站心极坐标系以 O_r 所在的水平面（即 $X_rO_rY_r$ 平面）为基准面，以 O_r 为极点，以北向轴为极轴（图 2-7）。

（三）极移现象与协议地球坐标系

地球自转轴不仅因日月和其他行星引力的作用而发生空间位置的变化，而且也会因地球内部质量不均匀的影响在地球体内部运动。前者导致岁差和章动，后者导致极移。因此，地球自转轴相对地球体的位置并不是固定的，地极点在地球表面上的位置随时间发生变化。因此，地球坐标系可分为以下 3 种。

(1) 瞬时（真）地球坐标系：Z 轴与瞬时地球自转轴重合或平行的地球坐标系。

(2) 平地球坐标系：Z 轴指向空间中某一固定点（平极）的地球坐标系。

(3) 协议地球坐标系：采用国际协议原点 CIO（1900—1905 平均地极）为基准点的平地球坐标系。

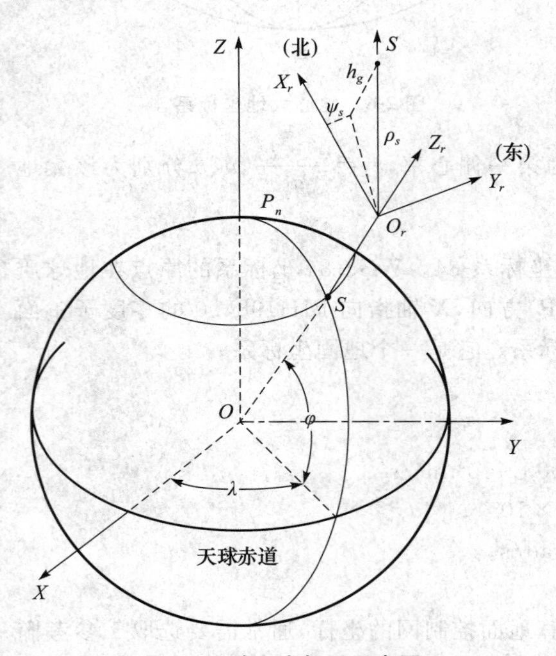

图 2-7 站心坐标系示意图

数字资源 2-1 基于站心坐标系的卫星分布视图

（四）天球坐标系与地球坐标系的转换

瞬时地球坐标系的 $X(t)$ 轴与瞬时天球坐标系的 $x(t)$ 轴在真赤道平面上相差 1 个角度，此

角度记 $GAST$，称为该瞬时的格林尼治恒星时。

从两坐标系的定义上看，两坐标系的原点均位于地球的质心，两者原点位置相同。瞬时天球坐标系的 z 轴与瞬时地球坐标系的 Z 轴指向相同。两瞬时坐标系 x 轴与 X 轴的指向不同，其夹角为格林尼治恒星时。两坐标系之间的转换关系，见图 2-8。

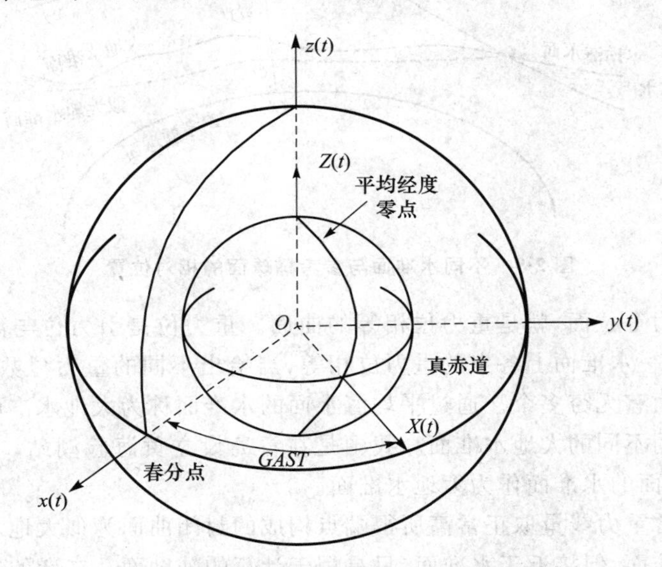

图 2-8 瞬时天球坐标系与瞬时地球坐标系

瞬时天球坐标系与瞬时地球坐标系的转换关系为：

$$\begin{bmatrix} X \\ Y \\ Z \end{bmatrix}_t = R_Z(GAST)\begin{bmatrix} x \\ y \\ z \end{bmatrix}_t \tag{2-5}$$

式中，

$$R_Z(GAST) = \begin{bmatrix} \cos(GAST) & \sin(GAST) & 0 \\ -\sin(GAST) & \cos(GAST) & 0 \\ 0 & 0 & 1 \end{bmatrix}$$

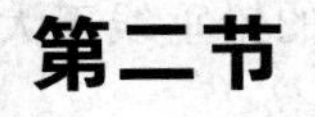

第二节 高程系统

一、水准面的定义

在地球表面，陆地约占总面积的 29%，海洋约占 71%。陆地最高峰高出海平面 8 848.13 m，海沟最深处低于海平面 11 034 m，与地球半径相比均很小，因此，海水面就成为描述地球形状与大小的重要参照。但静止海水面受海水中矿物质、海水温度及海面气压的影响，其表面复杂，不便使用。在大地测量中常借助于水准面和大地水准面等与静止海水面很接近的曲面来描述地球的形状大小(图 2-9)。

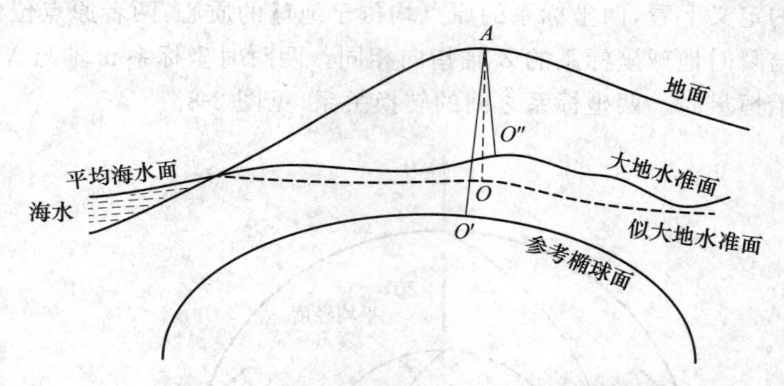

图 2-9　不同水准面与参考椭球面的相对位置

水准面也叫重力等位面,就是重力位相等的曲面。重力位是引力位与离心力位之和。由水准面定义可知,同一水准面上各点的重力位相等,当给出不同的重力位数值时,可得不同的水准面。因此水准面有无穷多个。通过平均海水面的水准面称为大地水准面。世界各国根据本国的具体情况使用不同的大地水准面。我国是在青岛设立黄海验潮站,求得黄海平均海水面,以过此平均海水面的水准面作为大地水准面。

从地面点沿正常重力线量取正常高所得端点构成的封闭曲面为似大地水准面。似大地水准面严格说不是水准面,但接近于水准面,只是用于计算的辅助面。二者的差异与点位的高程和地球内部的质量分布有关系,在我国青藏高原等西部高海拔地区,两者差异最大可达3 m,在中东部平原地区这种差异约几厘米。在海洋面上时,似大地水准面与大地水准面重合。

二、高程系统的定义

(一) 大地高系统

大地高系统是以地球椭球面为基准面的高程系统。地面点沿通过该点的椭球面法线到椭球面的距离为大地高,也称为椭球高,用符号 H 表示,是一个纯几何量,不具有物理意义。GPS 接收机所测得的高程就是大地高。

(二) 正高系统

正高系统是以大地水准面为基准面的高程系统。由地面点沿通过该点的铅垂线至大地水准面的距离为正高,用符号 H_g 表示。正高即为海拔高。

目前被定为中国国家标准的高程基准是 1985 年黄海高程基准,其正式名称为 1985 年国家高程基准,又称 1985 年黄海高程,系以设在青岛的大港验潮站 1952—1979 年的验潮资料求得设于青岛的国家水准原点的高程为 72. 260 m,从而确定了国家高程基准。

(三) 正常高系统

正常高系统是以似大地水准面为基准的高程系统。由地面点沿通过该点的铅垂线至似大地水准面的距离为正常高,用符号 $H_γ$ 表示。

由上可知,GPS 测得的高程是椭球高,并非海拔高。二者在不同的地方存在不同的差异。

为了使 GPS 接收机能够精确测量海拔高，往往在接收机中内置气压计，以此直接测量海拔高。需要注意的是，影响大气压的因素很多，不仅仅是海拔高度，还受到温度、湿度、风速等天气状况的影响。

第三节 时间系统

时间是现代精密距离测量的重要工具。时间系统由时间原点和时间单位定义。一般根据某种可观测的规律性的物理现象定义时间系统。

一、基本概念

（一）恒星时(ST)

恒星时以春分点为参考点，由它的周日视运动即春分点 2 次经过本地子午线的时间间隔所确定的时间称为 1 个恒星日。

计量单位：恒星日、恒星小时、恒星分、恒星秒。

1 个恒星日＝24 个恒星小时＝1 440 个恒星分＝86 400 个恒星秒。

恒星时包括：

(1) 真恒星时：即周日视运动所观察春分点 2 次经过本地子午线的时间间隔。

(2) 平恒星时：由于地球自转不均匀从而导致每一个恒星日的长短不一，为了确定一个恒星日的大小取一年的恒星日的平均值定义为平恒星时，是 1 种地方时。

（二）平太阳时(MT)

平太阳时以平太阳作为参考点，由它的周日视运动所确定的时间。

计量时间单位：平太阳日、平太阳小时、平太阳分、平太阳秒。

平太阳时与日常生活中使用的时间是一致的，通常钟表所指示的时刻就是平太阳时。

（三）世界时(UT)

世界时以平子午夜为零时起算的格林尼治平太阳时，是世界统一的时间系统。

由于极移和地球自转的不均匀，世界时包括：

(1) UT0：未经改正的世界时。

(2) UT1：引入极移改正($\Delta\lambda$)的世界时。

$$UT1 = UT0 + \Delta\lambda \tag{2-6}$$

(3) UT2：引入极移改正($\Delta\lambda$)和地球自转速度的季节改正(ΔTS)的世界时。

$$UT2 = UT1 + \Delta TS \tag{2-7}$$

（四）原子时系统(AT)

原子时是以物质内部原子运动的特征为基础建立的时间系统。1967 年 10 月，第十三届国际度量衡大会通过：位于海平面上的铯 133(Cs-133)原子基态 2 个超精细能级间在零磁场中跃迁辐射振荡 9 192 631 770 周所持续的时间为 1 原子时秒。

原子时的尺度标准：国际制秒(SI)。

原子时的原点：$AT = UT2 - 0.0039$(s)

(五) 协调世界时(UTC)

为了兼顾对世界时时刻和原子时秒长二者的需要建立了一种折中的时间系统，称为协调世界时 UTC。根据国际规定，协调世界时 UTC 的秒长与原子时秒长一致，在时刻上则要求尽可能与世界时接近。协调世界时与国际原子时(IAT)之间的关系，如式(2-8)所示：

$$IAT = UTC + 1\text{ s} \times n \tag{2-8}$$

式中，n 为调整参数。

(六) GPS 时间系统(GPST)

GPS 为了满足精密定位的需要，建立了自己专用的时间系统，该系统简写为 GPST，它由 GPS 主控站的高精度原子钟守时与授时。GPST 属于原子时系统，它的秒长即为原子时秒长，GPST 的原点与国际原子时 IAT 相差 19 s。有关系式(2-9)：

$$IAT - GPST = 19(\text{s}) \tag{2-9}$$

GPS 历元采用 GPS 周加 GPS 秒表示。最初，GPS 周数为从 1980 年 1 月 6 日 0 时时刻的整星期数，但由于卫星广播的 GPS 消息结构将周定义为 10 bit，只能存储 1 023 周(约 19.7 年)，故 GPS 周数已于 2019 年 4 月 7 日零点发生第二次翻转。GPS 秒则为从刚过去的星期日 0 时开始至当前时刻的秒数。例如，2019 年 6 月 8 日 8:00(格林尼治时间)的 GPS 周数为 9 周，GPS 秒表述为 288 000 s。

(七) 北斗时系统(BDT)

BDT 采用国际单位制(SI)秒为基本单位连续累计，采用周和周内秒计数。周内秒计数(SOW)即指每周日北斗时 0 时 0 分 0 秒从零开始计数。

BDT 的起始历元为 2006 年 1 月 1 日协调世界时(UTC)00 时 00 分 00 秒；因为 BDT 通过 UTC(NTSC)与国际 UTC 建立联系，且 BDT 与 UTC 的偏差在 100 ns 以内。所以此刻，$BDT - UTC = 0$(s)。该时刻，国际规定 $DTAI = IAT - UTC = 33$(s)，所以 $BDT - IAT = -33$(s)。BDT 是原子时，不闰秒，任何时候都与 IAT 相差 33 s。

北斗也存在周数翻转问题，但是北斗在设计时，其周计数用 13 bit 表示，翻转周期为 8 192 周，约合 160 年，从而有效地规避了该问题。

二、计时仪器

如前文所述，精密时间是距离测量的工具。时间越准确，则距离测量越精确。在卫星定位过程中，接收机和导航卫星分别用到了石英晶体振荡器和原子钟振荡器。这 2 种振荡器有着不同的工作原理和授时精度。

(一) 石英钟

随着工农业生产、交通运输、科研事业的发展，人们对时间的精度要求越来越高，1941 年首先把石英计时仪器使用到钟表工业中来。随着半导体器件的出现和发展，1958 年世界第一台晶体石英钟问世。近年来由于集成电路的出现和发展以及液晶显示技术的应用，出现了数字石英钟，这与晶体石英钟相比又进了一大步。

图 2-10　石英钟

石英钟主要由石英振荡器、分频电路、指示系统及电池组成(图 2-10)。工作过程为：在石英晶体一定方向的一对面上加上一交变电压，则石英晶体就产生相对应规律的机械振动。石英晶体的机械振动具有很高的频率稳定性，这一振荡频率很高，经电子元件电路三级单稳分频和一级双稳分频，已达到 62.5 Hz。分频后的低频信号，由于信号较弱，经过放大电路加以放大，然后由同步电机带动轮系系统再带动指针指示时间。

石英钟的突出优点是具有高精确性，最好的石英钟每天的计时精度能准确到 10^{-5} s。石英钟耗电少，并具有成本低、精度高、体积小、使用方便等优点。在航海、天文、地质等事业中，石英钟已经完全取代了过去依靠机械的天文钟。

数字资源 2-2　石英钟的基本结构

(二) 原子钟

原子钟采用原子能级跃迁吸收或发射一定频率的电磁波作为基本频率振荡源的精密计时仪器。

直到 21 世纪 20 年代，最精确的时钟还是依赖于钟摆的有规则摆动。取代它们的更为精确的时钟是基于石英晶体有规则振动而制造的，这种时钟的误差每天不大于 10^{-3} s。即便如此精确，但它仍不能满足科学家们研究爱因斯坦引力论的需要。根据爱因斯坦的理论，在引力场内，空间和时间都会弯曲。因此，在珠穆朗玛峰顶部的 1 个时钟，比海平面处完全相同的 1 个时钟平均每天快 3×10^{-7} s。所以精确测定时间的唯一办法只能是通过原子本身的微小振动来控制计时钟。

根据量子物理学的基本原理，原子是通过围绕在原子核周围不同电子层的能量差来吸收或释放电磁能量的。这里电磁能量是不连续的。当原子从 1 个“能量态”跃迁至低的“能量态”时，它便会释放电磁波。这种电磁波特征频率是不连续的，这也就是人们所说的共振频率。同一种原子的共振频率是一定的，例如铯 133 的共振频率为每秒 9 192 631 770 周。因此铯原子被用来作为一种节拍器来保持高度精确的时间。

现在用在原子钟里的元素有氢、铯、铷等。铷原子钟具有体积小、重量轻、功耗低、技术难度相对较低、可靠性高等优势，但其长期稳定度和漂移率指标相对较差。铯原子钟的最大优势是低漂移特性，主要用于导航卫星的长期自主守时，可满足非常时期的应用需求，但使用寿命短是它的致命短板。原子钟的精度可以达到每 100 万年才 1 s 误差。这为天文、航海、宇宙航行提供了强有力的保障。

星载高稳定度的频率标准是 GPS 精密定位的关键。早期的试验卫星采用霍布金斯大学设计的石英晶体振荡器，其相对日稳定度为 $10^{-11}\sim10^{-10}$/d，误差为 14.5 m。在 1974 年，采用了文富拉德姆公司研制的铷钟，频率稳定度为 $(5\sim10)\times10^{-13}$/d，误差为 8.0 m。再到 1977

年，采用了马斯频率和时间系统公司研制的铯原子钟，频率稳定度为$(1\sim2)\times10^{-13}$/d，误差仅为2.9 m。往后到了1981年，采用休斯公司研制的氢钟作为频率标准，频率稳定度达到了10^{-15}/d。当前，全球四大卫星导航系统中，GPS采用铯原子钟和铷原子钟结合的授时方式；Galileo、GLONASS和北斗均采用铷原子钟和被动型氢原子钟相结合的授时方式。

北斗提出了定位精度0.1 m、授时精度0.3 ns的设计指标，对星载原子钟的稳定度提出了极高要求。而铷原子钟频率稳定度较北斗二号系统提高了10倍。氢原子钟质量和功耗比铷原子钟大，但稳定性和漂移率等指标更优。

2015年，国产氢原子钟首次在北斗三号试验卫星上应用验证（图2-11），至今功能、性能稳定。2种原子钟配合应用，将直接推动北斗导航系统的定位精度由10 m级向米级的跨越，测速和授时精度也将提高1个量级。

图2-11　北斗导航卫星搭载的氢原子钟

第四节　卫星轨道运动理论

仅考虑地球质心引力作用的卫星运动称为无摄运动（二体问题），此时卫星轨道称为无摄轨道。在摄动力作用下的卫星运动称为受摄运动，此时卫星轨道称为摄动轨道，其轨道参数随时间而变化。虽然摄动轨道更接近于实际轨道，但是忽略摄动力所建立的卫星动力学方程，可得到严密的解析解，它可以非常近似地描述卫星轨道。

一、卫星的无摄运动

德国科学家开普勒根据太阳系中行星绕太阳运动的长期观测资料，总结了天体力学中行星绕太阳运行的3个基本定律，即著名的开普勒三定律。同样，卫星绕地球的无摄运动也完全遵守开普勒三定律。

数字资源2-3　二体问题

数字资源2-4　开普勒简介

（一）卫星无摄运动规律

1. 开普勒第一定律

开普勒第一定律，即轨道定律：所有行星绕太阳运动的轨道均为椭圆，太阳位于椭圆轨道的公共焦点上。

图 2-12 为卫星轨道的示意图。图中，O 为地心，位于椭圆的右侧焦点；C 为椭圆轨道中心；a 为轨道半长轴，b 为轨道半短轴；R 为地球的平均半径；r 为卫星到地心的瞬时距离；f 为该时刻卫星—地心连线与地心—近地点连线的夹角；e 为椭球的偏心率。

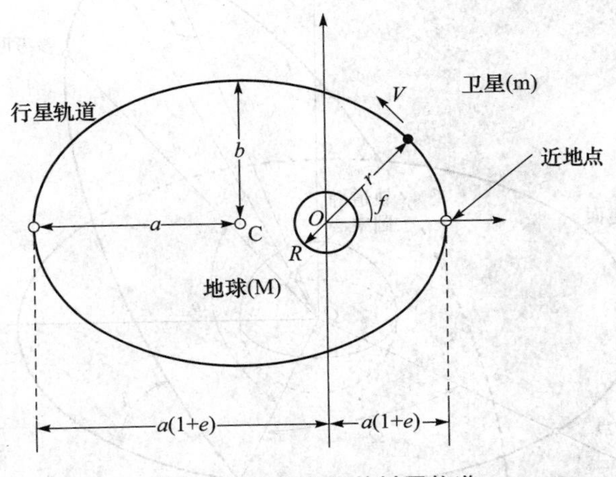

图 2-12　卫星运行的椭圆轨道

根据图 2-12 所示的几何关系，可以推导卫星轨道平面的极坐标表达方式如下：

$$r=\frac{a(1-e^2)}{1+e\cos f} \tag{2-10}$$

2. 开普勒第二定律

开普勒第二定律，即面积定律：行星与太阳之间的向径，在相同的时间内所扫过的面积相等。

根据面积定律可知，在椭圆轨道上飞行的卫星在做非匀速运动，在近地点速度最快，在远地点速度最慢。已知开普勒常数 $\mu=398\ 601.58\ \text{km}^3/\text{s}^2$。根据能量守恒原理，可推断卫星的瞬时速度 V 为：

$$V=\sqrt{\mu\left(\frac{2}{r}-\frac{1}{a}\right)} \tag{2-11}$$

3. 开普勒第三定律

开普勒第三定律，即周期定律：行星运行周期 T 的平方与椭圆轨道半长轴 a 的立方成正比。

$$\frac{T^2}{a^3}=\frac{4\pi^2}{\mu} \tag{2-12}$$

由式(2-12)可见，卫星的轨道周期只与轨道的半长轴有关，半长轴越大，即轨道高度越高，卫星的运行周期就越长。

（二）卫星无摄运动轨道描述

1. 卫星轨道参数

卫星的无摄运动可由 1 组轨道参数来描述，即 Ω、i、a_s、e_s、ω_s 和 f_s，它们被称为开普勒轨道参数(图 2-13)，含义如表 2-1 所列。

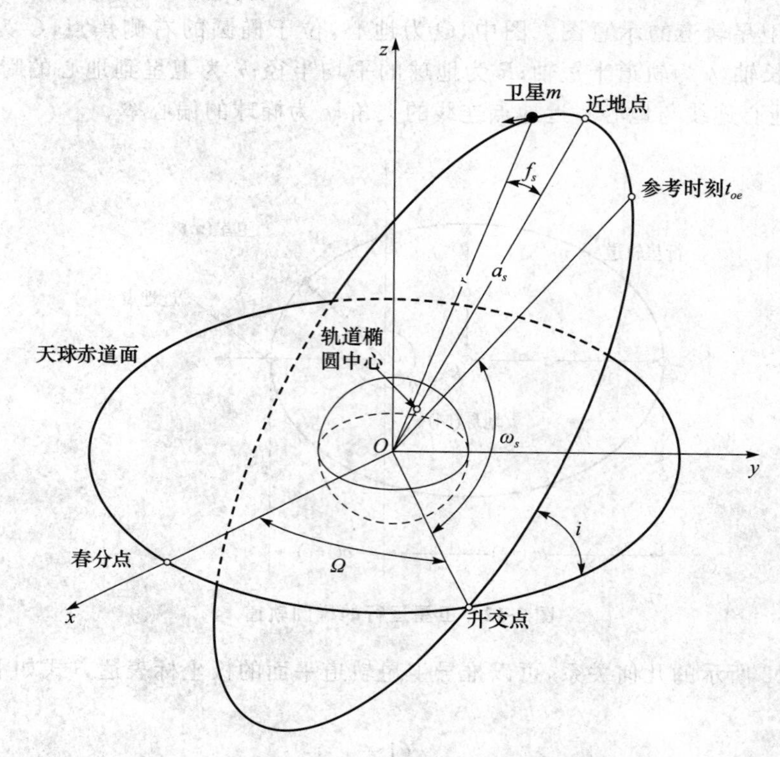

图 2-13　开普勒轨道参数

表 2-1　开普勒轨道参数

参数	含义
a_s	卫星轨道椭圆的半长轴
e_s	卫星轨道椭圆的偏心率
Ω	升交点赤经，即在地球赤道平面上升交点与春分点之间的地心夹角
i	轨道倾角，即卫星轨道平面与地球赤道面之间的夹角
ω_s	近地点角距，即在轨道平面上升交点与近地点之间的地心角距
f_s	卫星的真近点角，即在轨道平面上卫星与近地点之间的地心角距

表 2-1 中的 6 个轨道参数，前 5 个是常量，基本不随时间变化而改变，大小由卫星的发射条件决定(与卫星入轨初始条件有关)。参数 a_s 和 e_s，确定了开普勒椭圆的形状和大小；参数 Ω 和 i，唯一地确定了卫星轨道平面与地球体之间的相对定向；参数 ω_s 表达了开普勒椭圆在轨道平面上的定向；参数 f_s 为时间函数，它确定了卫星在轨道上的瞬时位置。通过这 6 个参数就可以确定出卫星在轨道平面上的瞬间位置。

2. 真近点角 f_s 的计算

在上述6个参数中，只有真近点角 f_s 是时间的函数，其余均为独立的常数，因此，计算卫星的瞬时位置关键在于计算 f_s。为此，引入2个有关的辅助参数：偏近点角 E 和平近点角 M。

(1) 偏近点角E的定义。如图2-14所示，以椭圆中心 O' 为圆心，以椭圆半长轴 a 为半径作辅助圆。设卫星位于椭圆轨道上 S 点，过该点作平行于椭圆短轴的直线，交辅助圆于 S' 点，则 $E=\angle S'O'P$。

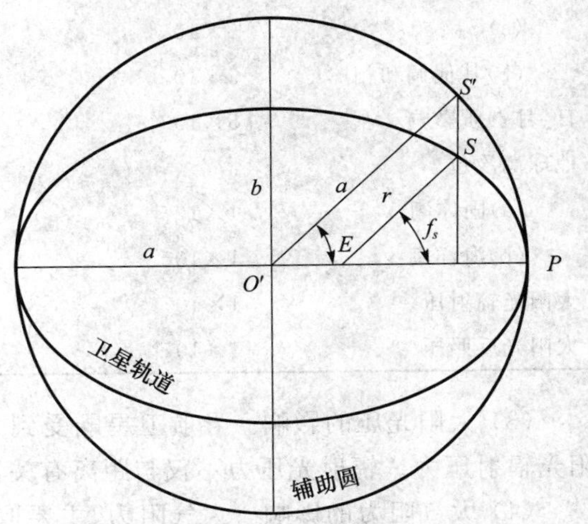

图2-14 真近点角 f_s 与偏近点角 E

由真近点角与偏近点角的几何关系，得

$$\tan\frac{f_s}{2}=\frac{\sqrt{1+e}}{\sqrt{1-e}}\tan\frac{E}{2} \tag{2-13}$$

(2) 平近点角M的定义。若以假设 t_0 为起算时刻，t 为观测时刻，卫星以平均角速度绕地心在轨道平面中转过的角度，即

$$M=n(t-t_0) \tag{2-14}$$

式中，$n=2\pi/T$ 为卫星沿轨道椭圆的平均角速度，T 为轨道运行周期。

平近点角 M 与偏近点角 E 之间有着重要关系，即

$$E=M+e\sin E \tag{2-15}$$

对于任意观测历元，根据卫星的平均运行速度，可根据式(2-13)、式(2-14)、式(2-15)计算相应的真近点角。因为不易由 M 直接得到 E，故用数值方法求解，通常采用迭代法，迭代的初值可近似取 $E_0=M$。

二、卫星的受摄运动

在二体问题中，假设卫星仅受到地球质心的引力，即卫星进行无摄运动。但卫星的无摄运动并不符合绕地球运动的人造卫星的实际受力情况。为了精确计算卫星的运动状态，同时还要考虑地球的非中心引力、太阳引力、月亮引力、太阳的直接与间接辐射压力、大气阻力、地球潮汐力等非中心引力(表2-2)。这些附加的摄动力与地球质心引力相比均很小，最大也不超过 10^{-3} 的量级。把卫星的实际运动视作为受干扰的椭圆运动，称为卫星的受摄运动。

卫星运行时，受到摄动影响主要有以下4种：

(1) 地球摄动力的影响。现代大地测量学已证明，地球并非理想的等密度的真球体。地球质量非均匀分布而引起的非中心引力即为地球摄动力。地球摄动力将引起卫星轨道变化，主要表现有：轨道平面在空间旋转、近地点 P 在轨道面内旋转以及平近点角 M 发生变化。此时卫星的实际轨道不再是封闭的椭圆。

(2) 日、月引力的影响。卫星受日、月引力的作用，将产生摄动加速度，该加速度对卫星轨道的摄动是长周期性的。地球日、月引力的影响会产生潮汐现象，地球潮汐可以认为是日、月引力对卫星运动的一种间接影响。经研究表明，潮汐的作用对GPS卫星轨道的影响不明显，可以忽略。

表 2-2 摄动力对 GPS 卫星运动的影响

摄动源	加速度/(m/s^2)	轨道摄动/m	
		3 h 弧段	2 d 弧段
地球的非对称性			
(a)C_{20}	5×10^{-5}	≈2 km	≈14 km
(b)其他调和相	3×10^{-7}	5～80	100～1 500
日、月点质影响	5×10^{-6}	5～150	1 000～3 000
地球潮汐位			
(a)固体潮	1×10^{-9}	—	0.5～1.0
(b)海洋潮汐	1×10^{-9}	—	0.0～2.0
太阳光辐射压	1×10^{-7}	5～10	100～800
太阳光反照压	1×10^{-8}	—	1.0～1.5

(3) 太阳光压的影响。导航卫星既受到太阳直射光压的辐射压力，也受到地球反射的太阳光辐射压力。辐射光压力不仅与距离有关，也和卫星的截面积、反射特性有关。

(4) 大气阻力的影响。大气阻力，主要取决于大气密度、卫星的质量与迎风面面积，以及卫星的速度。大气阻力主要影响低、中轨道的卫星，而对于高轨道的卫星，由于大气密度极低，可以忽略大气阻力对卫星轨道的影响。

三、卫星轨道分类

卫星轨道的形状和高度对卫星的覆盖性能和能够提供的服务性能有非常大的影响。卫星轨道具有多种分类方法，例如，根据卫星轨道形状，可以分为椭圆轨道和圆轨道 2 类。按照卫星轨道周期，可以分为回归/准回归轨道和非回归轨道。本书主要按照卫星轨道偏心率、轨道倾角和轨道高度进行分类。

(一) 按偏心率分类

目前，卫星系统所采用的轨道从空间形状上看有 2 种：椭圆轨道和圆轨道。

椭圆轨道是偏心率不等于 0 的卫星轨道，卫星在轨道上做非匀速运动，在近地点速度快而远地点速度慢。通常，更加适合于为特定的区域提供服务(特别是高纬度区域)，被俄罗斯广泛使用。

圆轨道卫星有相对恒定的运动速度，可以提供较均匀的覆盖特性，通常为卫星通信系统所采用。

(二) 按倾角分类

按卫星的倾角不同卫星轨道可分为 3 类：赤道轨道、极轨轨道和倾斜轨道(图 2-15)。

1. 赤道轨道

赤道轨道的倾角为 0°，轨道上卫星的运行方向与地球自转方向相同，且卫星相对于地面的运动速度随着卫星高度的升高而降低，当轨道高度为 35 786 km 时，卫星运动的速度与地球自转的速度相同，二者相对速度几乎为零，这种轨道称为静止轨道，记为 GEO 卫星。由于地球静止轨道高度高，所以卫星能观测到的地面区域广，一颗卫星就能覆盖40%的地球表面。这种卫星和地面保持相对静止，跟踪简单，使用方便，能够24 h连续工作，因此，应用非常广泛。通信、气象、广播、电视、预警等用途的卫星都采用地球静止轨道。

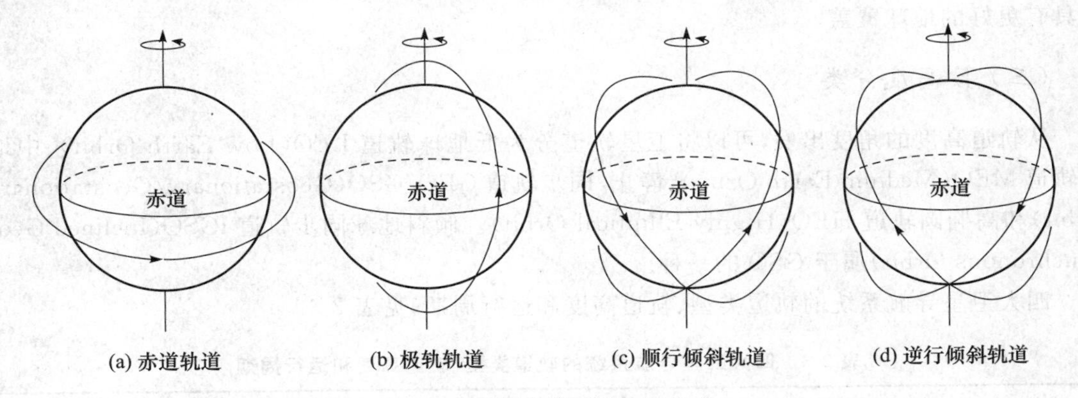

图 2-15 卫星轨道按照倾角分类

国际通信卫星组织（INTELSAT）和国际移动卫星组织（INMARSAT，原称国际海事卫星组织）等卫星组织均利用静止轨道通信卫星，为世界各国或地区提供电话、电传、电报、电视和数据传输等电信业务。我国的“风云二号”气象卫星也是静止轨道卫星。

数字资源 2-5 国际通信卫星组织

数字资源 2-6 国际移动卫星组织

2. 极轨轨道

极轨轨道的轨道面垂直于地球赤道平面，轨道倾角为90°，卫星穿越地球的南北极。在这条轨道上运行的卫星每圈都要经过地球两极上空，可以俯视整个地球表面。气象卫星、地球资源卫星、侦察卫星常采用此轨道。

太阳同步轨道是逆行倾斜轨道，倾角在90°～100°，轨道高度在500～1 000 km，是一种近极地轨道。它的轨道平面绕地轴的旋转方向和周期，与地球绕太阳的公转方向和周期相同。这种轨道的特点是太阳光和轨道平面的夹角保持不变。沿太阳同步轨道运行的卫星，每次从同一纬度地面目标上空经过，都保持同一地方时、同一运行方向，具有相同的光照条件，因此可在同样条件下重复观测地球。

3. 倾斜轨道

倾斜轨道又可以根据卫星的运动方向和地球自转方向的差别分为顺行倾斜轨道和逆行倾斜轨道。

（1）顺行倾斜轨道。顺行倾斜轨道的倾角为0°～90°，卫星在赤道面上投影的运行方向与地球自转方向相同，卫星自西向东顺着地球自转的方向运行（图 2-15c）。如果卫星的运动速度与地球自转的速度相同，把这样的顺行轨道称为地球同步轨道，其星下点轨迹呈现“8”字形。

（2）逆行倾斜轨道。逆行倾斜轨道的倾角为90°～180°，卫星在赤道面上投影的运行方向与地球自转方向相反，卫星自东向西逆着地球自转方向运行(图 2-15d)。

GPS、GLONASS 和 Galileo 的卫星均为顺行倾斜轨道，轨道倾角分别为 55°、64.8°和 56°。北斗系统的卫星轨道组成较为多样，既有静止轨道，也有地球同步轨道和倾斜轨道，因而北斗也具有更好的地球覆盖。

（三）按高度分类

从轨道高度的角度出发，可以将卫星轨道分为低地球轨道 LEO(Low Earth Orbit)、中地球轨道 MEO(Medium Earth Orbit)、静止/同步轨道 GEO/GSO(Geostationary/Geostationary Orbit)和高椭圆轨道 HEO(Highly Elliptical Orbit)。倾斜地球同步轨道 IGSO(Inclined Geo-Synchronous Orbit)属于 GSO 的一种。

四大卫星导航系统的轨道类型、轨道高度和运行周期，见表 2-3。

表 2-3　四大卫星导航系统的轨道类型、轨道高度和运行周期

卫星导航系统	轨道类型	轨道高度/km	运行周期
GPS	MEO	20 200	11 h 58 min
GLONASS	MEO	19 100	11 h 15 min
Galileo	MEO	23 222	14 h 07 min
BeiDou	MEO	21 500	12 h 35 min
	GEO	35 786	
	IGSO	35 786	

第五节　GPS卫星星历及卫星位置计算

一、GPS 卫星星历

GPS 卫星星历，是描述卫星运行轨道的一组数据。根据 GPS 广播的卫星星历，结合 GPS 接收机所测量的站星距离，GPS 接收机就可以确定用户的位置、速度和时间等参数。所以，获取准确的卫星轨道参数，计算卫星在观测瞬间的位置，是 GPS 定位的基础。

GPS 卫星星历分为 2 种：预报星历(广播星历)和后处理星历(精密星历)。

（一）预报星历

GPS 卫星的预报星历包含相对某一参考历元的开普勒轨道参数和轨道摄动改正项参数。预报星历由 GPS 卫星广播，经 GPS 接收机解码后可获得卫星星历和计算卫星的瞬时位置。因此，预报星历也称作广播星历。

GPS 的卫星星历是根据地面 GPS 监测站对 GPS 卫星约一周的跟踪观测资料推算出来的。卫星在某一参考历元的瞬时轨道参数，会随着时间的延续和摄动力影响，使得实际轨道偏离其参考轨道，偏离程度主要取决于观测历元与参考历元的时间差。如果用星历中所含的轨道摄动改正项参数对参考星历进行修正，就可以推算出任何观测历元的卫星星历。

为了保持广播星历的必要精度，一般采用限制预报星历的外推时间间隔的方法。GPS卫星发射的广播星历，每2 h更新一次。广播星历的精度一般估计为20～40 m。

GPS用户所接受到的广播星历包括16个星历参数（表2-4）和1个星历数据龄期。其中包含1个参考历元t_{oe}，6个相应于参考历元的开普勒轨道参数和9个摄动改正项参数。

表2-4 导航电文中的星历参数

电文符号	符号意义
t_{oe}	星历参数的参考历元
M_0	参考时刻的平近点角
Δn	平均运行速度差
e	轨道偏心率
$\sqrt{a}$	轨道半长轴的平方根
Ω_0	升交点准赤经
i_0	参考时刻的轨道倾角
ω	参考时刻的近地点角距
$\dot{\Omega}$	升交点赤经变化率
$\dot{i}$	轨道倾角变率
C_{uc}，C_{us}	升交距角的余弦和正弦调和改正项振幅
C_{rc}，C_{rs}	卫星地心距的余弦和正弦调和改正项振幅
C_{ic}，C_{is}	轨道倾角的余弦和正弦调和改正项振幅
$AODE$	星历数据的龄期

其中，$AODE$表示从最后一次注入电文时起算到外推星历时刻的外推时间间隔，称为星历数据的龄期，它可以反映外推星历的可靠程度。

关于GPS卫星实际轨道的描述，见图2-16，根据表2-4中所给的星历数据，外推出观测时刻t的轨道参数，从而进一步推算出卫星在不同参考系中的位置坐标。

（二）后处理星历

后处理星历是根据GPS卫星跟踪站所获得的GPS卫星精密观测资料，采用确定预报星历相似的方法，计算出过往任一观测时刻的卫星星历。后处理星历是以前各观测时刻精确的卫星星历，在计算该观测时刻的卫星轨道参数时，已注意到当时的摄动力模型的影响，因此避免了预报星历的外推误差。后处理星历的精度可达厘米级，它在大地测量学和地球动力学研究中有着重要的意义。

二、GPS卫星位置计算

利用GPS进行导航和定位，必须首先计算出卫星的位置，然后根据卫星的位置和观测量计算观测站的位置。卫星位置计算所需的参数来源于导航电文。根据导航电文提供的信息，按下列程序可计算出卫星的位置。

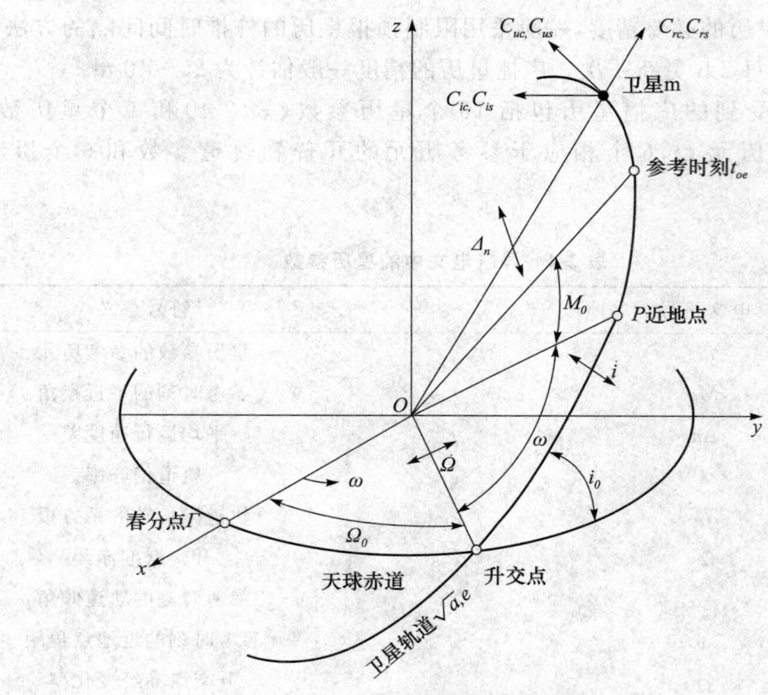

图 2-16　GPS 卫星轨道参数

1. 计算卫星运行的平均角速度 n

采用 WGS-84 坐标系的地球引力常数：$GM=\mu=3.986\,005\times10^{14}\,(\mathrm{m^3/s^2})$

地球自转角速率：$\omega_e=7.292\,115\,146\,7\times10^{-5}\,(\mathrm{rad/s})$

平均角速度为

$$n_0=\sqrt{GM/a^3}$$

利用预报星历中的平均运行速度差 Δn，求得卫星运行的平均角速度为

$$n=n_0+\Delta n \tag{2-16}$$

2. 计算归化时刻 Δt

GPS 卫星导航电文中的预报星历所给出的轨道参数是相对于参考历元 t_{oe} 的值。为求观测历元 t 时的轨道参数，须先计算观测历元 t 相对于参考历元 t_{oe} 的时间差值 Δt：

$$\Delta t=t-t_{oe} \tag{2-17}$$

但应考虑到 1 个星期的开始或结束时刻的观测：

当 $\Delta t>302\,400$ s 时，$t_k=t_k-604\,800$ s；

当 $\Delta t<-302\,400$ s 时，$t_k=t_k+604\,800$ s；

其中，604 800 是 1 个星期的秒数。

3. 计算观测历元 t 的平近点角 M

电文中预报星历已给出参考时刻的平近点角 M_0，因此

$$M=M_0+n\Delta t \tag{2-18}$$

4. 计算偏近点角 E

由电文中预报星历给出的轨道偏心率 e 和 M，可知：

$$E=M+e\sin E \tag{2-19}$$

利用迭代法解算此方程，即先令 $E_0=M$ 代入式(2-19)求解 E。由于偏心率很小，通常2次迭代即可计算出偏近点角 E。

5. 计算卫星的地心矢径 r

$$r=a(1-e\cos E) \tag{2-20}$$

6. 计算真近点角 f_s

$$f_s=\arctan\frac{\sqrt{1-e^2}\sin E}{\cos E-e} \tag{2-21}$$

7. 计算升交点角距 φ_0

$$\varphi_0=\omega_0+f_s \tag{2-22}$$

式中，ω_0 为电文中的参考时刻的近地点角距。

8. 计算摄动改正项 δ_u、δ_r、δ_i

$$\left.\begin{aligned}\delta_u&=C_{uc}\cos 2\varphi_0+C_{us}\sin 2\varphi_0\\\delta_r&=C_{rc}\cos 2\varphi_0+C_{rs}\sin 2\varphi_0\\\delta_i&=C_{ic}\cos 2\varphi_0+C_{i}s\sin 2\varphi_0\end{aligned}\right\} \tag{2-23}$$

式中，δ_u 为升交点角距 φ_0 的摄动量，δ_r 为卫星的地心矢径 r 的摄动量，δ_i 为轨道面倾角 i_o 的摄动量，其余的 C_{uc}，…，C_{is} 由导航电文的预报星历提供。

9. 计算经过摄动改正的升交点距角 φ、卫星矢径 r 和轨道倾角 i

将式(2-23)代入式(2-24)，计算经过摄动改正的升交点距角 φ、卫星矢径 r 和轨道倾角 i：

$$\left.\begin{aligned}\varphi&=\varphi_0+\delta_u\\r&=a(1-e\cos E)+\delta_r\\i&=i+\delta_i+\dot{i}\Delta t\end{aligned}\right\} \tag{2-24}$$

式中，i_0 为参考时刻的轨道倾角，$\dot{i}$ 为轨道倾角变率，均可以从导航电文中查询。

10. 计算卫星在轨道平面直角坐标系上的位置

在轨道平面直角坐标系中，X 轴指向升交点，则卫星位置为：

$$\begin{bmatrix}x\\y\\z\end{bmatrix}=r\begin{bmatrix}\cos\varphi\\\sin\varphi\\0\end{bmatrix} \tag{2-25}$$

11. 计算观测时刻的升交点经度 λ

如图2-17，观测时刻 t 的升交点经度 λ 为该时刻升交点赤经 Ω（春分点和升交点之间的角距）与格林尼治恒星时 $GAST$（春分点和格林尼治起始子午线之间的角距）之差，即：

$$\lambda=\Omega-GAST \tag{2-26}$$

由导航电文中给出的参数可以求出观测时刻的升交点赤经：

$$\Omega=\Omega_{oe}+\dot{\Omega}(t-t_{oe})=\Omega_{oe}+\dot{\Omega}\Delta t \tag{2-27}$$

式中，Ω_{oe} 为参考历元对应的升交点赤经，$\dot{\Omega}$ 是升交点赤经的变化率，其值为每小时千分之几度。电文中每2 h更新一次 t_{oe} 和 $\dot{\Omega}$。

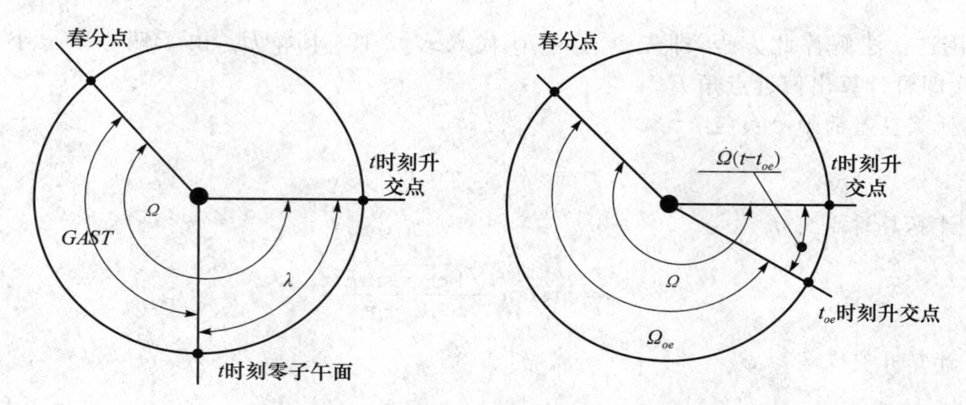

图 2-17　不同时刻的角度相互关系

GPS 卫星导航电文只提供了 1 个星期的开始时刻 t_0（星期天子夜的开始时刻，$t_0=0$）的格林尼治视恒星 $GAST(t_0)$。由于地球自转，$GAST$ 不断增加，其增值即为地球自转速率 ω_e。于是观测时刻的格林尼治视恒星为

$$GAST = GAST(t_0) + \omega_e(t - t_0) \tag{2-28}$$

则有

$$\lambda = \Omega_{oe} + \dot{\Omega}\Delta t - GAST(t_0) - \omega_e(t - t_0) \tag{2-29}$$

若令 $\Omega_0 = \Omega_{oe} - GAST(t_0)$，则式(2-29)变为：

$$\lambda = \Omega_0 + \dot{\Omega}\Delta t - \omega_e t \tag{2-30}$$

因为 $\Delta t = t - t_{oe}$，则：

$$\lambda = \Omega_0 + (\dot{\Omega} - \omega_e)\Delta t - \omega_e t_{oe} \tag{2-31}$$

式中，$\omega_e = 7.29\,211\,567 \times 10^{-5}$ (rad/s)；Ω_0、$\dot{\Omega}$、t_{oe} 均可从导航电文中得到。但须注意，此处的 Ω_0 是始于格林尼治子午圈到卫星轨道升交点的准经度。

为便于理解，将以上参数列成表格（表 2-5）。

表 2-5　计算观测时刻的升交点经度的有关参数

时刻	赤经（天球）	格林尼治恒星时	经度（地球）
周日子夜 $t_0=0$	Ω_0（准经度）	$GAST(t_0)$	
参考时刻 t_{oe}	Ω_{oe}	$GAST(t_0)+\omega_e(t_{oe}-t_0)$	
当前时刻 t	$\Omega_{oe}+\dot{\Omega}(t-t_{oe})$	$GAST(t_0)+\omega_e(t-t_0)$	λ（待求参数）

12. 计算卫星在地心坐标系中的位置

根据上述给出的卫星在轨道平面上的直角坐标，可将轨道坐标系转换为地心坐标系，即沿地心——升交点轴旋转($-i$)角，使轨道平面与赤道平面重合。沿 Z 轴旋转($-\lambda$)角，使升交点与格林尼治子午线重合。这样，便得到卫星在地心坐标系中的直角坐标(X,Y,Z)。其数学表达式为：

$$\begin{bmatrix} X \\ Y \\ Z \end{bmatrix} = (-\lambda)(-i)\begin{bmatrix} x_0 \\ y_0 \\ z_0 \end{bmatrix} \tag{2-32}$$

其中：

$$(-\lambda)(-i)=\begin{bmatrix}\cos\lambda & -\sin\lambda\cos i & \sin\lambda\sin i\\ \sin\lambda & \cos\lambda\cos i & -\cos\lambda\sin i\\ 0 & \sin i & \cos i\end{bmatrix}$$

在导航中，一般不需要直角坐标(X,Y,Z)，而是需要大地坐标(B,L,H)，换算关系见式(2-3)和式(2-4)。

复习思考题

1. 为什么要定义天球坐标系和地球坐标系？它们有何用途？
2. 什么是岁差和章动？对坐标系的定义有何影响？
3. 瞬时天球坐标系和瞬时地球坐标系如何转换？有何意义？
4. GNSS 接收机可以代替水准仪进行高精度的高程测量吗？
5. GPS 接收机某次观测时刻为 207 600 s，请问观测日期是星期几？
6. 为什么说时间测量的精度对于 GNSS 运行至关重要？
7. 什么是理想情况下的卫星运动？
8. 广播星历的优、缺点是什么？
9. 导航电文更新的时间间隔对于定位精度有何影响？

第三章

GNSS定位基本原理

GNSS 以导航卫星为参照物，利用导航卫星广播的载波、测距码和导航电文，实时测量站星距和计算卫星位置，然后基于三球交汇原理，实现观测站的三维定位、测速和授时。本章着重介绍 GNSS 定位分类、GPS 卫星导航信号结构、测码伪距和测相伪距的测距方法及定位原理和精密单点定位原理。

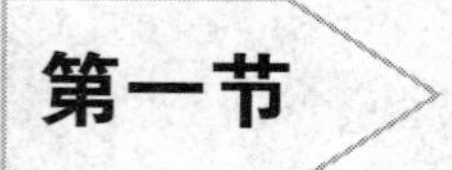

GNSS定位分类

在 GNSS 定位中，可根据待测点（或称观测站、测站）的运动状态，分为静态定位和动态定位；又可根据待测点在协议地球坐标系中的绝对位置或相对位置，分为绝对定位和相对定位。

一、静态定位与动态定位

（一）静态定位

静态定位指的是在进行 GNSS 导航定位解算时，待测点在协议地球坐标系中的位置可以认为是固定不变的（静态）。此时待测点相对于其周围的固定点没有位置变化，或者虽然有可察觉到的运动，但这种运动相当缓慢，以至于在一次观测期间（数小时至若干天）无法被察觉到，对这些待测点的位置确定即为静态定位。

此时接收机可以连续地同步观测不同的卫星，获得充分的多余观测量，根据 GNSS 卫星的已知瞬间位置，解算出接收机天线中心的三维坐标。由于待测点的位置固定不动，可以进行大量的重复观测，所以静态定位的可靠性强，定位精度高。静态定位在大地测量、地球动力学等领域有着广泛的应用。

（二）动态定位

动态定位指的是在进行 GNSS 导航定位解算时，待测点相对于其周围的固定点或参照物，在一次观测期间有可察觉到的运动或明显的运动，对这些动态待测点的位置确定即为动态定位。

通常对于运动载体的位置确定都属于动态定位。如果按照运动载体的运行速度分类，可将动态定位分为低动态（几十米/秒）、中等动态（几百米/秒）和高动态（几千米/秒）3 种形式。动态定位的特点是测定 1 个动点的实时位置，多余观测量少、定位精度较低。目前导航型的 GNSS 接收机，可以说是一种广义的动态定位。

二、绝对定位与相对定位

（一）绝对定位

绝对定位，又称单点定位，指的是采用单个 GNSS 接收机独立确定待测点在协议地球坐标系中的绝对位置（图 3-1）。

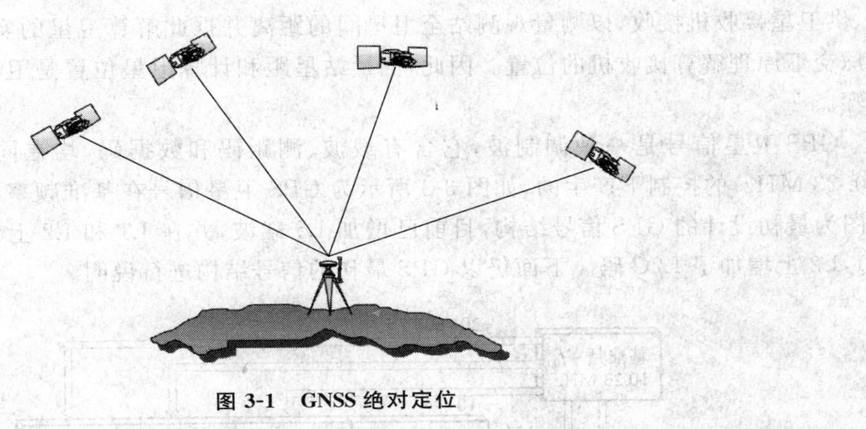

图 3-1 GNSS 绝对定位

绝对定位的基本原理是以 GNSS 卫星和用户接收机天线之间的距离观测量为基础，根据已知可见的卫星的瞬时坐标来确定用户接收机天线相位中心的位置。绝对定位的优点是只需要 1 台接收机即可实现独立定位，实施较为方便；缺点是受星历误差和大气延迟误差的影响较严重，定位精度不高。绝对定位在出行导航等中低精度测量中有着广泛的应用。

（二）相对定位

相对定位指采用若干台 GNSS 接收机同步跟踪一组 GNSS 卫星的发射信号，从而确定 GNSS 接收机之间的相对位置（图 3-2）。

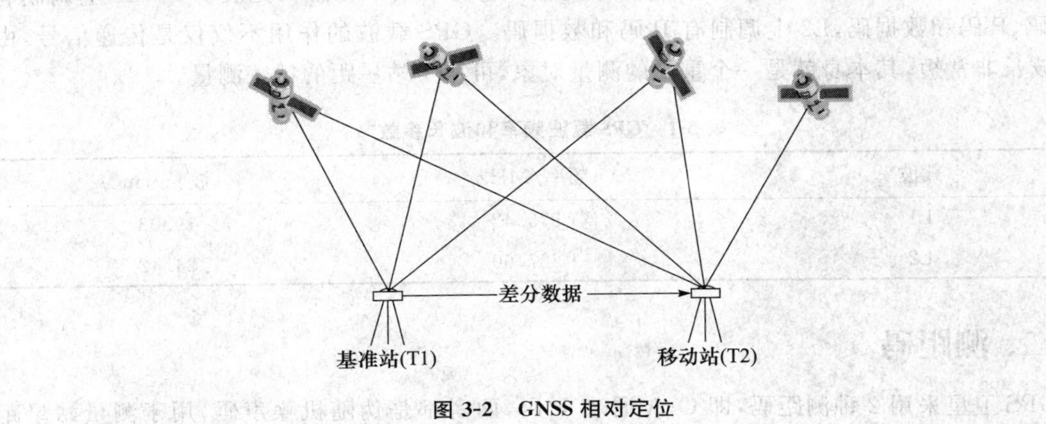

图 3-2 GNSS 相对定位

相对定位的优点是：采用同步观测时，由于误差具有空间相关性，各测站的许多误差是相同或大体相同的，通过求差可以消除或者大幅削弱误差，从而获得较高的定位精度；缺点是需要多台（至少 2 台）接收机进行同步观测，组织实施、数据处理等比较复杂。相对定位法在大地测量等精密定位领域应用广泛。

第二节　GPS卫星导航信号结构

以 GPS 系统为例，介绍卫星导航信号结构。GPS 卫星在空中飞行时连续播发无线电信号，供卫星接收机接收，以测量观测站至卫星间的距离并据此解算卫星的实时位置，从而通过三球交汇原理解算接收机的位置。因此，测量站星距和计算卫星位置是卫星定位的 2 个基本步骤。

GPS 卫星信号是一种调制波，它含有载波、测距码和数据码，均在同一个基准频率 f_0（10.23 MHz）的控制下产生的，如图 3-3 所示为 GPS 卫星信号在基准频率 f_0 下的产生过程。该图为最初设计的 GPS 信号结构，目前已增加 L5 载波，并在 L1 和 L2 上调制了 M 码（军用码），L2 上增加了 L2C 码。下面仍以 GPS 最初的信号结构进行说明。

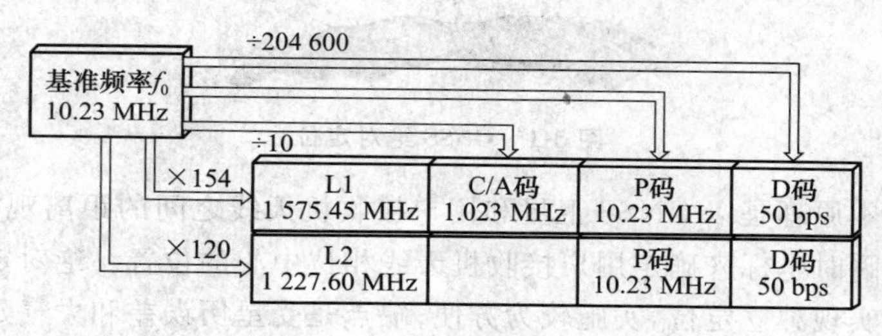

图 3-3　GPS 信号产生过程

一、载波

载波是由振荡器产生并在通信信道上传输的电波，被调制后用来传送数据。GPS 卫星载波选用 L 波段的 2 种不同频率的电磁波作为载波，它们的频率和波长见表 3-1。L1 上调制有 C/A 码、P 码和数据码，L2 上调制有 P 码和数据码。GPS 载波的作用不仅仅是传递信号，由于其波长非常短，其本身就是一个重要的测量对象，可用于站星距的精密测量。

表 3-1　GPS 载波频率和波长参数

载波	频率/MHz	波长/cm
L1	1 575.42	19.03
L2	1 227.60	24.42

二、测距码

GPS 卫星采用 2 种测距码，即 C/A 码和 P 码，两者都是伪随机噪声码，用于测量站星距离。伪随机噪声码又称伪随机码或伪码，是一种具有某种确定编码规则的二进制码，结构可以预先确定，可重复产生和复制，同时又具有随机码的良好自相关性，如图 3-4 所示。

1011110001100110100111000111000101111000110011010011100011100

图 3-4 伪随机噪声码示意图

（一）C/A 码

C/A 码由 2 个 10 级反馈移位寄存器组合而产生，共产生 1 025 种结构不同的 C/A 码，从中选用 32 个码以 PRN1、PRN2、…、PRN32 命名各个 GPS 卫星。2 个移位寄存器于每周日零时，在置“1”脉冲作用下全处于“1”状态。

数字资源 3-1 产生 C/A 码的反馈移位寄存器组合

C/A 码的频率为 1.023 MHz，周期为 1 ms，码长为 1 023 bit，空中传播距离为 299.8 km。相应地，单个码元宽度为 0.977 52 μs，空中传播距离为 293.1 m。

GPS 接收机开始工作时，通常需要对 C/A 码进行逐个搜索，以捕获并锁定卫星。因为 C/A 码总共只有 1 023 个码元，若以每秒 50 个码元的速度搜索，约需 20.5 s 便可完成搜索。因此，接收机冷启动时，需要经过一定的时间锁定卫星，才能开始输出定位结果。

C/A 码的码元宽度比较大，在利用 C/A 码进行测距时，如果 2 个序列的码元对齐误差为码元宽度的 1/100～1/10，相应的测距误差为 2.93～29.3 m，这个测距精度也决定着 GPS 的定位精度。

C/A 码码长比较短，易于捕获，但码元宽度比较大，测距精度比较低，所以 C/A 码又称为捕获码或粗码。

（二）P 码

P 码的产生原理与 C/A 码相似。发生电路采用的是 2 组 12 级反馈移位寄存器构成。P 码的频率为 10.23 MHz，周期为 267 d，码长为 2.35×10^{14} bit，码元宽度为 0.097 752 μs，相应的空中传播距离为 29.3 m。

在实际使用中，P 码的周期被分成 38 份（每一部分为 7 d），其中 1 份闲置，5 份给地面监控站使用，32 份分配给不同的卫星。这样，每颗卫星所使用的 P 码不同部分，但都具有相同的码长和周期，只是结构不同。P 码的码长较长，无法逐个码进行搜索。一般都是先捕获 C/A 码，然后根据导航电文中给出的有关信息捕获 P 码。

如果 P 码对齐精度仍为码元宽度的 1/100～1/10，则相应的测距误差为 0.29～2.93 m，所以 P 码用于精密导航和定位，也称 P 码为精码。

尽管 C/A 码的精度较低，但码结构是公开的，可供 GPS 接收机的广大用户使用。而根据美国国防部规定，P 码是专为军用的，对外保密。

（三）测距精度比较

如前所述，码元宽度取决于电波频率。L1 和 P 码的波长与码元宽度分别是 C/A 码的

1/1 540 和 1/10。如图 3-5 所示，在同样的码元对齐精度下，L1 和 P 码的测距精度更高，分别达到 C/A 码的 1 540 倍和 10 倍。因此，频率更高的电波测距精度更高。

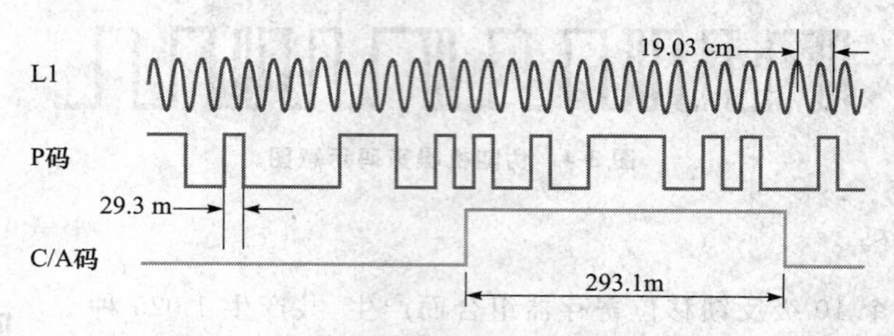

图 3-5　载波波长与测距码的码元宽度比较

在实际应用中，GPS 单频接收机利用 C/A 码或 P 码进行测距，GPS 双频接收机则利用 L1 和 L2 两个频率进行载波相位测量。

三、数据码

数据码即导航电文，是由卫星信号中解调出来的数据码 D。它主要包括：卫星星历、时钟改正、大气折射改正、由 C/A 码转换到捕获 P 码的信息。其中，卫星星历是描述卫星运动轨道的信息，是一组对应某一时刻的卫星轨道参数及其变率。

如图 3-6 所示，GPS 卫星在飞行过程中，于 t_1 和 t_2 两个时刻分别接收到注入站注入的导航电文，t_1 时刻注入的是 t_1 和 t_2 中间时刻即参考历元 t_{oe} 的导航电文。用户在观测时刻 t 进行定位时，即基于 t_{oe} 的星历参数和变率进行外推计算。

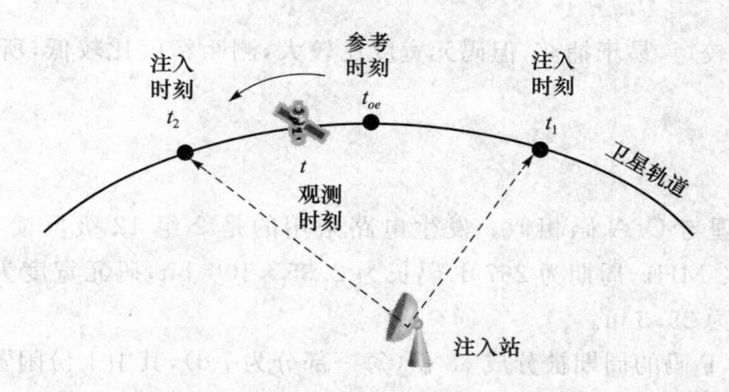

图 3-6　导航电文注入示意图

例如，t 时刻轨道倾角 i 的计算方法如下：

$$i = i_0 + \dot{i} \times (t - t_{oe}) \tag{3-1}$$

式中，i_0 为 t_{oe} 时刻的轨道倾角，$\dot{i}$ 为 t_{oe} 时刻的轨道倾角的变率。

GPS 卫星星历更新间隔为 2 h，故参考历元 t_{oe} 选在 2 次更新星历的中央时刻，这样外推的时间间隔最大不超过 1 h，以减小星历参数导致的定位误差。

导航电文也是二进制数码，由主帧、子帧、字码和页码组成。导航电文以 50 bit/s 的数据流调制在载频上，按帧向外播发，每帧电文的长度为 1 500 bit，播发速率为 50 bit/s，所以播发 1 帧电文用时 30 s，如图 3-7 所示。

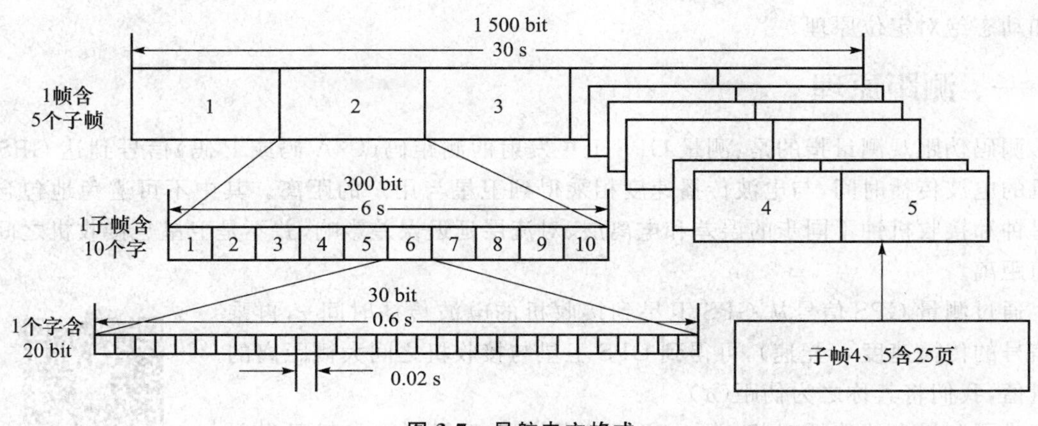

图 3-7　导航电文格式

每帧导航电文包括 5 个子帧，每子帧长 6 s，共含 300 bit。第 1、2、3 子帧各有 10 个字码，每个字码为 30 bit，这 3 个子帧的内容每 30 s 重复 1 次，每 2 h 更新 1 次。第 4、5 子帧各有 25 页，共有 15 000 bit，播放所有空中 GPS 卫星的历书（卫星的概略坐标）。1 帧完整的电文共有 37 500 bit，要 750 s 才能够传送完，用时长达 12.5 min。

鉴于 GPS 的导航电文每 2 h 更新 1 次的特点，移动通信运营商利用通信基站配合 GNSS 卫星开发了辅助全球卫星导航系统（Assisted GNSS，A-GNSS），使得移动通信终端可通过移动通信网络，及时获得空中可视卫星的导航电文，让智能手机等移动通信终端的首次定位速度更快。

A-GNSS 的工作原理见图 3-8。从图中可以看出，移动通信运营商架设有 A-GNSS 服务器，通过遍布各地的通信塔，利用 GNSS 接收机接收卫星的广播星历，然后通过移动通信网络为智能手机提供星历数据服务。

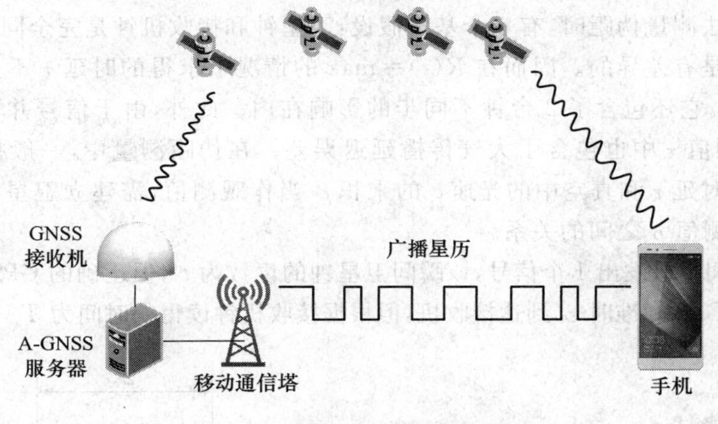

图 3-8　A-GNSS 工作原理示意图

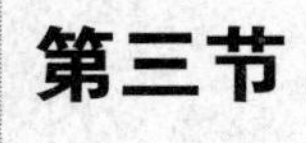

第三节　测码伪距绝对定位

本节介绍测码伪距的测量方法、过程与观测方程，并介绍基于测码伪距的静态绝对定位原

理和动态绝对定位原理。

一、测距原理

测码伪距观测量指的是：测量 GPS 卫星发射的测距码（C/A 码或 P 码）信号到达 GPS 接收机的电波传播时间，与电波传播速度相乘得到卫星与用户的距离。其中不可避免地包含着卫星钟和接收机钟不同步的误差和电离层、对流层延迟误差影响，并不是卫星与接收机之间的几何距离。

通过测量 GPS 信号从 GPS 卫星到接收机的电波传播时间 τ，再乘以信号的传播速度 c（光速），可得到 GPS 卫星与接收机之间大概距离的测量值，我们将其称之为伪距（$\tilde{\rho}$）。

数字资源 3-2 伪距法测距动画

为了测量电波传播时间，在 GPS 用户接收机里复制了与卫星发射结构相同的测距码，通过接收机中的时间延迟器，让复制的测距码进行相移，使其在码元上与接收到的卫星发射的测距码对齐，即进行相关处理。当相关系数为 1 时，接收到的卫星测距码与本地复制的测距码码元对齐，相移量就是电波传播时间 τ。

伪距测量的基本过程是：

(1) 卫星依据自己的时钟发出某一结构的测距码，该测距码经过 Δt 时间传播后到达接收机。

(2) 接收机在自己的时钟控制下产生 1 组结构完全相同的测距码——复制码，并通过时延器使其延迟时间 τ。

(3)将这 2 组测距码进行相关处理，直到 2 组测距码的自相关系数 $R(t)=1$ 为止。此时，复制码已和接收到的来自卫星的测距码对齐，复制码的延迟时间 τ 就等于卫星信号的传播时间 Δt。

(4)将 Δt 乘以光速 c 后即可求得卫星至接收机的伪距。

上述码相关法测量伪距时，有一个基本假设：卫星钟和接收机钟是完全同步的。但实际上这 2 台钟之间总是有差异的。因而在 $R(t)=\max$ 的情况下求得的时延 τ 不严格等于卫星信号的传播时间 Δt，它还包含了 2 台钟不同步的影响在内。此外，由于信号并不是完全在真空中传播，因而观测值 τ 中也包含了大气传播延迟误差。在伪距测量中，一般把在 $R(t)=\max$ 的情况下求得的时延 τ 和真空中的光速 c 的乘积 $\tilde{\rho}$ 当作观测值，需建立卫星与接收机之间的几何距离 ρ 同观测值 $\tilde{\rho}$ 之间的关系。

设在某一瞬间卫星发出 1 个信号，该瞬间卫星钟的读数为 t^a，但正确的 GPS 标准时应为 τ^a，该信号在正确的 GPS 标准时 τ_b 到达接收机，但根据接收机钟读得的时间为 T_b，如图 3-9 所示。

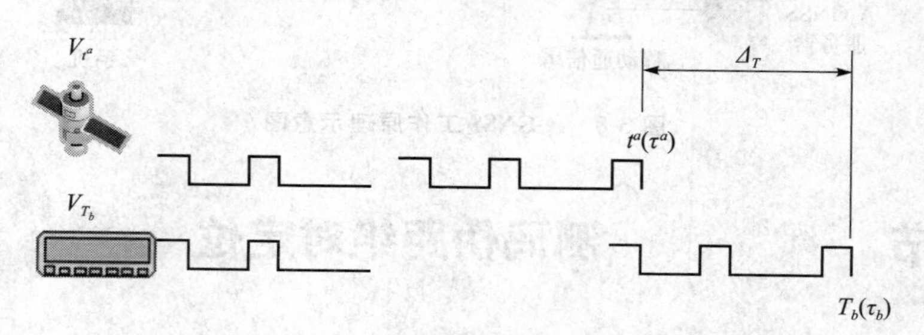

图 3-9 伪距法测距示意图

伪距测量中测得的时延 τ 实际上是 T_b 和 t^a 之差，即

$$\tau = T_b - t^a = \tilde{\rho}/c \tag{3-2}$$

设发射时刻卫星钟的改正数为 V_{t^a}，接收时刻接收机钟的改正数为 V_{T_b}，则有

$$\left.\begin{aligned} t^a + V_{t^a} &= \tau^a \\ T_b + V_{T_b} &= \tau_b \end{aligned}\right\} \tag{3-3}$$

将式(3-2)代入式(3-3)有

$$\begin{aligned} \frac{1}{c}\tilde{\rho} &= T_b - t^a = (\tau_b - V_{T_b}) - (\tau^a - V_{t^a}) \\ &= (\tau_b - \tau^a) + V_{t^a} - V_{T_b} \end{aligned} \tag{3-4}$$

式中，$(\tau_b - \tau^a)$是测距码从卫星到接收机的实际传播时间。

再加上电离层折射改正 $\delta\rho_{ion}$ 和对流层折射改正 $\delta\rho_{trop}$ 后，求得卫星至接收机的几何距离 ρ 为

$$\rho = c(\tau_b - \tau^a) + \delta\rho_{ion} + \delta\rho_{trop} \tag{3-5}$$

将式(3-4)代入式(3-5)，可得几何距离 ρ 与伪距 $\tilde{\rho}$ 之间的关系式为

$$\rho = \tilde{\rho} + \delta\rho_{ion} + \delta\rho_{trop} - cV_{t^a} + cV_{T_b} \tag{3-6}$$

假定：

a)电离层和对流层折射改正 $\delta\rho_{ion}$、$\delta\rho_{trop}$ 均可精确求得。

b)卫星钟和接收机钟的改正数 V_{t^a}、V_{T_b} 精确已知。

那么测定了伪距 $\tilde{\rho}$ 就等于测定了几何距离 ρ。而 ρ 与卫星坐标(x^s, y^s, z^s)和接收机坐标(X, Y, Z)之间有以下关系：

$$\rho = [(x^s - X)^2 + (y^s - Y)^2 + (z^s - Z)^2]^{\frac{1}{2}} \tag{3-7}$$

由于卫星坐标可根据卫星导航电文求得，因此在式(3-7)中有 3 个未知数。若用户同时对 3 颗卫星进行伪距测量，即可解出接收机的位置(X, Y, Z)。

上述假设中，由于接收机使用了误差相对较大的石英钟进行计时，其钟改正数 V_{T_b} 难以精确获得。因为在数目有限的卫星上配备原子钟是可行的，但在每台接收机中都安装原子钟是不现实的，不仅会大大增加成本，而且也增加接收机的体积和重量。解决这个问题的方法，就是将观测时刻接收机的钟改正数 V_{T_b} 作为 1 个未知数。这样在任何 1 个观测瞬间，用户至少需要同时观测 4 颗卫星，以便解算 4 个未知数。因而，伪距法定位的数学模型可表示为：

$$\begin{gathered} [(x_i^s - X)^2 + (y_i^s - Y)^2 + (z_i^s - Z)^2]^{\frac{1}{2}} - cV_{T_b} \\ = \tilde{\rho}_i + (\delta\rho_i)_{ion} + (\delta\rho_i)_{trop} - cV_{t_i^a} \\ (i = 1, 2, 3, 4, \cdots) \end{gathered} \tag{3-8}$$

式中，$V_{t_i^a}$ 是第 i 颗卫星在信号发射瞬间的钟改正数，它可以根据导航电文中给出的系数求出。

当方程式(3-8)的卫星个数大于 4 时，可用最小二乘法求解接收机坐标。

由式(3-8)可以看出，接收机的钟差改正数 V_{T_b} 本身的数值大小并不是关键问题，只要能满足其在方程组中保持固定值不变就可以了。由于接收机是同时或在很短的时间内完成对各个卫星的测距工作的，因而接收机只需使用质量较好的石英钟，上述要求一般即可得到满足。

二、静态绝对定位

静态定位中，接收机的坐标保持不变，因而可以利用多个历元的观测值求解。

为了方便起见,我们先讨论只观测 4 颗卫星情况下的伪距定位计算。

在式(3-8)中,若令

$$\acute{\rho}_i = \tilde{\rho}_i + (\delta\rho_i)_{ion} + (\delta\rho_i)_{trop} - cV_{t_i^a} \tag{3-9}$$

再令 $cV_{T_b} = B$,式(3-8)就可以写为

$$\acute{\rho}_i = [(x_i - X)^2 + (y_i - Y)^2 + (z_i - Z)^2]^{\frac{1}{2}} + B \tag{3-10}$$

假设测站的初始坐标向量 $\boldsymbol{X}_0$ 及其改正数向量 $\mathrm{d}\boldsymbol{X}$ 分别为

$$\boldsymbol{X}_0 = (X_0 Y_0 Z_0 B_0)^{\mathrm{T}}$$

$$\mathrm{d}\boldsymbol{X} = (\mathrm{d}X\mathrm{d}Y\mathrm{d}Z\mathrm{d}B)^T$$

同时考虑到测站至卫星 i 的方向余弦

$$\left(\frac{\partial \acute{\rho}_i}{\partial X}\right)_0 = -\frac{1}{\rho_{i0}}(x_i - X_0) = -l_i$$

$$\left(\frac{\partial \acute{\rho}_i}{\partial Y}\right)_0 = -\frac{1}{\rho_{i0}}(y_i - Y_0) = -m_i$$

$$\left(\frac{\partial \acute{\rho}_i}{\partial Z}\right)_0 = -\frac{1}{\rho_{i0}}(z_i - Z_0) = -n_i$$

$$\left(\frac{\partial \acute{\rho}_i}{\partial B}\right)_0 = 1$$

式中,$\rho_{i0} = [(x_i - X_0)^2 + (y_i - Y_0)^2 + (z_i - Z_0)^2]^{\frac{1}{2}}$

于是,式(3-10)的线性化可以写为

$$\begin{bmatrix} \rho_1' \\ \rho_2' \\ \rho_3' \\ \rho_4' \end{bmatrix} = \begin{bmatrix} \rho_{10}' \\ \rho_{20}' \\ \rho_{30}' \\ \rho_{40}' \end{bmatrix} - \begin{bmatrix} l_1 & m_1 & n_1 & -1 \\ l_2 & m_2 & n_2 & -1 \\ l_3 & m_3 & n_3 & -1 \\ l_4 & m_4 & n_4 & -1 \end{bmatrix} \begin{bmatrix} \mathrm{d}X \\ \mathrm{d}Y \\ \mathrm{d}Z \\ \mathrm{d}B \end{bmatrix} \tag{3-11}$$

或者写为

$$\boldsymbol{A}\mathrm{d}\boldsymbol{X} + \boldsymbol{L} = \boldsymbol{0} \tag{3-12}$$

式中,

$$\boldsymbol{A} = \begin{bmatrix} l_1 & m_1 & n_1 & -1 \\ l_2 & m_2 & n_2 & -1 \\ l_3 & m_3 & n_3 & -1 \\ l_4 & m_4 & n_4 & -1 \end{bmatrix}$$

$$\boldsymbol{L} = (L_1 \quad L_2 \quad L_3 \quad L_4)^T$$

$$L_i = \acute{\rho}_i - \acute{\rho}_{i0}$$

则可得坐标改正数的向量解

$$\mathrm{d}\boldsymbol{X} = -\boldsymbol{A}^{-1}\boldsymbol{L} \tag{3-13}$$

上述公式仅针对观察 4 颗卫星情况下的求解。此时没有多余观测量,未知数的解算是唯一的。当同步观测的卫星数多于 4 个,观测方程数大于待求未知数的个数,此时方程(3-12)的右端不再为 **0** 向量。例如卫星数为 n 个时,则需要通过最小二乘法求解。此时可将式(3-12)

写成误差方程式的形式

$$\boldsymbol{V}_u = \boldsymbol{A}_u \mathrm{d}\boldsymbol{X} + \boldsymbol{L}_u \tag{3-14}$$

式中，$\boldsymbol{V}_u = (v_1, v_2, \cdots, v_n)^{\mathrm{T}}$

$$\boldsymbol{A}_u = \begin{bmatrix} l_1 & m_1 & n_1 & -1 \\ l_2 & m_2 & n_2 & -1 \\ \vdots & \vdots & \vdots & \vdots \\ l_n & m_n & n_n & -1 \end{bmatrix}$$

$$\boldsymbol{L}_u = (L_1 L_2 \cdots L_n)^{\mathrm{T}}$$

根据最小二乘法原理求解得

$$\mathrm{d}\boldsymbol{X} = -(\boldsymbol{A}_u^{\mathrm{T}} \boldsymbol{A}_u)^{-1} (\boldsymbol{A}_u^{\mathrm{T}} \boldsymbol{L}_u) \tag{3-15}$$

测站未知数中误差

$$m_x = \sigma_0 \sqrt{q_{ii}} \tag{3-16}$$

式中，σ_0 为伪距测量的中误差；

q_{ii} 为权系数矩阵 $\boldsymbol{Q}_x$ 中的主对角线元素，按式(3-17)计算

$$\boldsymbol{Q}_x = (\boldsymbol{A}_u^{\mathrm{T}} \boldsymbol{A}_u)^{-1} \tag{3-17}$$

应当说明的是，如果观测时间较长，在不同的历元观测的卫星数可能不同，在组成上列系数阵时应加以注意。同时，GNSS 接收机钟差的变化，往往是不可忽略的。此时，可根据具体情况，或者将钟差表示为多项式的形式，并将多项式的系数作为未知数，在平差计算中一并求解；或者针对不同观测历元，简单地引入相异的独立钟差参数。

需要注意的是，式(3-14)求解的结果，并不是直接得到三维坐标，而是坐标分量，应据此修正坐标初始值，从而得到待求的坐标值。式(3-14)适合于计算机进行迭代计算，即给出测站坐标初始值，进行第一次迭代计算，利用所求改正数修正坐标初始值，继续进行迭代计算。因迭代过程收敛较快，一般迭代 2～3 次便可获得满意结果。由于测站静止不动，故可以获得冗余观测值，这有助于提高定位精度。

三、动态绝对定位

动态绝对定位的观测方程组的建立过程，与测码伪距静态绝对定位相同，参见方程组(3-10)～(3-12)。采用测码伪距动态绝对定位，求解观测站位置过程，开始时可以在载体(如飞机、舰艇、车辆等)相对地面没有运动的情况下进行，以求得载体在静态时的精确位置，为解算后续运动状态时的实时位置奠定基础。

当载体运动时，在可见卫星为 4 颗的情况下，可以应用式(3-13)来解算运动载体的实时位置，此时不需要通过最小二乘法平差解算，解是唯一的；在可见卫星大于 4 颗的情况下，观测方程超过待求参数的个数，对于方程(3-14)，采用最小二乘法求解。后续点位的初始坐标值可以依据前一个点位坐标值来设定，用观测历元 t 瞬时获得的 $\boldsymbol{A}_u$ 和 $\boldsymbol{L}_u$ 来求出坐标改正数 $\mathrm{d}\boldsymbol{X}$，从而解算出运动载体的实时点位坐标值，实现动态实时绝对定位。

式(3-14)用于测码伪距动态绝对定位时，为解算运动载体的实时位置，需要正确确定载体的初始坐标值。实际应用中，有时给定的载体第一个点位的初始坐标偏差较大，而且线性化过程中略去二次及二次以上项对平差结果也有影响，因而在解算过程中往往 1 次平差不能达到

理想的解算结果，此时就常常采用迭代法。在解算运动载体的实时点位时，前一个点的点位坐标作为后续点位的初始坐标值。

四、伪距定位法的应用

伪距定位法是单点定位的基本方法，它的定位速度很快，又无多值性问题，数据处理也比较简捷。由于它的测量信号是卫星播发的测距码，故测量精度就与测距码、复制码的相关（对齐）精度有关，也与测距码元宽度有关。根据经验，接收机的复制码与测距码的对齐精度约为码元宽度的1%。对于C/A码，其码元宽度约为293 m，伪距测量精度则为2.9 m；对于P码，其码元宽度约为29.3 m，伪距测量精度则为0.29 m。但是，由于P码受美国军方控制，一般用户无法得到，只能利用C/A码进行伪距定位。

若要提高伪距的定位精度，可用若干台接收机同时对相同的卫星进行伪距测量，此时卫星星历误差、卫星钟的误差、电离层和对流层折射误差对各同步观测站的影响基本相同，在求坐标差时可以自行消除。

第四节 测相伪距绝对定位

载波的波长要比测距码的码元长度短得多（表3-1），对载波进行相位测量，可以达到很高的测距精度，一般为1～2 mm。但载波信号是一种周期性的正弦信号，相位测量只能测定其不足一个波长的小数部分，无法测定其整波长的个数，因而存在整周数不确定性问题，使得解算过程较为复杂。

一、测距原理

若卫星S发出一载波信号，该信号向各处传播。设某一瞬间，该信号在接收机R处的相位为φ_R，在卫星S处的相位为φ^s。φ_R和φ^s为从某一起始点开始计算的包括整周数在内的载波相位，为方便计数，均以周数为单位。若载波的波长为λ，则卫星S至接收机R间的距离：

$$\rho = \lambda(\varphi^s - \varphi_R) \tag{3-18}$$

但因无法观测φ^s，该方法无法实施。

如果接收机的振荡器能产生1个频率与初相和卫星载波完全相同的基准信号，问题即可解决，因为任何一个瞬间在接收机处的基准信号的相位等于卫星处载波信号的相位。因而，$(\varphi^s - \varphi_R)$等于接收机产生的基准信号的相位和接收到来自卫星的载波信号相位之差：

$$\varphi^s - \varphi_R = \Phi(\tau_b) - \varphi(\tau^a) \tag{3-19}$$

某一瞬间的载波相位测量值指的是该瞬间接收机所产生的基准信号的相位$\Phi(\tau_b)$和接收到的来自卫星的载波信号的相位$\varphi(\tau^a)$之差。因此，根据某一瞬间的载波相位测量值可求出该瞬间从卫星到接收机的距离。下面结合图3-10，介绍载波相位法的测量过程。

（一）跟踪卫星信号后的首次量测值

假定：

（1）接收机跟踪上卫星信号，并在t_0时刻进行首次载波相位测量。

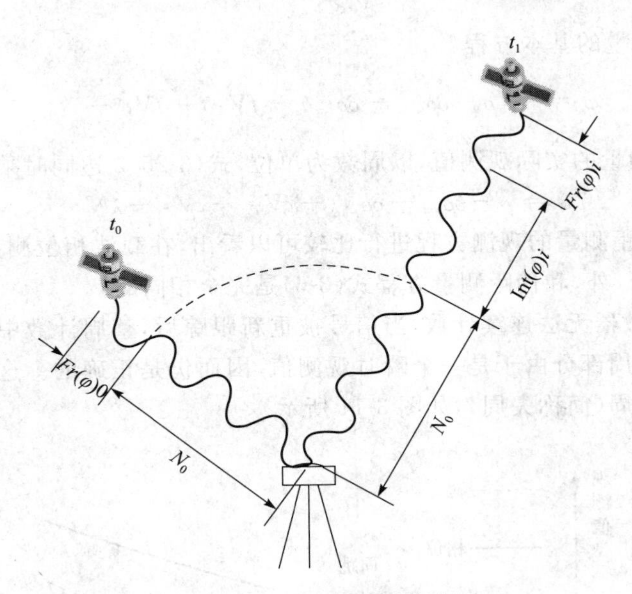

图 3-10 载波相位测量过程

(2) 此时接收机所产生的基准信号的相位为 $\Phi_0(R)$。

(3) 接收到的来自卫星的载波信号的相位为 $\Phi_0(S)$。

(4) $\Phi_0(R)$和 $\Phi_0(S)$相位之差是由 N_0 个整周及不足一整周的部分 $Fr(\varphi)_0$ 组成,即:

$$\Phi_0(R)-\Phi_0(S)=\varphi^s-\varphi_R=N_0+Fr(\varphi)_0 \tag{3-20}$$

在进行测量时,仪器实际上测定的只是不足一整周的部分 $Fr(\varphi)_0$。因为载波只是一种单纯的余弦波,不带有任何识别标记,因而无法判断正在量测的是第几周的信号。于是在载波相位测量中便出现了 1 个整周未知数 N_0,需要通过其他途径解算出 N_0 后才能求得从卫星至接收机的距离,这使得数学处理的方式较伪距测量更为麻烦。

(二) 跟踪卫星信号后的其余各次量测值

首次载波相位测量后,以后进行的实际量测值中不仅包含不足一整波段的部分 $Fr(\varphi)$,而且包含了整波段数 $\text{Int}(\varphi)$。

根据上述讨论可以看出:

(1) 载波相位测量的实际观测值由整周部分 $\text{Int}(\varphi)$和不足整周部分 $Fr(\varphi)$组成,首次观测值中的 $\text{Int}(\varphi)$为零,以后 $\text{Int}(\varphi)$可为正整数或为负整数,如图 3-10 所示。

(2) 只要接收机保持对卫星信号的连续跟踪而不失锁,则在每个载波相位测量观测值都含有相同的整周未知数 N_0。即每个完整的载波相位观测值

$$\varphi=N_0+\text{Int}(\varphi)+Fr(\varphi) \tag{3-21}$$

首次观测:

$$\varphi_0=N_0+Fr(\varphi)_0 \tag{3-22}$$

以后的观测:

$$\varphi_i=N_0+\text{Int}(\varphi)_i+Fr(\varphi)_i \tag{3-23}$$

通常表示为:

$$\tilde{\varphi}=N_0+\text{Int}(\varphi)+Fr(\varphi) \tag{3-24}$$

由此得到载波相位测量的基本方程：

$$\tilde{\varphi}=\frac{f}{c}(\rho-\delta\rho_{trop}-\delta\rho_{ion})-fV_{T_b}+fV_{t^a}-N_0 \tag{3-25}$$

其中 $\tilde{\varphi}$ 为载波相位测量的实际观测值，以周数为单位，式(3-25)2 边同时乘以 $\lambda=c/f$，则有：

$$\tilde{\rho}=\rho-\delta\rho_{ion}-\delta\rho_{trop}-cV_{T_b}+cV_{t^a}-\lambda N_0 \tag{3-26}$$

将式(3-26)和伪距测量的观测方程进行比较可以看出，在载波相位测量的观测方程中，除了增加整周未知数 N_0 外，和伪距测量方程式(3-6)是完全相同的。

(3)如果由于计数器无法连续计数，当信号被重新跟踪后，整周计数中将丢失某一量而变得不正确。不足一整周部分由于是一个瞬时观测值，因而仍是正确的。这种现象称整周跳变(简称周跳)或丢失整周(简称失周)，如图 3-11 所示。

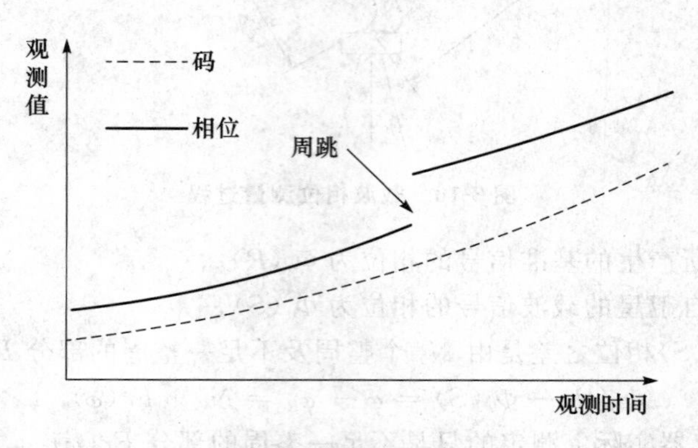

图 3-11　整周跳变示例

二、动态绝对定位

载波相位方程(或测相伪距方程)的线性化形式：

$$\lambda\varphi=\rho_0+[-l-m-n]\begin{bmatrix}\delta x\\ \delta y\\ \delta z\end{bmatrix}-\lambda N(t_0)+c\delta t_k+\delta\rho_1+\delta\rho_2 \tag{3-27}$$

式中，$c\delta t_k$ 为接收机钟差，$\delta\rho_1$ 和 $\delta\rho_2$ 分别为电离层延迟和对流层延迟。

令

$$\rho'=\lambda\varphi(t)-\delta\rho_1-\delta\rho_2 \tag{3-28}$$

代入式(3-27)，则测相伪距观测方程可写为

$$\rho'=\rho_0+[-l\quad -m\quad -n]\begin{bmatrix}\delta x\\ \delta y\\ \delta z\end{bmatrix}-\lambda N(t_0)+c\delta t_k \tag{3-29}$$

由于测相伪距法中引入了另外的未知参数——整周未知数，因此，若和测码伪距法一样，观测 4 颗卫星无法解算出测站的三维坐标。

假设 GPS 接收机在测站 T_i 于某一历元 t 同步观测 n 颗以上卫星($j=1,2,3,4,\cdots,n$)，则由式(3-29)可得误差方程组为

$$
\boldsymbol{V}=\begin{bmatrix} v_1 \\ v_2 \\ \vdots \\ v_n \end{bmatrix}=\begin{bmatrix} l_1 & m_1 & n_1 \\ l_2 & m_2 & n_2 \\ \vdots & \vdots & \vdots \\ l_n & m_n & n_n \end{bmatrix}\begin{bmatrix} \delta x \\ \delta y \\ \delta z \end{bmatrix}+\begin{bmatrix} -1 \\ -1 \\ \vdots \\ -1 \end{bmatrix} c\delta t_k+\begin{bmatrix} 1 & & & 0 \\ & 1 & & \\ & & \ddots & \\ 0 & & & 1 \end{bmatrix}\begin{bmatrix} \lambda N_1(t_0) \\ \lambda N_2(t_0) \\ \vdots \\ \lambda N_n(t_0) \end{bmatrix}+\begin{bmatrix} \rho'_1-\rho_{10} \\ \rho'_2-\rho_{20} \\ \vdots \\ \rho'_n-\rho_{n0} \end{bmatrix}
$$

$$
=\boldsymbol{A}\mathrm{d}\boldsymbol{X}+\boldsymbol{B}\delta\boldsymbol{T}+\boldsymbol{C}\boldsymbol{N}+\boldsymbol{L} \tag{3-30}
$$

式中，

$$
\boldsymbol{A}=\begin{bmatrix} l_1 & m_1 & n_1 \\ l_2 & m_2 & n_2 \\ \vdots & \vdots & \vdots \\ l_n & m_n & n_n \end{bmatrix}
$$

$$
\mathrm{d}\boldsymbol{X}=\begin{bmatrix} \delta x \\ \delta y \\ \delta z \end{bmatrix}
$$

$$
\boldsymbol{B}=\begin{bmatrix} -1 \\ -1 \\ \vdots \\ -1 \end{bmatrix}
$$

$$
\delta\boldsymbol{T}=c\delta t_k
$$

$$
\boldsymbol{C}=\begin{bmatrix} 1 & & & 0 \\ & 1 & & \\ & & \ddots & \\ 0 & & & 1 \end{bmatrix}
$$

$$
\boldsymbol{N}=\begin{bmatrix} \lambda N_1(t_0) \\ \lambda N_2(t_0) \\ \vdots \\ \lambda N_n(t_0) \end{bmatrix}
$$

$$
\boldsymbol{L}=\begin{bmatrix} \rho'_1-\rho_{10} \\ \rho'_2-\rho_{20} \\ \vdots \\ \rho'_n-\rho_{n0} \end{bmatrix}
$$

可见，误差方程中的未知参数有：3 个测站点坐标，1 个接收机钟差，n 个整周未知数。这样误差方程中总未知参数为 $4+n$ 个，而观测方程的总数只有 n 个，如此则不可能实时求解。

如果在载体运动之前，GPS 接收机在 t_0 时刻锁定卫星 S^j 后，先保持载体静止，求出整周模糊度 $N^j(t_0)$，$(j=1,2,3,4,\cdots,n)$。据前述分析，只要在初始历元 t_0 之后的后续时间里没有发生卫星失锁现象，它们仍然是只与初始历元 t_0 有关的常数，在载体运动过程中当成常数来处理。

则式(3-30)可写为

$$\boldsymbol{V}=\begin{bmatrix}v_1\\v_2\\\vdots\\v_n\end{bmatrix}=\begin{bmatrix}l_1 & m_1 & n_1 & -1\\l_2 & m_2 & n_2 & -1\\\vdots & \vdots & \vdots & \vdots\\l_n & m_n & n_n & -1\end{bmatrix}\begin{bmatrix}\delta x\\\delta y\\\delta z\\c\delta t_k\end{bmatrix}+\begin{bmatrix}\acute{\rho}_1-\rho_{10}+\lambda N_1(t_0)\\\acute{\rho}_2-\rho_{20}+\lambda N_2(t_0)\\\vdots\\\acute{\rho}_n-\rho_{n0}+\lambda N_n(t_0)\end{bmatrix}$$

$$=\boldsymbol{A}\mathrm{d}\boldsymbol{X}+\boldsymbol{L} \tag{3-31}$$

式中,

$$\boldsymbol{A}=\begin{bmatrix}l_1 & m_1 & n_1 & -1\\l_2 & m_2 & n_2 & -1\\\vdots & \vdots & \vdots & \vdots\\l_n & m_n & n_n & -1\end{bmatrix}$$

$$\mathrm{d}\boldsymbol{X}=\begin{bmatrix}\delta x\\\delta y\\\delta z\\c\delta t_k\end{bmatrix}$$

$$\boldsymbol{L}=\begin{bmatrix}\acute{\rho}_1-\rho_{10}+\lambda N_1(t_0)\\\acute{\rho}_2-\rho_{20}+\lambda N_2(t_0)\\\vdots\\\acute{\rho}_n-\rho_{n0}+\lambda N_n(t_0)\end{bmatrix}$$

这样,就与式(3-12)在形式上完全一致。此时,同步观测 4 颗以上卫星,就可得到完全一样的实时解,只是解方程过程中采用的是测相伪距观测值,因此定位解的精度较之测码伪距法要高。

值得注意的是:采用测相伪距动态绝对定位时,载体上的 GPS 接收机在运动之前必须初始化,而且运动过程中不能发生信号失锁,否则就无法实现实时定位。然而载体在运动过程中,要始终保持对所观测卫星的连续跟踪,目前在技术上尚有一定困难,一旦发生周跳,则须在动态条件下重新初始化。因此,在实时动态绝对定位中,寻找快速确定动态整周模糊度的方法是非常关键的问题。

三、载波相位法测量特点

由于建筑物或树木等障碍物的遮挡、电离层电子活动剧烈、接收机内置软件的设计不周全、卫星信噪比(SNR)太低、多路径效应的影响,接收机的高动态等原因会产生整周跳变(周跳)。可使用屏扫描法、高次差或多项式拟合法和卫星间求差法修复周跳,或者通过双频观测值修复周跳。

利用载波相位测量进行相对定位,可相互抵消或削弱许多共同误差,因而能充分发挥高精度的载波相位观测值的作用,获得极高的定位精度,从而使这种方法在大地测量、地球动力学、地震监测、工程测量等精密定位的领域中得到广泛的应用。

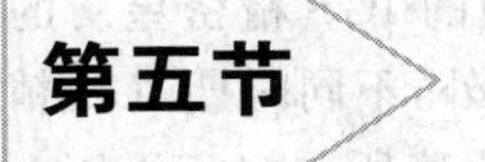

第五节 精密单点定位

传统GPS单点定位是利用伪距测量值以及广播星历所提供的卫星轨道参数和卫星钟差改正数进行计算的。但由于伪距观测值的精度一般为数分米至数米，广播星历提供的卫星位置的误差可达数米至数十米，卫星钟差改正数的误差约为40 cm，一般只能用于低精度领域中。目前IGS精密星历精度优于3 cm，卫星钟差精度0.1～0.2 ns，接收机性能不断改善，大气延迟改正模型和改正方法的深入，故此出现了利用高精度的GPS精密星历、卫星钟差和双频载波相位观测量，采用非差模型进行精密单点定位(Precise Point Positioning，PPP)的方法，其单点解的精度在水平方向和垂直方向分别为1 cm和2 cm，利用GPS精密预报星历和实时估计的卫星钟差进行实时动态定位时，其精度优于10 cm(RMS)。

一、工作原理

PPP一般采用单台双频GNSS接收机，利用IGS提供的精密星历和卫星钟差，基于载波相位观测值进行高精度定位。观测值中的电离层延迟误差通过双频信号组合消除，对流层延迟误差通过引入未知数进行估计。

其观测方程如下：

$$l_p = \rho + c(dt_r - dT^i) + M \cdot zpd + \varepsilon_p \tag{3-32}$$

$$l_\phi = \rho + c(dt_r - dT^i) + a^i + M \cdot zpd + \varepsilon_\phi \tag{3-33}$$

式中，l_p为无电离层伪距组合观测值；l_ϕ为无电离层载波相位组合观测值(等效距离)；ρ为测站(X_r,Y_r,Z_r)与GNSS卫星(x^i,y^i,z^i)间的几何距离；c为光速；dt_r为GNSS接收机钟差；dT^i为GNSS卫星i的钟差；a^i为无电离层组合模糊度(等效距离)；M为投影函数；zpd为天顶方向对流层延迟；ε_p和ε_ϕ分别为2种组合观测值的多路径误差和观测噪声。

将l_p、l_ϕ当成观测值，测站坐标、接收机钟差、无电离层组合模糊度及对流层天顶延迟参数视为未知数X，在未知数近似值X^0处对式(3-32)和式(3-33)进行泰勒级数展开，保留1次项，误差方程矩阵形式为：

$$\boldsymbol{V} = \boldsymbol{A}\boldsymbol{x} - \boldsymbol{I} \tag{3-34}$$

式中，$\boldsymbol{V}$为观测值残差向量；$\boldsymbol{A}$为设计矩阵；$\boldsymbol{x}$为未知数增量向量；$\boldsymbol{I}$为常数向量。

式(3-34)中$\boldsymbol{A}$和$\boldsymbol{I}$的计算用到的GNSS卫星钟差和轨道参数需采用IGS事后精密钟差和轨道产品内插求得。

PPP计算主要过程包括：观测数据的预处理、精密星历和精密卫星钟差拟合成轨道多项式、各项误差的模型改正及参数估计等。

PPP使用非差观测值，没有组成差分观测值。所以GNSS定位中的所有误差项都必须考虑。目前，主要通过2种途径来处理非差观测值误差：①对于能精确模型化的误差采用模型改正，比如卫星天线相位中心的改正，各种潮汐的影响和相对论效应等都可以采用现有的模型精确改正。②对于不能精确模型化的误差增加参数进行估计或使用组合观测值。比如对流层天顶湿延迟，目前还难以用模型精确模拟，可增加参数对其估计；而电离层延迟误差可采用双频组合观测值来消除低阶项。

PPP 采用 IGS 精密星历，所以 PPP 解算出的坐标是基于所使用的 IGS 精密星历的坐标框架（ITRF 框架系列）的，而非 GNSS 广播星历所用的坐标系统。另外，不同时期 IGS 精密星历所使用的 ITRF 框架也不同，所以，在进行 PPP 数据处理时，需要明确所用精密星历对应的参考框架和历元，并通过框架和历元的转换公式进行统一。

二、技术优势

PPP 技术单机作业灵活机动，不受作用距离的限制。它集成了标准单点定位和差分定位的优点，克服了各自的缺点，它的出现改变了以往只能使用双差定位模式才能达到较高定位精度的现状，较传统的差分定位技术具有显著的技术优势。采用 PPP 技术可以节约用户购买接收机的成本，用户使用单台接收机就可以实现高精度的动态和静态定位。

三、应用实例

Trimble RTX（Real-Time eXtended）是 1 个高精度、低收敛时间的精密单点定位系统，能在全球进行厘米级实时定位。

数字资源 3-3　天宝 RTX 工作原理图

Trimble RTX 跟踪网络大约包含 100 个分布于全球的 GNSS 控制站，将卫星钟差、轨道误差、大气误差等进行模型化，作为改正数据流传输给用户。RTX 采用 L 波段播发改正数据，不再依赖于距离有限的无线电台和移动通信联络，且其定位精度相当于传统 RTK 的定位精度。在经过 30 min 收敛时间后，RTX 能够达到 3.8 cm 的精度。

复习思考题

1. GNSS 定位有哪几种方式？定位的方法一般有哪几种？
2. 按照载体的运行速度，可将 GNSS 动态定位分为哪 3 种形式？
3. GPS 单点定位测定的坐标属于哪个坐标系统？
4. 什么是伪距？如何测定伪距？它的测量信号是什么码？
5. 为什么说载波相位测量是目前大地测量和工程测量中的主要测量方法？
6. 利用载波、C/A 码、P 码均可以测定距离，它们的测距精度有何区别？
7. 在单点动态定位中，为什么要至少观测 4 颗以上卫星？
8. GPS、GLONASS 和 BeiDou 导航电文的更新时间是多少？
9. 目前，A-GPS 应用非常广泛，请查看你的智能手机是否具备该功能？
10. 精密单点定位的工作原理是什么？能够获得什么精度等级的定位结果？

第四章

GNSS差分增强原理

在 GNSS 定位中，定位精度受到卫星轨道误差、卫星钟差及信号传播误差等因素的综合影响，虽然部分系统性误差可以通过模型改正加以削弱，但改正后的残差仍是不可忽略的。通常而言，GNSS 单点定位的误差约 10 m，难以满足精准农业的应用需求。因此，针对精准农业应用，需要 GNSS 差分增强技术以提高 GNSS 终端的定位精度。

第一节 精度评定与误差来源

一、精度评定

GNSS 定位精度是指用 GNSS 导航信号所测定的点位坐标与其实际点位坐标之差。GNSS 定位精度(σ)取决于测距误差(σ_0)和图形强度因子(Dilution of Precision，DOP)2 个因素，其值为二者的乘积。

$$\sigma = \sigma_0 \times \text{DOP} \tag{4-1}$$

因此，测距精度越高、定位的几何条件越好，则定位精度越高。反之，如欲提高定位精度，则需提高测距精度(或减小测距误差)和增强卫星分布几何强度。

定位精度也常用其对应值——定位误差或误差范围来表示。

距离均方根差(DRMS)，常称为距离中误差或标准差，它的探测概率以置信椭圆来表述，如图 4-1 所示。

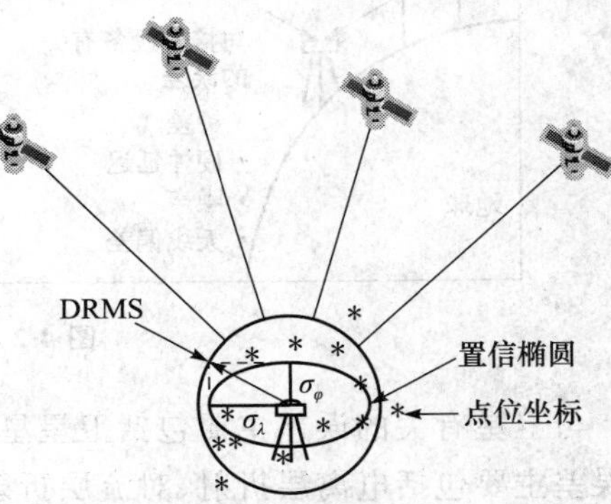

图 4-1　GPS 定位精度示意图

σ_λ 和 σ_φ 分别表示经度和纬度方向的坐标标准差，则其 DRMS 计算如下：

$$\text{DRMS} = \sqrt{\sigma_\lambda^2 + \sigma_\varphi^2} \tag{4-2}$$

DRMS 的 1 倍标准差(1σ)、2 倍标准差(2σ)和 3 倍标准差(3σ)的概率值分别是 68.3%、95.5%和 99.7%。例如，1σ 意味着在某次定位中，68.3%以上的点位坐标落在 DRMS 为半径的圆内，经常表述为±DRMS(1σ)，或者用 2 倍距离均方差 2DRMS(1σ)来表述，二者具有同样的含义。

圆概率误差 CEP 和球概率误差 SEP 也常用于表述二维和三维定位精度或误差。

数字资源 4-1 圆概率误差 CEP　　数字资源 4-2 球概率误差 SEP

二、误差来源

在图 4-2 中，用户希望测得 GNSS 卫星至 GNSS 接收机天线之间的几何距离（即两者之间的直线距离），但由于各种误差的影响，导致实际测得的距离是包含有误差的伪距（$\tilde{\rho}$）。因此，为获得高精度定位结果，找出卫星定位的各种误差来源并加以消除或削弱，就显得非常必要和重要。

按照卫星定位的误差来源，可以将其分为 3 类：与卫星有关的误差、与信号传播有关的误差和与接收设备有关的误差（图 4-2）。

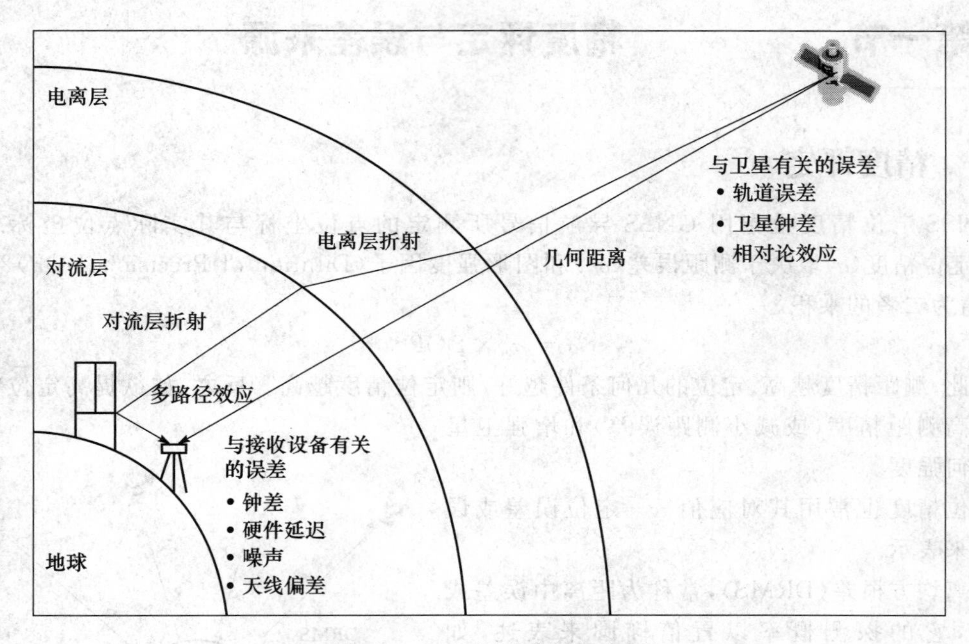

图 4-2 GNSS 误差来源示意图

与卫星有关的误差主要包括卫星星历误差、卫星钟差和相对论效应等。与信号传播有关的误差主要包括电离层折射、对流层折射及多路径误差等。与接收设备有关的误差主要包括接收机钟误差、天线相位中心位置偏差、硬件延迟与噪声等误差。此外，其他因素地球固体潮误差和海洋潮汐误差对高精度 GNSS 测距也有所影响。

表 4-1 列出了上述 GNSS 测量误差及其对应的等效距离误差。等效距离误差是各项误差投影到接收机至卫星方向上的距离数值。

表 4-1　GNSS 误差来源分类及其对测距的影响

误差类别	误差来源	等效距离误差/m
卫星部分	① 星历误差 ② 钟误差 ③ 相对论效应	1.5～15
信号传播	① 电离层折射 ② 对流层折射 ③ 多路径效应	1.5～15
信号接收	① 接收机钟误差 ② 接收机天线偏差 ③ 接收机噪声	1.5～5
其他因素	① 地球固体潮误差 ② 海洋潮汐误差	1.0

第二节　GNSS主要误差处理方法

本节围绕 GNSS 测距的有关误差，介绍其来源、影响及常用的处理方法。

一、与导航卫星有关的误差

（一）卫星星历误差

由广播星历或其他轨道信息所给出的卫星位置与卫星的实际位置之差称为星历误差。在 1 个观测时间段中（1～3 h）它主要呈现系统误差特性。星历误差的大小主要取决于卫星跟踪系统的质量，如跟踪站的数量及空间分布、观测值的数量及精度、轨道计算时所用的轨道模型及定轨软件的完善程度等。此外，星历误差和星历的预报间隔也有直接关系。卫星星历误差对相距不远的 2 个观测站的定位结果产生的影响大体相同，各个卫星的星历误差一般看成是互相独立的。

减弱星历误差的主要途径有：建立高质量的卫星跟踪网进行独立定轨；通过相对定位，在 2 个观测站之间对同步观测值进行求差，可以基本消除相距不远的移动站的星历误差，减弱卫星星历误差的影响；利用轨道松弛法，通过平差求得轨道改正数。

（二）卫星钟的钟误差

卫星上虽然使用了高精度的原子钟，但它们仍不可避免地存在误差。这种误差既包含着系统性的误差（由钟差、频偏、频漂等产生的误差），也包含着随机误差。系统误差远比随机误差大，但前者可以通过模型加以改正，因而随机误差就成为衡量钟的重要标志。卫星钟差与用户位置无关，它对伪距和载波相位观测值的影响是相同的。

卫星钟差的改正方法有广播星历改正、采用精密卫星钟差、接收机间求差与参数估计等。

例如，利用星历参数改正后，各卫星钟之间的同步差可保持在 20 ns 以内，由此引起的等效距离误差不超过 6 m。卫星钟差或经改正后的残差，在相对定位中通过一次求差可得到有效消除。

（三）相对论效应

相对论效应是由于卫星钟和接收机钟所处的状态不同而引起卫星钟和接收钟之间产生相对钟误差的现象，包括狭义相对论效应和广义相对论效应。严格地说，将其归入与卫星有关的误差不完全准确。但由于相对论效应主要取决于卫星的运动速度和重力位，并且是以卫星钟误差的形式出现的，因此将其归入此类误差。与卫星有关的误差对伪距测量和载波相位测量所造成的影响相同。

数字资源 4-3　相对论

由于相对论效应，卫星钟比地面钟快 $4.449\times10^{-10}f_0$。为了解决其影响，须将 GPS 卫星钟的频率降低 $4.449\times10^{-10}f_0$。这使得卫星钟进入轨道受到相对论效应影响后，恰与标准频率 10.23 MHz 相一致。

二、与信号传播有关的误差

（一）电离层折射

电离层是高度位于 50～1 000 km 的大气层。由于太阳的强烈辐射，电离层中的部分气体分子将被电离形成大量的自由电子和正离子。当电磁波信号穿过电离层时，信号的路径会产生弯曲，信号的传播速度会发生变化，致使测量结果产生系统性的偏离，这种现象称为电离层折射。电离层的折射率与大气电子密度成正比，而与穿过的电磁波频率平方成反比。而电子密度随太阳及其他天体的辐射强度、季节、时间以及地理位置等因素的变化而变化。其中，尤与太阳黑子活动的强度尤为相关。

数字资源 4-4　电离层折射

对于 GNSS 信号而言，这种折射在天顶方向最大可达 50 m（太阳黑子活动高峰年 11 月份的白天），在接近地平方向时（高度角为 20°时）则可达 150 m。在伪距测量和载波相位测量中，电离层折射的大小相同，符号相反。

减弱电离层影响的主要措施有模型改正和相对定位 2 种方法。

1. 模型改正

(1) 双频改正模型。利用电离层折射的大小与电子密度（TEC）和信号频率（f）有关这一特性（电离层色散效应），可建立双频电离层折射改正模型，该模型属于理论公式。

令 $A=-40.3\cdot TEC$，电离层延迟 $\Delta_{gr}^{iono}=\dfrac{A}{f^2}$。

设：采用 L1、L2 上的测距码所测定的站星距为 $\tilde{\rho}_1$ 和 $\tilde{\rho}_2$，实际的站星距为 S，则有

$$S=\tilde{\rho}_1+\frac{A}{f_1^2}=\tilde{\rho}_2+\frac{A}{f_2^2} \tag{4-3}$$

可得

$$\Delta\rho=\tilde{\rho}_1-\tilde{\rho}_2=\frac{A}{f_2^2}-\frac{A}{f_1^2} \tag{4-4}$$

最后，可得 L1 和 L2 的电离层折射为

$$\left.\begin{aligned}\Delta_{gr\ 1}^{iono}&=1.545\,73\cdot\Delta\rho\\\Delta_{gr\ 2}^{iono}&=2.545\,73\cdot\Delta\rho\end{aligned}\right\}\tag{4-5}$$

由此，利用双频接收机 L1 和 L2 测距码所测定的站星距，就可以对接收机的电离层误差精确消除，其残余偏差约为总量的 1%或更小。

(2) 单频改正模型。对于单频接收机，一般采用导航电文中提供的电离层延迟模型加以改正，以减弱电离层的影响。GPS 单独定位一般采用 Klobuchar 模型，该模型把晚上的电离层效应距离偏差看成是一个常数，白天的电离层效应距离偏差 T_g 是随时间变化的余弦函数。由于影响电离层折射的因素很多，无法建立严格的数学模型，所以，由广播星历所提供的单频电离层折射改正的残余误差高达 30%～40%。

2. 相对定位

相对定位可以有效地削弱电离层折射的影响。相距不远的 2 个观测站进行相对定位时，单频接收机采用 RTD 差分定位精度可以达到亚米级，双频接收机采用 RTK 差分定位则可以达到厘米级。电离层减弱效果与基线距离相关，距离越长改正效果越差。

（二）对流层折射

卫星信号在传播路径上会受到对流层延迟的影响。由于对流层大气分布的不均匀性，当卫星导航系统信号穿过对流层时，不可避免地会产生延迟。对流层折射对卫星导航系统定位的影响较大，对流层延迟在天顶方向可以使电磁波的传播延迟达 2.3 m，在高度角为 10°的路径上可以达到 10 多米，成为卫星导航定位的主要误差源之一。对流层折射的大小取决于外界气象条件。对流层折射对伪距测量和载波相位测量的影响相同。

减弱对流层影响的主要措施有模型改正和相对定位 2 种方法。

1. 模型改正

通过大量观测数据的分析、拟合而建立的对流层折射改正模型属于经验模型，常用的对流层折射改正模型有 Hopefield 模型和 Saastamoinen 模型等。

Hopefield 模型是一种应用较为普遍的大气折射延迟模型，它简单地将大气层分为对流层和电离层。其天顶总大气延迟考虑的主要因素包括：天顶方向干分量延迟、天顶方向湿分量延迟、测站气压、测站水汽压、测站气温、传播路径高度角、干大气顶高、湿大气顶高、测站高程等。由于改正模型本身的误差以及所获取的改正模型各参数的误差，仍会有一部分偏差残留在观测值中，如多数对流层折射改正模型的残余偏差为总量的 5%～10%。

2. 相对定位

与电离层的影响类似，当 2 个观测站相距不太远时（例如小于 20 km），由于信号通过对流层的路径大体相同，所以对同一卫星的同步观测值求差，可以明显地减弱对流层折射的影响。这一方法在精密相对定位中被广泛应用。不过，随着同步观测站之间距离的增大，大气状况的相关性减弱。当距离大于 100 km 时，对流层折射的影响就成为制约 GPS 定位精度提高的重要因素。

（三）多路径误差

经某些物体表面反射后到达接收机的信号，将和直接来自卫星的信号叠加进入接收机，使测量值产生系统误差，该误差称为多路径误差或多径误差。多路径误差对伪距测量的影响比载波相位测量的影响更为严重。多路径误差取决于测站周围的环境和接收天线的性能(图 4-3)。载波相位测量中残留在观测值中的整周跳变以及整周未知数确定的不正确，都会使载波测量值中产生系统的偏差，它们通常也被归入与传播有关的误差中。

多路径误差既不能采用求差方法来解决，也无法建立改正模型，削弱它的唯一办法是选用较好的天线，仔细选择观测位置和环境，远离反射物和干扰源。例如，Trimble 5700 等产品的天线，不仅采用抑径板减小多路径误差的影响，而且在其外壳上涂抹了隐形飞机所用的隐形材料，以此吸收 GPS 发射波和其他干扰信号，达到显著减小多路径误差的目的。

三、与接收机有关的误差

(一) 接收机钟的误差

复制码和复制载波的产生都必须在接收机钟控制下进行，因此接收机钟是 GPS 极其重要的部件。与卫星钟一样，接收机钟不可避免地存在钟误差。接收机中一般使用精度较低的石英钟，因而钟误差更为严重。该项误差的大小主要取决于钟的质量，和使用环境也有一定关系。

GPS 接收机钟面时与标准 GPS 时之间的差值称为接收机钟差。它对伪距测量和载波相位测量的影响是相同的。同一台接收机对多颗卫星进行同步观测时，接收机钟差对各相应观测值的影响是相同的，且各接收机的钟差之间可视为相互独立。

减弱接收机钟差比较有效的方法是：把每个观测时刻的接收机钟差当作一个独立的未知数，在数据处理中与观测站的位置参数一并求解。此外，还可以通过在卫星间求一次差来削弱接收机钟差的影响。

(二) 接收机天线相位中心偏差

接收机天线相位中心与接收机天线参考点之间的偏差称为接收机天线相位中心偏差(图 4-4)。由于接收机天线相位中心并不是 GNSS 用户能实际确定的物理标志点，并且接收机天线的相位中心并非一成不变，其随着卫星信号的高度角、方位角和强度的变化而变化，不同的频率信号对应的天线相位中心都是不一致的。这种偏差视天线性能的好坏可达数毫米，在高精度定位中不容忽视。

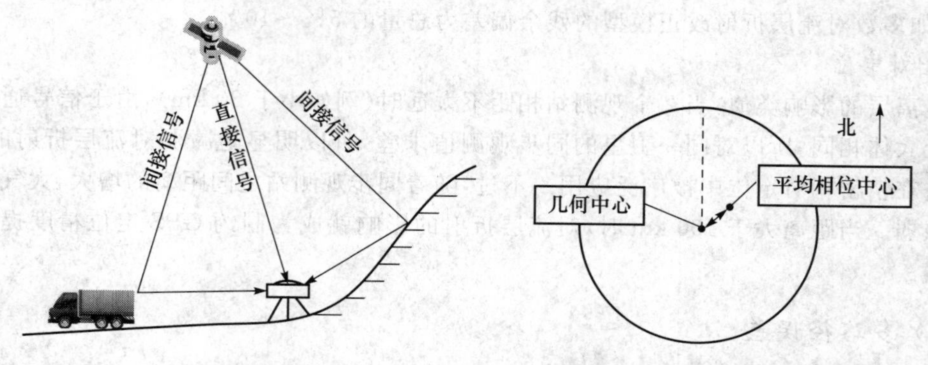

图 4-3　多路径误差　　　图 4-4　接收机天线相位中心偏差

实际工作中，如果使用同一类型天线，在相距不远的 2 个或多个观测站同步观测同一组卫星,可以通过观测值求差来减弱相位中心的影响。

(三) 接收机噪声

接收机噪声是指由于仪器设备及外界环境影响而引起的随机测量误差,其值取决于接收机性能及作业环境的优劣。接收机噪声与接收机振荡器及其他硬件有关,通常是由电子器件引起的,也与码相关模式、接收机机动状态、所处环境以及卫星仰角等有关系。接收机噪声水平是反应接收机质量的一个重要指标,因而可通过改进接收机硬件降低噪声水平。

四、其他误差

(一) 地球固体潮误差

因月球、太阳等天体对地球的引力,地球表面将产生周期性的涨落,这一现象称为地球固体潮现象。由于地球地心与摄动天体连线方向的地球部分受到的引力最强,将被逐渐拉长;与连线方向垂直的地球部分几乎不受摄动天体引力影响,则逐渐趋于扁平。地球固体潮导致的地球表面不断变形,将影响到各种地表测量数据采集的精度,包括对 GNSS 测量数据采集的影响。因此,在进行高精度数据处理时,必须考虑地球固体潮的影响。

(二) 海洋潮汐误差

类似于摄动天体,海洋潮同样会使地球产生周期性的形变。海洋潮汐是继地球固体潮后,地壳第二大的周期运动,其由能量巨大的海洋潮所引起。海洋潮汐使地球表面产生形变引发的 GNSS 测量数据误差称为海洋潮汐误差,也称为大洋负荷误差。虽然海洋潮汐量级小于地球固体潮,但其局部性更为明显。海洋潮汐同样包括日周期项和半日周期项,但不包含长期项。在海岸附近区域(到海岸线距离<1 000 km)开展厘米级动态精密单点定位,或开展观测时间段远小于 24 h 的静态精密单点定位时,必须考虑海洋潮汐的影响。

五、几何图形强度

如本章第一节所述,图形强度因子 DOP 是衡量定位精度的重要系数,它代表 GPS 测距误差造成的接收机与空间卫星间的距离矢量放大因子。

在观测精度确定时,减小 DOP 是提高定位精度的重要途径。选择不同的观测卫星,DOP 的数值也不相同。假设观测站与 4 颗观测卫星所构成的六面体体积为 V,研究表明,DOP 与该六面体体积的倒数成正比,即 $DOP \propto 1/V$。好的 DOP,是指其数值小,代表大的单位矢量形体体积,有利于获得更高的定位精度。

好的几何因子实际上是指卫星在空间分布不集中于一个区域,而是能在不同方位和区域均匀分布,并且具有可视性(图 4-5)。

图形强度因子是一个直接影响定位精度、但又独立于观测值和其他误差之外的一个量。其值恒大于 1,最大值可达 10,其大小随时间和测站位置而变化。在 GPS 测量中,希望 DOP 越小越好。

在实际工作中,常根据不同的要求采用不同的评价模型和相应的图形强度因子(表 4-2),如空间位置图形强度因子(Position DOP,PDOP)、平面位置图形强度因子(Horizontal DOP,

HDOP)、高程图形强度因子(Vertical DOP,VDOP)、时间图形强度因子(Time DOP,TDOP)和几何图形强度因子(Geometric DOP,GDOP)。上述 DOP 中,GDOP 是反映位置和接收机钟差解算精度的综合指标,其他 DOP 则从不同的角度评价定位精度。

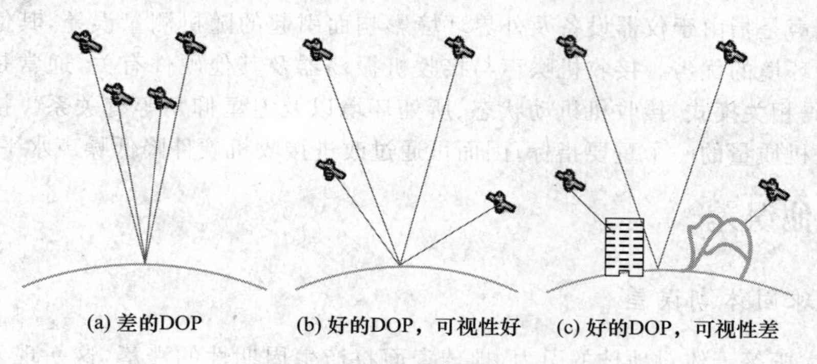

图 4-5 几何图形强度示意图

表 4-2 各类图形强度因子说明

图形强度因子	图形强度因子(中文)	含 义
PDOP	空间位置图形强度因子	三维位置精度(3D)
HDOP	平面位置图形强度因子	平面坐标精度(2D)
VDOP	高程图形强度因子	高程精度
TDOP	时间图形强度因子	时间精度
GDOP	几何图形强度因子	以上因子的总指标

六、求差法与差分类型

在误差处理中,多项误差源的处理用到了差分(相对)定位方法。下面介绍求差法原理及差分类型,为后续的差分技术与系统介绍打下基础。

(一)求差法

利用误差在观测值或在定位结果之间的相关性,通过求差来消除或削弱其影响的方法称为求差法。考虑到 GPS 定位的误差源,实际中广为采用的求差法有 3 种(图 4-6)。

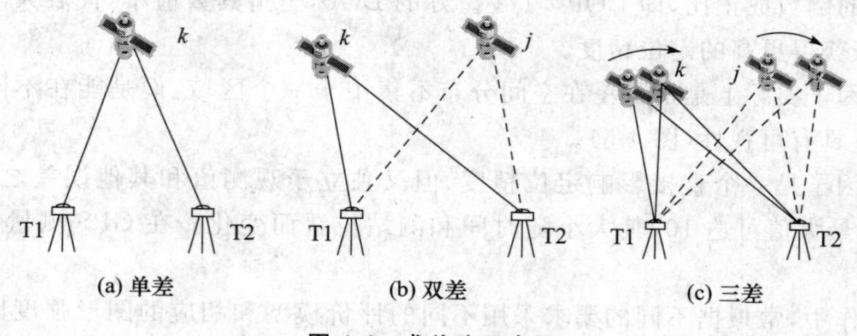

图 4-6 求差法示意图

1. 单差

如图 4-6(a)所示,在 2 个相距不远的接收机间求一次差可以消除卫星钟差,卫星星历误差、电离层误差及对流层延迟等的影响也可得以减弱,其改正效果取决于基线距离。

2. 双差

如图 4-6(b)所示,在接收机和卫星间求二次差可以消除卫星钟差和接收机钟差。在每个历元中双差观测方程的数量均比单差观测方程少 1 个。

3. 三差

如图 4-6(c)所示,在卫星、接收机和历元间求三次差时,在二次差的基础上进一步消去了整周模糊度参数,通常用于解决整周跳变和整周模糊度的确定等问题。三差虽然消除了整周模糊度的影响,但是它使观测方程的数量进一步减少,严重地削弱了观测信息,这对未知参数的解算可能产生不利的影响。因此,在实际工作中,采用双差比较适宜。

(二) 差分类型

根据基准站发送的信息内容可将差分定位分为 3 类,即位置差分、伪距差分和载波相位差分。发送改正数的具体内容不一样,其差分定位精度也不同。

1. 位置差分

位置差分,差分改正精度为数米,任何一种 GNSS 接收机均可改装和组成这种差分系统。基准站将自己实时解算的坐标差发送给移动站,对移动站坐标进行改正。位置差分要求基准站和移动站观测同一组卫星。

2. 伪距差分

伪距差分,差分改正精度为亚米级,属于实时码相位差分(Real Time Differential,RTD)技术。基准站将所观测到的所有卫星的伪距与几何距离之差即伪距改正数($\Delta\rho$)及其变化率($\Delta\dot{\rho}$)传输至移动站,以修正移动站的伪距观测值,提高移动站的定位精度。

3. 载波相位差分

载波相位差分,差分改正精度为厘米级,又称实时动态载波相位差分(Real Time Kinematic,RTK)技术,是实时处理 2 个观测站载波相位观测量的差分方法,即将基准站采集的载波相位发送给移动站,由移动站进行求差解算坐标。

第三节 差分GNSS系统

差分 GNSS(Differential GNSS,DGNSS)系统是根据求差法原理构建的、提供误差改正数以提高用户接收机导航定位精度的 GNSS 应用服务系统。根据基准站的布设数量和布设范围,可将差分 GNSS 系统分为单站差分 GNSS、局域差分 GNSS、广域差分 GNSS 和广域增强 GNSS。

一、单站差分 GNSS

如图 4-7 所示,单站差分 GNSS 主要由 GNSS 基准站(又称参考站)、GNSS 移动站和数据通信链路 3 部分组成。基准站放置在固定位置或临时位置为移动站提供差分改正数。移动站又称流动站、用户站，通过数据通信链路实时获得基准站发送的改正数，以提高其定位精度。数据链路常使用无线电台或移动通信网络，图 4-7 中即采用无线电台进行差分数据的实时传输。基准站和移动站之间的直线距离称为基线，坐标差称为基线向量。

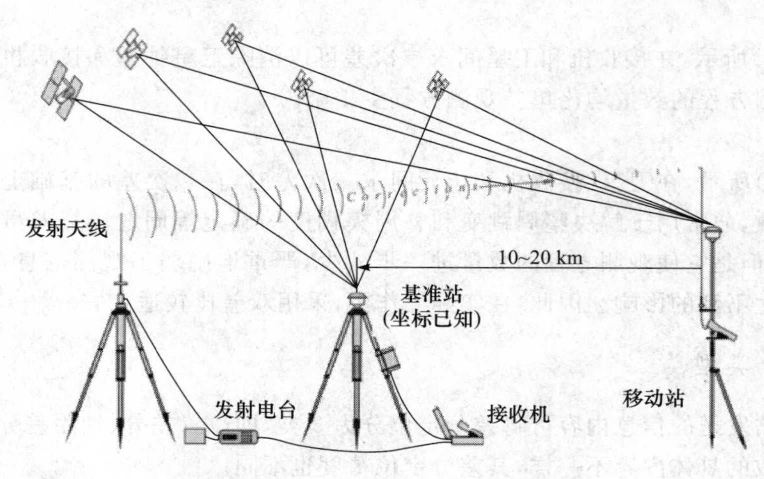

图 4-7　单站差分 GNSS 工作示意图

结合前述差分类型，根据差分改正数的不同，在实际应用中，单站差分 GNSS 主要有伪距差分(RTD)和载波相位差分(RTK)2 种类型，分别使用单频接收机和双频接收机，并分别可达到亚米级和厘米级的差分定位精度。

差分精度随着移动站远离基准站而下降。根据经验，GNSS 差分精度的下降速率约为 1 cm/km。因此，对于一个基准站而言，其有效作用范围(或称覆盖范围)主要由单站差分 GNSS 导航的精度要求和数据通信链路决定。

单站差分 GNSS 的优点是结构和算法都较为简单，但其缺点也较为明显，一是单站差分 GNSS 定位精度随着移动站与基准站之间的距离增加而快速降低；二是只是根据单个基准站所提供的改正数进行定位改正，其改正精度和可靠性较差。

二、局域差分 GNSS

为了将差分 GNSS 的服务范围扩大，沿服务区周围布设 3 个(含)以上的基准站，组成连续运行参考站系统(Continuous Operational Reference System，CORS)，利用多个基准站的信息联合计算用户的改正数，这种定位模式称为局域差分 GNSS(Local Area Differential GNSS，LADGNSS)。

LADGNSS 的基本构成包括基准站(网)、控制中心、数据通信链路和用户接收机。用户接收机可以是单频接收机，也可以是双频接收机，均需具备差分信号接收机装置。

基于多基准站网发展的虚拟参考站(Virtual Reference Station，VRS)技术是当前能够提供较大覆盖范围、较高定位精度和较高可靠性的 GNSS 差分增强技术(图 4-8)。VRS 系统主要采用移动通信网络，以便控制中心和移动站之间进行双向通信。

各基准站将观测值实时传送到控制中心，由控制中心计算区域电离层、对流层和卫星轨道等误差模型，将各基准站的观测值减去误差改正，得出无误差观测值，结合移动站上传的概略坐标，计算出在移动站附近的虚拟参考站的相位差分改正，再通过数据播发中心发送给移动站，移动站结合自身的观测值，最后完成差分改正。由于移动站距离虚拟基准站非常近，往往为数米，因此移动站可以消除大部分的测量误差，从而得到高精度的定位结果。其中，RTK 的定位精度可以达到 2～5 cm。

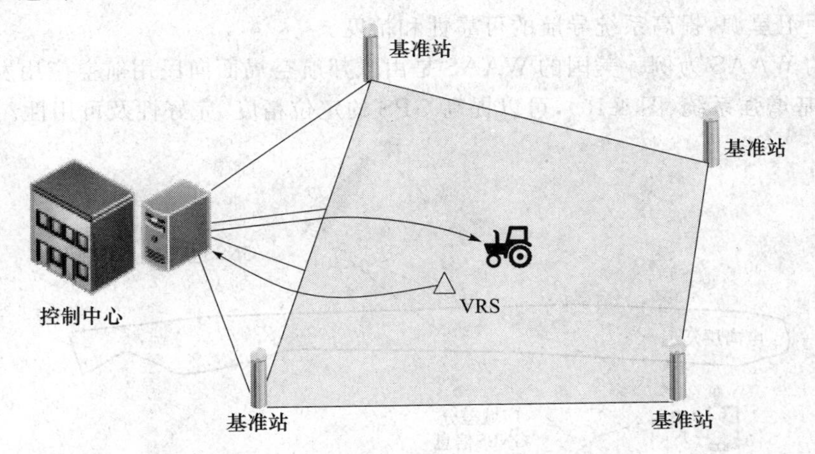

图 4-8　局域差分 GNSS 工作原理示意图

VRS 的工作流程：用户 U 工作时，向控制中心发送一个概略坐标(伪距定位结果)，收到位置信息后，控制中心根据用户位置自动选择一组最佳的参考站，利用它们的观测数据在概略坐标点位模拟出一个虚拟站 V，并将模拟观测值发送给用户，改正用户的轨道误差以及电离层、对流层和大气折射引起的误差。

与单站差分 GNSS 相比，局域差分 GNSS 的基准站的站间距可以达到 100 km，不仅可以提高区域定位精度，还可以大大地降低建站成本。不过，局域差分 GNSS 的差分服务范围仍然有限。

三、广域差分 GNSS

当服务范围要求很大时，若采用局域差分 GNSS 将需要建设数量很多的基准站，这会大大增加建设和维护成本，并且在条件恶劣的区域无法布设永久性的基准站。为了解决这一问题，广域差分 GNSS(Wide Area Differential GNSS，WADGNSS)应运而生，在一个相当大的区域中使用相对较少的基准站组成差分 GNSS 网，达到局域差分 GNSS 布设大量基准站才能达到的米级定位精度。

广域差分 GNSS 主要由 1 个主控站、若干个基准站和数据通信链路络组成(图 4-9)。每个基准站都安置 1 个或多个接收机，接收所有可视卫星的观测值。这些数据传输给主控站，主控站对这些原始数据进行处理，计算卫星精密星历和精密钟差，以及服务区域内对流层模型和电离层模型等，然后再播发给用户。用户接收机利用这种误差改正方法能够有效地提高差分改正的精度，且改正范围基本与用户离基准站的距离无关。

广域差分 GNSS 的优点是：覆盖距离更远；提高了定位精度，定位误差基本上与用户至基准站的距离无关。缺点是需要较好的硬件和通信设备，运行和维护的费用相对较高。

四、广域增强 GNSS

在广域差分 GNSS 的基础上，利用 GEO 卫星，采用 L1 波段转发差分 GNSS 修正信号，同时发射调制在 L1 上的 C/A 码伪距，称之为广域增强系统（Wide Area Augmentation System，WAAS）。这一系统完全抛弃了附加的差分数据通信链路，直接利用 GNSS 接收机天线识别、接收、解调由 GEO 卫星发送的改正数据。该系统同时利用 GEO 卫星发射 C/A 码测距信号，可以增加测距卫星源，提高系统导航的可靠性和精度。

以美国的 WAAS 为例。美国的 WAAS 是由联邦航空局面向民用航空应用发展的用于增强 GPS 的星基增强系统（图 4-10），可以提高 GPS 的定位精度、完好性及可用性。

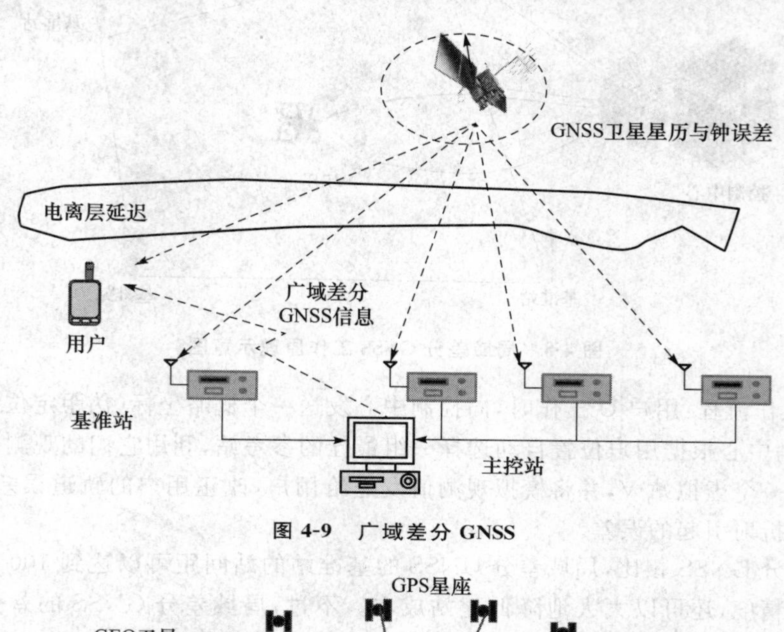

图 4-9　广域差分 GNSS

图 4-10　美国的 WAAS 通信链路示意图

WAAS 系统共有 3 个主站（兼基准站）、25 个基准站、1 个上行注入站和 1 颗地球同步卫星组成。基准站的布设密度主要与系统误差改正精度和实时性有关。

WAAS 的工作过程为：由广泛分布于美国及其周边区域内的广域基准站收集 GPS 及 GEO 卫星发来的数据。广域主控站汇集来自各广域基准站的数据并进行处理，以确定每颗被监测卫星的完好性、差分校正矢量值、残差和电离层信息，并产生 GEO 卫星的导航参数。这些信息传到上行注入站，随同 GEO 卫星的导航信息一起上行传至 GEO 卫星。GEO 卫星上的转发器在 L1 和 L2 P（Y）频率上以与 GPS 卫星相同的调制方式下行传送这些数据。同时

GEO 卫星还发射 C/A 码测距信号，以增加用户可用的测距卫星源，从而大大地提高了系统的导航精度、可用性及完好性。

由于广域增强 GNSS 以 GEO 卫星搭载卫星导航增强信号转发器，因此广域增强 GNSS 系统也称为星基增强系统(Satellite Based Augmentation System，SBAS)。目前，美国、欧盟和日本已完成星基增强系统建设，这些系统能够覆盖地球表面的大部分区域。其中，MSAS 可覆盖大部分亚太地区，在我国的所有地区大多可以接收到 MSAS 卫星信号，改正精度到达 1～3 m。

数字资源 4-5　欧洲 EGNOS

数字资源 4-6　日本 MSAS

第四节　差分GNSS农业应用

农业应用需求多源差分 GNSS 信号，以保证农业机械保持连续的高精度作业。例如，农业机械自动导航要求路径跟踪精度达到±2.5 cm，而且要求较高的可靠性，在作业过程中，差分信号不能随意中断。否则，农业机械将会偏离路径，破坏农业种植规划。

一、信号体系

数字资源 4-7 列出了 GNSS 差分增强信号体系。可以看出，不同的定位或差分增强信号，有不同的工作原理、定位精度和覆盖范围。

数字资源 4-7　GNSS 差分增强信号体系

正如第一章所述，精准农业对 GNSS 定位有着较为宽泛的应用需求，应该根据具体的应用需求，选择相应的差分增强方式。表 4-3 从定位精度的角度列出了各种定位精度、接收机类型、通信方式、覆盖范围和典型应用场景。

表 4-3　差分 GNSS 信号与农业应用

定位精度	信号源	接收机类型	通信方式	覆盖范围	典型应用场景
1～10 m	GNSS 公开信号	单频	卫星通信	全球	位置监管
1～3 m	WAAS 等 SBAS 信号	单频	卫星通信	洲际	辅助导航，精准作业，面积测量
≤1.0 m	RTD 信号	单频	电台传输 移动通信	局域	辅助导航，精准作业，面积测量
10～25 cm	StarFire 等 SBAS 信号	双频	卫星通信	洲际	辅助导航，精准作业
≤10 cm	PPP 信号	双频	卫星通信	全球	自动导航
1～5 cm	RTK 信号	双频	电台传输 移动通信	局域	自动导航

就通信方式的可靠性而言，电台传输受到地形的限制和频率干扰的影响，可靠性较低。移动通信网络属于地面公网服务，其传输的可靠性取决于移动通信运营商的信号覆盖范围与质量。卫星通信由于在农区不受遮挡影响，所以是可靠性最高的通信方式。在实际应用中，可以根据可获得的信号源进行组合应用，以提高定位的精度和可靠性。

二、典型应用

（一）单站差分 GNSS

单站差分 GNSS 具有精度高、携带方便和架设简易等优势。单站差分 GNSS 包括固定式基准站和移动式基准站 2 种类型（图 4-11）。

(a) 固定式基准站

(b) 移动式基准站

图 4-11　农用单站差分 GNSS

固定式基站适用于作业区域相对固定的用户，比如农场与合作社，其坐标不会因断电或者重启而发生改变，可以采用无线电台或移动通信网络进行传输。移动式基准站则适用于跨区作业或无固定基准站的农区应用，一般采用无线电台作为通信链路。无线电台的架设较为简单，但无线电传输易被障碍物阻挡，电台之间也容易发生频率干扰。无线电传输距离随天线高度增加而增加，可用下面的经验公式进行估算：

$$R = 4.24 \times (\sqrt{H_1} + \sqrt{H_2}) \tag{4-1}$$

式中，R 为传输距离，km；H_1 为发射电台天线高，m；H_2 为移动站天线高，m。

（二）局域差分 GNSS

局域差分 GNSS 可以为农业应用提供大范围、高精度的差分定位精度和重复精度，尤其适用于农机自动导航作业。

1. 北斗地基增强系统

千寻位置网络有限公司基于全国 2 200 余个北斗/GNSS 地基增强基准站，通过移动通信网络，为测量测绘、智能驾考与精准农业等各行各业的用户提供精准差分定位服务。

数字资源 4-8　千寻位置网络有限公司链接

千寻知寸(FindCM)为厘米级 RTK 服务，千寻跬步(FindM)为亚米级 RTD 服务，可以服务于精准农业有关的自动导航、辅助导航、精准作业和精细管理等应用。

千寻位置具有全国统一的时空基准，农田数据 1 次测量即可重复使用，拖拉机的导航线和无人机的飞行轨迹等数据也可复用，因此可以节约农业生产作业的准备时间。目前，千寻位置的地基增强服务已应用于农用植保无人机与拖拉机自动导航等高精度农机作业。

数字资源 4-9　北斗地基增强系统信号服务范围链接

2. 农用 VBN 网络

美国 DigiFarm 公司针对 WAAS 精度低、州政府 CORS(信号免费)可靠性差、商业差分 GNSS 信号收费贵等问题，在爱荷华州、伊利诺伊州等地建设了 VBN 网络(Virtual Base Network，虚拟基准站网络)，通过移动通信网络，为农机自动导航应用提供可靠与精准的 RTK 差分服务。

数字资源 4-10　DigiFarm VBN 网络

VBN 的室外天线高约 4 m，埋石深度约 3 m。基准站接收机放置在农场的库房内，通过 4G 无线模块向服务器实时回传原始观测数据。拖拉机配置 1 个调制解调器，建立车载 GNSS 接收机与 DigiFarm 服务器间的数据连接。

如表 4-4 所示，VBN 与单站 RTK 相比较，在长基线定位与高程定位精度等方面具有明显的性能优势。

表 4-4　VBN 与单站 RTK 性能比较

性能对比	VBN	单站 RTK
年际重复定位精度优于 1″	可以	可以
6 mi 的定位精度优于 1″	可以	可以
20 mi 的定位精度优于 1″	可以	不可以
站与站之间的直线长度不会变化	可以	可以
基准站断电期间能否维持定位精度	可以	不可以
距离基准站 2 mi 以上满足水管理高程精度要求	可以	不可以
可为每款 GPS 接收机定义特定的数据格式	可以	不可以
基线长度最小化以提高定位精度	可以	不可以

注：1″≈2.54 cm；1 mi＝1.6 km。

(三) 星基差分增强

数字资源 4-11　约翰迪尔公司介绍

约翰迪尔(John Deere)针对精准农业应用，提供高精度的 StarFire™全球多频星基差分增强信号，可满足农业导航应用对厘米级定位精度的需求。

StarFire™系统由 5 部分组成：基准站，数据处理中心，地面上行站，

INMARSAT的地球同步卫星和用户站。分布在全球近70多个基准站每时每刻都在接收来自GPS/GLONASS/BDS卫星的信号，参考站获得的数据被送到数据处理中心，经过处理以后生成差分校正数据或差分校正模型，差分校正数据通过数据通信链路传送到地面上行站并上传到INMARSAT卫星，向全球发布。该通信链路采用帧中继虚电路方式，每一条虚电路又备有ISDN拨号线路以防连接失效。

数字资源 4-12　农机基于 StarFire™ 作业

约翰迪尔针对农机作业，提供SF1、SF2、SF3和电台RTK 4种类型的差分增强信号源，用户可以根据网络覆盖和作业需求进行选择，如表4-5所示。

表 4-5　约翰迪尔差分信号源

性能指标	SF1	SF2	SF3	电台 RTK
行对行水平精度	±15 cm	±5 cm	±3 cm	±2.5 cm
初始化时间	10 min	<90 min	<30 min	<1 min
重复性	无	无	季节内±3 cm	长期±2.5 cm
播发方式	卫星	卫星	卫星	电台

（四）断点续测技术

GNSS RTK测量以定位速度快、精度高、应用范围广而著称，但常常受制于通信方式。电台连接和移动通信信号都存在连接不稳定的情况。由于无线电绕行能力较差，在一些地势起伏的地区，例如山岭阻挡或建筑密集地区，常常会存在无线电信号无法覆盖的现象。当在这些地区或其边缘进行GNSS RTK测量时，常常会出现基准站连接中断的情况。在某些GSM通信信号覆盖薄弱的地区，例如偏远的山区，同样会存在流动站与CORS网络参考站信号连接中断的情况。

为保证RTK测量过程中无线通信的可靠和可用，进一步提高RTK测量的稳定性和连续性，Trimble的xFill断点续测技术利用RTX技术，通过遍布全球的参考站，计算差分改正信息，并把差分改正信息上传至GEO地球同步通信卫星，经由GEO卫星播发差分改正信息，以减少作业中断。

数字资源 4-13　xFill 断点续测技术

xFill将单站差分改正或CORS差分改正作为主差分信号，GEO卫星传输的信号作为副差分信号。正常情况下接收机使用主差分信号进行测量，当流动站进入无线电盲区、主差分信号断开时，系统自动启用副差分信号，以保证用户能够进行厘米级测量。该过程瞬时切换，没有延时。当用户重新获得无线电连接时，系统自动切换回主差分信号。在差分链路中断后，xFill技术在前5 min内可以维持RTK级的差分精度，并在20 min内维持RTK固定解。其后，随着时间的延长，定位精度将逐步降低。

复习思考题

1. GNSS的定位精度取决于哪两个要素？
2. GNSS测量定位的主要误差源是什么？

3. 星历误差对定位有何影响？如何减弱星历误差的影响？
4. 与信号传播有关的误差及其影响有哪些？减弱信号传播误差影响的措施有几种？
5. 差分 GNSS 根据覆盖范围可以分为几类？各有什么优缺点？
6. 广域差分 GNSS 与广域增强 GNSS 有何区别？
7. 图形强度因子 DOP 的定义是什么？对 GNSS 定位有何影响？
8. 精密单点定位有哪些优缺点？是否满足农业应用？
9. 农业应用要求高可靠的差分信号源，有哪些措施可以更好地保障农业应用？

第五章

GNSS信号接收机及数据

GNSS 信号接收机是 GNSS 系统的重要组成部分。不同的应用对 GNSS 接收机在功能与性能等方面提出了不同的需求。其中,GNSS 农业应用就是非常特殊的一类应用,需要专门的农用 GNSS 接收机。本章介绍 GNSS 接收机工作原理、农用 GNSS 接收机分类、GNSS 的 3 种导航定位数据及定位数据的 GIS 可视化。

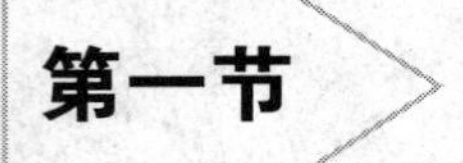

第一节 GNSS接收机工作原理

一、接收机简介

GNSS 接收机是接收导航卫星信号的设备,其主要任务是捕获待测卫星信号,跟踪卫星运行,对所接收到的 GNSS 信号进行放大、变频等处理,进而测量站星距和解析导航电文,最终计算出用户的位置、速度和时间。

二、接收机组成

GNSS 接收机主要由天线单元、主机单元和电源单元 3 部分组成。当前,一体式接收机的应用日益普遍。

(一) 天线单元

天线单元是无线电波进入接收设备的入口,是将电磁波还原为高频电流的能量变换器。天线单元由接收机天线和前置放大器两部分所组成,天线的主要功能是将极微弱的电磁波能转化为电流,前置放大器则是对这种信号电流进行放大和变频处理。

GNSS 接收机的天线有多种类型,其基本类型如图 5-1 所示。其中,导航型接收机天线一般采用螺旋型天线,这种天线频带宽,全圆极化性能好,可接收来自任何方向的卫星信号。测量型接收机天线一般采用微带天线,微带天线结构简单且坚固,重量轻,高度低。既可用于单频 GNSS 接收机,也可用于双频 GNSS 接收机。基准站接收机天线采用扼流圈天线,这种天线可以有效地抑制多路径误差的影响。

(a) 螺旋型天线 (b) 微带天线 (c) 扼流圈天线

图 5-1 天线类型

（二）主机单元

接收机主机由变频器、信号通道、微处理器、存储器及显示器组成，基本结构如图 5-2 所示。

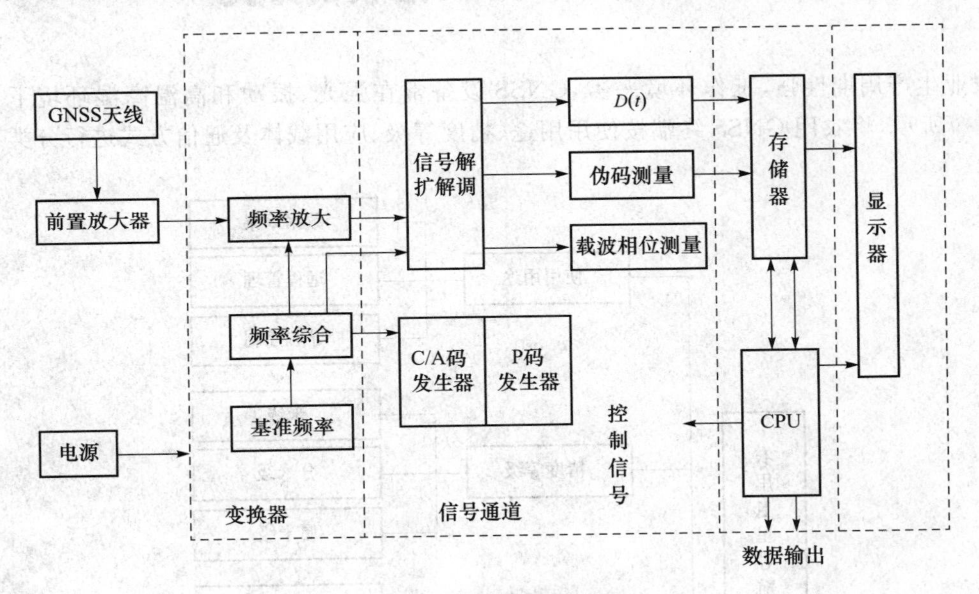

图 5-2 GNSS 接收机原理

1. 变频器及中频放大器

经过 GNSS 前置放大器的信号仍然很微弱，为了使接收机通道得到稳定的高增益，并且使 L 频段的射频信号变成低频信号，需采用变频器。

2. 信号通道

信号通道是 GNSS 接收机的核心部分。GNSS 信号通道是硬、软件结合的电路，不同类型的接收机其通道是不同的。GNSS 信号通道的作用包括：搜索卫星，牵引并跟踪卫星；对导航电文数据信号实行解扩，解调出导航电文；进行伪距测量、载波相位测量及多普勒频移测量。

3. 存储器

接收机内设有存储器或存储卡以存储卫星星历、卫星历书、接收机采集到的码相位伪距观测值、载波相位观测值及多普勒频移。

4. 微处理器

GNSS 接收机在微处理器统一协同下工作。接收机开机后，指令各个通道进行自检，并测定、校正和存储时延值；接收机捕捉跟踪卫星后，根据跟踪环路所输出的数据码，解译出 GNSS

卫星星历。当同时锁定 4 颗卫星时，计算出测站的三维位置，并按照预置的位置数据更新率，不断更新点坐标；用已测得的点位坐标和 GNSS 卫星历书，计算所有在轨卫星的升降时间、方位和高度角，并为作业人员提供在视卫星数量及其工作状况，以便选用健康的且分布适宜的导航卫星，达到提高点位精度的目的。

（三）电源单元

GNSS 接收机的电源有随机配备的内置电池，一般为锂电池，另一种为外接电源，如采用汽车电瓶或者随机配备的专用电源适配器。

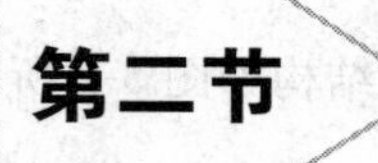

第二节 农用GNSS接收机分类

农业生产周期性强，工作环境恶劣，GNSS 设备常在强光、振动和高温高湿环境下工作。如图 5-3 所示，将农用 GNSS 终端按使用用途、精度等级、应用载体及通信方式进行分类。

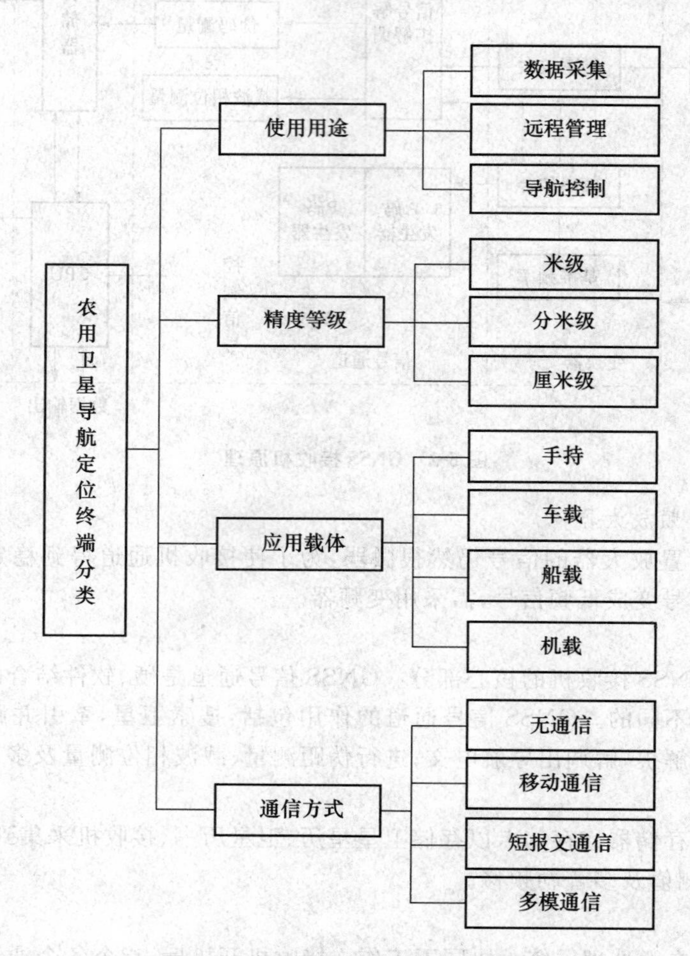

图 5-3 农用卫星导航定位终端分类

一、按使用用途分类

根据使用用途，农用 GNSS 终端可以分为以下 3 类。

（一）数据采集型终端

该类终端一般为手持终端，如具有 GNSS 定位功能的智能手机和平板电脑，为农业数据采集提供实时位置。

数字资源 5-1 GNSS 数据采集终端

使用 GNSS 数据采集终端，可以采集农田边界，制作农田电子地图、标记农田归属、测量农田面积等；可以记录土壤养分采样点坐标，以生成土壤养分分布图和指导年际间重复采样；可以记录农情信息采集点坐标，以制作农情信息分布图。

数据采集是农用 GNSS 终端的重要应用。随着智能化终端的普及应用，同一个终端，可以使用多种数据采集软件，实现多样化的数据采集功能。

（二）远程管理型终端

该类终端一般为单频测码伪距定位终端，通过获取农业机械的实时位置等信息，实现农业机械作业的远程定位、工况监测、资产追踪与作业统计。该类终端又可分为位置监测终端、工况监测终端和作业监测终端。

数字资源 5-2 GNSS 数据采集 APP

位置监测终端仅获取农业机械的实时位置，对机群进行远程作业管理。

工况监测终端不仅监测农业机械的实时位置，还可以获取农业机械的工作状况等实时参数，如发动机转速等数据，以实现农机故障远程诊断和预警服务。

数字资源 5-3 GNSS 工况监测终端

作业监测终端则通过相关传感器，获取作业质量、农资施用量等数据，如通过产量监测终端获取产量数据、通过深松监测传感器获取耕深数据等。为提高作业面积的计量精度，部分远程管理终端可以接收伪距差分或星基差分信号。

（三）导航定位型终端

该类终端一般为高精度双频导航定位终端，利用 RTK 差分信号等实现厘米级动态定位，结合转向控制器或变量控制器，精确控制农业机械的行驶路线或农资施用。

数字资源 5-4 GNSS 作业监测终端

字资源 5-5 GNSS 导航定位型终端

二、按精度等级分类

根据定位的精度等级，农用 GNSS 终端可以分为以下 3 类。

（一）米级农用 GNSS 终端

该类终端采用单频测码伪距定位，定位精度约 10 m，具有设备简单、价格低廉等特点。一般的数据采集终端和远程管理终端属于该类终端。

（二）分米级农用 GNSS 终端

该类终端采用差分 GNSS 技术或精密单点定位技术，定位精度优于 1 m。一般的变量控制终端和部分数据采集终端即为该类终端。

（三）厘米级农用 GNSS 终端

该类终端利用载波相位定位，通过差分 GNSS 获得改正信息，实现厘米级的高精度定位。自动导航用终端即为该类终端，部分数据采集终端也属于这类终端。

三、按应用载体分类

根据农用终端的应用载体不同，可以分为以下 4 类。

（一）手持农用 GNSS 终端

该类终端为手持终端，由操作者手持应用，例如智能手机、平板电脑、专用数据采集终端和北斗定位通信终端等。

（二）车载农用 GNSS 终端

该类终端的应用载体为农用车辆和农机具，例如自动导航用定位终端与农机远程管理定位终端等。

（三）船载农用 GNSS 终端

该类终端的应用载体为渔船，例如海洋渔业终端。由于远海无移动通信信号覆盖，北斗系统的短报文功能得以充分利用，可以实现远海渔船的远程定位、导航与通信等功能。特别是在紧急情况下，能够起到挽救生命与财产的作用。

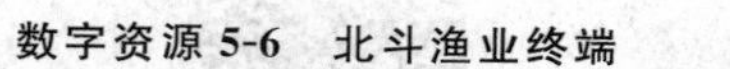

数字资源 5-6　北斗渔业终端

数字资源 5-7　农用航空导航终端

（四）机载农用 GNSS 终端

该类农用 GNSS 终端的应用载体为农用航空器，如农用有人飞机和农用无人飞机。农用飞机利用差分 GNSS 导航定位技术,可以有效地提高作业的准确性和安全,减少作业重叠和遗漏。

四、按通信方式分类

按通信方式不同,农用 GNSS 终端可以分为以下 4 类。

(一) 无通信方式的农用 GNSS 终端

这类终端又称为数据记录仪,用于记录农业机械的作业轨迹或工况数据,供事后分析。有的终端可以记录原始观测信息,通过数据后处理获得高精度的作业信息。

这类终端适用于无移动通信信号覆盖的农区对农机作业进行监测,作业后将定位终端下载至电脑,利用作业分析软件统计农机的作业情况。

(二) 基于移动通信的农用 GNSS 终端

这类终端采用移动通信方式传输数据,如通过 2G/3G/4G 进行数据的无线传输。农机数据采集终端和远程管理终端一般采用移动通信方式,除了回传农机的位置和工况数据,还可以采集图片和视频等多媒体信息。

(三) 基于北斗短报文的农用 GNSS 终端

这类终端利用北斗短报文功能,实现远程监测、信息交互。用户可以一次传送 120 字节的短报文信息。如海洋渔业终端,通过北斗短报文功能发送和接受短信息,用于信息服务中心与渔船、渔船与渔船、信息服务中心与北斗运营服务中心、信息服务中心与信息服务分中心的连接。一般民用北斗短报文的定位频次为 1 条/min。

(四) 基于多模通信的农用 GNSS 终端

部分北斗终端兼具移动通信和短报文 2 种通信方式,可以更好地满足高频度数据传输的需求。在有移动通信网络覆盖的地方,终端可以自动切换到移动通信传输方式。而进入无移动通信覆盖的区域,则自动切换到北斗短报文通信方式,实现移动通信盲区的导航定位与数据传输。

第三节 GNSS数据分类

GNSS 主要有 3 类数据,即原始观测数据、差分增强数据及导航定位数据。

一、原始观测数据

GNSS 接收机工作时,其相关器负责信号捕获、跟踪与锁定,输出伪码、载波等测量数据和导航电文,这些数据统称为 GNSS 原始观测数据。GNSS 接收机中的微处理器基于原始观测数据,可完成最后的导航定位解算工作。原始观测数据存储在接收机的储存器中,经过后处理可用于数据分析、位置解算、精密单点定位和静态测量等应用。参与组网的 GNSS 基准站接收机则将原始观测数据实时回传至服务中心,由服务中心为移动站提供差分服务。

由于不同厂商采用不同的数据存储格式，为便于采集和利用各个厂商的 GNSS 原始观测数据，瑞士伯尔尼大学天文学院于 1989 年提出了 RINEX 格式(Receiver Independent Exchange Format，与接收机无关的交换格式)，以综合处理在 EUREF89(欧洲一项大规模的 GPS 联测项目)中所采集的 GPS 数据。该项目采用了来自 4 个不同厂商共 60 多台 GPS 接收机。

RINEX 是一种在 GNSS 测量应用中普遍采用的标准数据格式。该格式采用文本文件存储数据，数据记录格式与接收机的制造厂商和具体型号无关。目前，RINEX 格式已经成为 GNSS 测量应用的标准数据格式，几乎所有测量型 GNSS 接收机厂商都提供将其格式文件转换为 RINEX 格式文件的工具，而且几乎所有的数据分析处理软件都能够直接读取 RINEX 格式的数据。这意味着在实际观测作业中可以采用不同厂商、不同型号的接收机进行混合编队，而数据处理则可采用某一特定软件进行。经过多年不断修订完善，目前 RINEX 最新的版本是 V3.04。

RINEX 主要包括观测、导航等文件，分别记录观测数据(Observation Data)、导航信息(Navigation Message)和气象数据(Meteorological Data)。在新版本的格式中，分别用 N、R、C 代表 GPS、GLONASS 和 BeiDou。所有系统的观测值放在 1 个观测文件中，导航信息则各自存储，如图 5-4 所示。

名称	修改日期	类型	大小	注释
NDND128A.18C	2018/5/18 19:24	18C 文件	49 KB	BeiDou导航文件
NDND128A.18N	2018/5/18 19:24	18N 文件	51 KB	GPS导航文件
NDND128A.18O	2018/5/18 19:24	18O 文件	8 607 KB	观测值文件
NDND128A.18R	2018/5/18 19:24	18R 文件	66 KB	GLONASS导航文件

图 5-4　GNSS 接收机某次观测的 RINEX 文件

下面结合实例，简要介绍 RINEX 格式的观测文件和导航文件。

(一) 观测文件(O 文件)

表 5-1 为观测文件的部分内容，记录时间自 2018 年 5 月 8 日 00:00:15 至 11:59:45。

表 5-1　RINEX V3.01 观测值文件实例

```
NDND128A.18O - 记事本
文件(F) 编辑(E) 格式(O) 查看(V) 帮助(H)
     3.01           OBSERVATION DATA    M: Mixed            RINEX VERSION / TYPE
PowerNetwork        WHU GPSCENTER       2018-5-18  19:23    PGM / RUN BY / DATE
NDND128A                                                    MARKER NAME
NDND128A                                                    MARKER NUMBER
NDND128A                                                    MARKER TYPE
twm                 WHU GPSCENTER                           OBSERVER / AGENCY
                                                            REC # / TYPE / VERS
                                                            ANT # / TYPE
        0.0000        0.0000        0.0000                  APPROX POSITION XYZ
        0.0000        0.0000        0.0000                  ANTENNA: DELTA H/E/N
G    8 C1C L1C D1C S1C C2Y L2Y D2Y S2Y                      SYS / # / OBS TYPES
C   12 C1I L1I D1I S1I C7I L7I D7I S7I C6I L6I D6I S6I      SYS / # / OBS TYPES
R   12 C1C L1C D1C S1C C2P L2P D2P S2P C2C L2C D2C S2C      SYS / # / OBS TYPES
G L2L -0.25000                                              SYS / PHASE SHIFTS
R L2C -0.25000                                              SYS / PHASE SHIFTS
     1.000                                                  INTERVAL
  2018     5     8     0     0   15.000000     GPS          TIME OF FIRST OBS
  2018     5     8    11    59   45.000000     GPS          TIME OF LAST OBS
                                                            END OF HEADER
> 2018  5  8  0  0 15.0000000  0 18
G22  22916130.633   118477105.887          1126.563          43.000  22916137.719
  91356039.922          877.809          32.000
G32  20750266.031   105136498.738         -1186.438          51.000  20750278.219
  87800742.023         -924.508          45.000
G26  22365055.492   113691314.980          3228.016          43.000  22365068.406
  92579318.371         2515.324          32.000
G10  23820880.352   129202097.387         -3726.543          40.000  23820893.852
  95966039.020        -2903.848          28.000
```

观测站在 8 日 00:00:15 时刻总计观测到 9 颗 GPS 卫星和 9 颗北斗卫星，并分别记录了 8 个和 12 个观测值。由于卫星的位置时刻在发生改变，因此每次定位均要记录一次观测值。

（二）导航文件（N 文件）

导航文件的详细内容见表 5-2。

表 5-2　RINEX 中 GPS 导航文件说明

观测值记录	说明		中文注释
PRN 号/历元/卫星钟	-Satellite PRN number		卫星编号
	- Epoch: Toc - Time of Clock		历元：T_{OC}（卫星钟的参考时刻）
	year month day hour minute	second	年 月 日 时 分 秒
	- SV clock bias	(seconds)	卫星钟的偏差(s)
	- SV clock drift	(sec/sec)	卫星钟的漂移(s/s)
	- SV clock drift rate	(sec/sec2)	卫星钟的漂移速度(s/s^2)
广播轨道-1	- IODE Issue of Data		星历数据龄期
	- Crs	(meters)	轨道半径正弦调和改正项振幅
	- Delta n	(radians/sec)	平近点角改正值
	- M0	(radians)	参考时刻的平近点角
广播轨道-2	- Cuc	(radians)	升交点距的余弦摄动改正项之系数
	- e Eccentricity		轨道偏心率
	- Cus	(radians)	升交点距的正弦摄动改正项之系数
	- sqrt(A)	(sqrt(m))	长半轴平方根
广播轨道-3	- Toe Time of Ephemeris		星历的参考时刻
	- Cic	(radians)	轨道倾角余弦调和改正项振幅
	- OMEGA	(radians)	参考时刻 t_{oe} 的升交点赤经 Ω_0
	- Cis	(radians)	轨道倾角正弦调和改正项振幅
广播轨道-4	- i0	(radians)	轨道倾角
	- Crc	(meters)	轨道半径余弦调和改正项振幅
	- omega	(radians)	近地点角距
	- OMEGA DOT	(radians/sec)	升交点赤经变化率
广播轨道-5	- IDOT	(radians/sec)	轨道倾角 i 变化率
	- Codes on L2 channel		L2 调制码
	- GPS Week		GPS 周数
	- L2 P data flag		L2P 码数据标记
广播轨道-6	- SV accuracy		卫星精度
	- SV health	(meters)	卫星健康状况
	- TGD	(seconds)	电离层延迟改正数
	- IODC Issue of Data, Clock		钟参数数据龄期

表 5-3 为 RINEX 导航文件实例。表中列出了 GPSPRN03＃、PRN10＃和 PRN14＃3 颗卫星于 2018 年 5 月 8 日 02:00:00 的星历文件。GPS 的导航电文每 2 h 更新 1 次，一般在偶

数整点更新。

表 5-3 RINEXv3. 01 导航文件实例

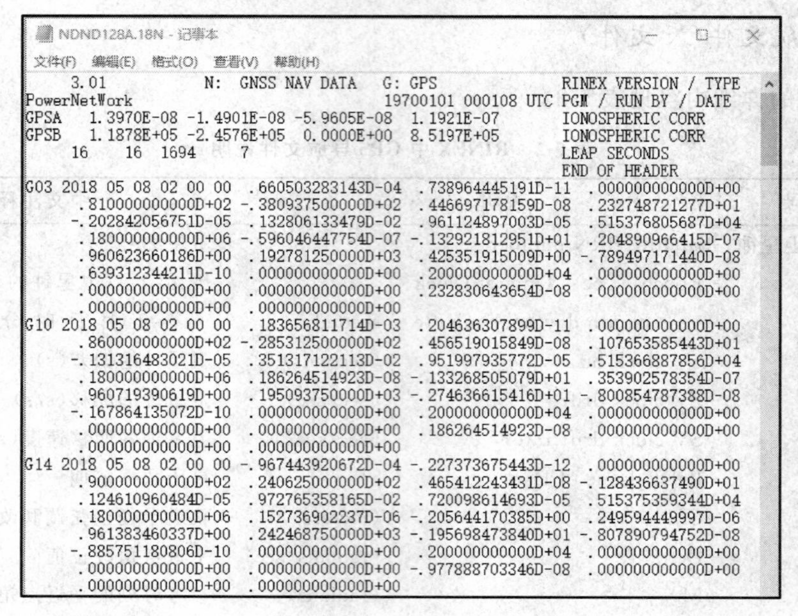

```
NDND128A.18N - 记事本
文件(F) 编辑(E) 格式(O) 查看(V) 帮助(H)
     3.01           N:  GNSS NAV DATA    G: GPS              RINEX VERSION / TYPE
PowerNetWork                             19700101 000108 UTC PGM / RUN BY / DATE
GPSA   1.3970E-08 -1.4901E-08 -5.9605E-08  1.1921E-07        IONOSPHERIC CORR
GPSB   1.1878E+05 -2.4576E+05  0.0000E+00  8.5197E+05        IONOSPHERIC CORR
    16     16  1694     7                                    LEAP SECONDS
                                                             END OF HEADER
G03 2018 05 08 02 00 00  .660503283143D-04  .738964445191D-11  .000000000000D+00
      .810000000000D+02 -.380937500000D+02  .446697178159D-08  .232748721277D+01
     -.202842056751D-05  .132806133479D-02  .961124897003D-05  .515376805687D+04
      .180000000000D+06 -.596046447754D-07 -.132921812951D+01  .204890966415D-07
      .960623660186D+00  .192781250000D+03  .425351915009D+00 -.789497171440D-08
      .639312344211D-10  .000000000000D+00  .200000000000D+04  .000000000000D+00
      .000000000000D+00  .000000000000D+00  .232830643654D-08  .000000000000D+00
      .000000000000D+00  .000000000000D+00
G10 2018 05 08 02 00 00  .183656811714D-03  .204636307899D-11  .000000000000D+00
      .860000000000D+02 -.285312500000D+02  .456519015849D-08  .107653585443D+01
     -.131316483021D-05  .351317122113D-02  .951997935772D-05  .515366887856D+04
      .180000000000D+06  .186264514923D-08 -.133268505079D+01  .353902578354D-07
      .960719390619D+00  .195093750000D+03 -.274636615416D+01 -.800854787388D-08
     -.167864135072D-10  .000000000000D+00  .200000000000D+04  .000000000000D+00
      .000000000000D+00  .000000000000D+00  .186264514923D-08  .000000000000D+00
      .000000000000D+00  .000000000000D+00
G14 2018 05 08 02 00 00 -.967443920672D-04 -.227373675443D-12  .000000000000D+00
      .900000000000D+02  .240625000000D+02  .465412243431D-08 -.128436637490D+01
      .124610960484D-05  .972765358165D-02  .720098614693D-05  .515375359344D+04
      .180000000000D+06  .152736902237D-06 -.205644170385D+00  .249594449997D-06
      .961383460337D+00  .242468750000D+03 -.195698473840D+01 -.807890794752D-08
     -.885751180806D-10  .000000000000D+00  .200000000000D+04  .000000000000D+00
      .000000000000D+00  .000000000000D+00 -.977888703346D-08  .000000000000D+00
      .000000000000D+00  .000000000000D+00
```

二、差分增强数据

（一）RTCM SC-104 协议

1. 发展过程

国际海事无线电技术委员会（Radio Technical Commission for Maritime Services，RTCM）在 1983 年 11 月为全球推广运用差分 GPS 业务设立了 SC-104 专门委员会，用于论证提供差分 GPS 业务的各种方法，并制定各种数据格式标准。

1985 年 RTCM 发表了 V1. 0 版本的建议文件。经过大量的实验研究，在丰富的研究资料基础上，对文件版本不断进行升级和修正。1990 年 1 月颁布了 V2. 0 版本，该版本提高了差分改正数的抗差性能，增大了可用信息量，差分定位精度由 V1. 0 版本的 8～10 m 提高到了 5 m，通常可达到 2～3 m。为了适应载波相位差分 GPS 的需要，RTCM 于 1994 年公布了 V2. 1 版本，其基本数据格式未变，增加了几个支撑实时动态定位（RTK）的新电文。在 1998 年发布了 V2. 2 版本，它增加了支持 GLONASS 的差分导航电文。2001 年又发布了 V2. 3 版本，定义了电文 23 和 24，实时动态精度小于 5 cm。2004 年相继发布了 V3. 0 版本，增加了用于传输网络差分改正数电文。RTCM 先后经历多次格式的改进，目前应用最普遍的是 V3. 1 标准格式，但为适应 Galileo 和 BeiDou 等新系统的发展、已有系统的改造升级以及地区性广域差分增强系统（SBAS）的应用，RTCM V3. 2 标准格式应运而生。

CMR 则是 Trimble 于 1996 年开始设计的一套用于 RTK 的差分格式标准，主要是针对 RTCM 格式的码发送率必须高于 4 800 b/s 这一不足之处而定制的，CMR 的码发送率只有 RTCM 的一半，即 2 400 b/s。

2. 协议内容

RTCM SC-104 数据格式，具有 21 类 63 种电文型式，其中第 1 类电文和第 2 类电文，是应用广泛而成熟的 DGPS 数据格式。RTCM SC-104 第一类电文的主要内容是：16 bits 的 L1 C/A 码伪距改正数 $PRC(t_0)$、8 bits 的伪距变化率改正值 RRC、2 bits 的用户差分距离误差 UDRE、5 bits 的 GPS 卫星识别号、1 bit 的改正数改正精度等级和数据龄期。

值得注意的是：伪距改正数 $PRC(t_0)$ 是一种外推值，它是由上一个"已经过时"的 GPS 数据推算出来的，DGPS 用户应该立马用于改正；伪距变化率改正值 RRC，是对伪距改正数外推值变化的补偿，可将"过时改正值"变成"实时改正值"。但是，DGPS 用户不能够将伪距变化率改正值 RRC 当作载波多普勒测量改正值使用。

任一时元 t 的 L1 C/A 码伪距改正数 $PRC(t)$ 是

$$PRC(t) = PRC(t_0) + RRC(t - t_0) \tag{5-1}$$

式中，$PRC(t_0)$ 为修正后 Z 计数参考时元 t_0 的 L1 C/A 码伪距改正数；RRC 为 L1 C/A 码伪距改正数随时间的变化率（伪距变化率）。

DGPS 用户在时元 t 经过改正后的 L1 C/A 码伪距观测值为

$$PR(t) = PRM(t) + PRC(t) \tag{5-2}$$

式中，$PRM(t)$ 为 DGPS 用户在时元 t 用 C/A 码测得的伪距。

（二）Ntrip 协议

Ntrip 协议（Networked Transport of RTCM via Internet Protocol）是通过互联网进行 RTCM 数据网络传输的协议。所有的 RTK 数据格式（NCT，RTCM，CMR，CMR＋等）都能被传输。

1. Ntrip 组成

Ntrip 主要有 3 个部分组成（图 5-5）：客户端（Ntrip Client）、服务器（Ntrip Server）和处理中心（Ntrip Caster）。其中，处理中心是 HTTP 服务器，客户端和服务器是 HTTP 客户端。服务器用来将数据源的数据传输给处理中心，处理中心会将这个数据源添加到数据流的列表中，在客户端请求数据流的时候，再将数据流的相关信息发送给客户端。

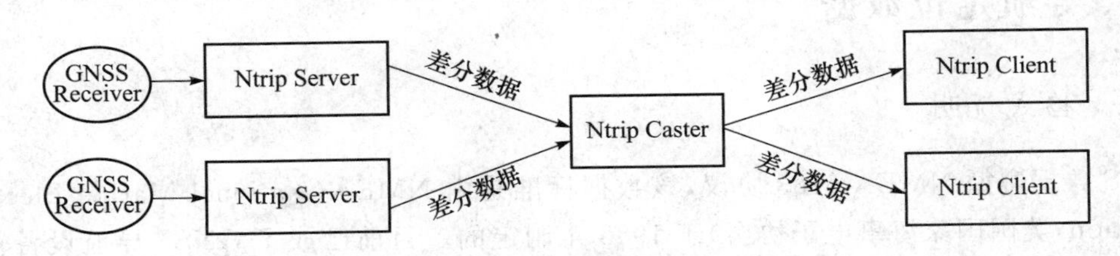

图 5-5 Ntrip 协议系统架构

处理中心是整个 Ntrip 协议的核心部分，充当着客户端和服务端之间的桥梁作用，实质上是一个 HTTP 服务器，支持 HTTP 请求和响应消息的子集。处理中心使用一个端口监听服务器和客户端的请求，根据具体的请求决定是接收还是发送数据流。客户端通过处理中心的 IP 和端口，以 TCP 方式连接到处理中心，请求成功后从处理中心接收数据。

2. 应用分析

基于 Ntrip 协议，使得用户可以通过互联网获取 RTK 差分数据。互联网代替电台连接，传输距离更远，且不会受到干扰。Ntrip 与以往的 RTK 直接传输方式不同，它将多个基准站的观测数据首先经 Internet 网络发送至控制中心，进一步处理后再由移动通信网络播发给客户。客户的接收设备安装有客户端软件，通过移动通信网络登录 Ntrip Caster 后，可以实现对差分改正数据的访问。

客户在进行 RTK 工作时，首先需要发送访问参数(用户名和密码)到控制中心。控制中心对其认证通过后，客户端方可收到 RTK 数据。同时，客户端还要将其接收数据设置点(源)的信息传给控制中心。无论是客户端，还是基准站端，它在系统中的识别码是唯一的，这保证了系统的安全性。控制中心还可以根据客户端在线时长进行计费。

3. 应用实例

表 5-4 为千寻位置 RTD 和 RTK 的 Ntrip 参数。其中，GG 是指提供 GPS 和 GLONASS 两系统的差分改正数，GGB 是指提供 GPS、GLONASS 和 BeiDou 三系统差分改正数。

表 5-4　千寻位置 RTD 和 RTK 的 Ntrip 接入参数

服务类型	地　址	RTD 源/挂载点	端口	端口对应坐标系
FindM(RTD)	rtd. ntrip. qxwz. com 或 60. 205. 8. 49	RTCM32_GGB	8001	ITRF2008
			8002	WGS-84
			8003	CGCS2000
FindCM(RTK)	rtk. ntrip. qxwz. com 或 60. 205. 8. 49	RTCM32_GGB	8001	ITRF2008
			8002	WGS-84
			8003	CGCS2000
		RTCM30_GG	8001	ITRF2008
			8002	WGS-84
			8003	CGCS2000

三、导航定位数据

(一) 格式说明

GPS 数据遵循 NMEA-0183 协议，该数据标准是由 NMEA(National Marine Electronics Association，美国国家海事电子协会)于 1983 年制定的。目前已成了 GNSS 导航设备输出导航定位数据的标准协议。截至 2018 年 11 月，NMEA 已发布 V4. 11 版本。这包括使用 GPS、GLONASS、Galileo、BeiDou、QZSS 和 NavIC 的界面说明。

NMEA-0183 输出采用 ASCII 码，串行通信默认参数为：波特率 9 600 b/s，数据位 8 bit，开始位 1 bit，停止位 1 bit，无奇偶校验。数据传输以“语句”的方式进行，每个语句均以“ $ ”开头，然后是 2 个字母的“识别符”和 3 个字母的“语句名”，接着就是以逗号分隔的数据体，语句末尾为校验和，整条语句以回车换行符结束。

NMEA-0183 的数据信息有十几种，主要的语句及其内容见表 5-5。

表 5-5　NMEA-0183 的数据信息及其内容

数据信息	内　容
$GPGGA	输出定位信息
$GPGLL	输出大地坐标信息
$GPVTG	输出地面速度信息
$GPZDA	输出 UTC 时间信息
$GPGSV	输出可见的卫星信息
$GPGST	输出定位标准差信息
$GPGSA	输出卫星 DOP 值信息
$GPALM	输出卫星星历信息
$GPRMC	输出 GPS 推荐的最短数据信息

（二）语句意义

下面以 GGA、RMC 和 VTG 3 条较为常用的语句进行解析。

1. GPGGA 语句

GPGGA 为 GPS 定位的主要数据，该语句中包括经纬度、质量因子、HDOP、高程、基准站号等字段。

GPGGA 语句格式为：

$GPGGA,<1>,<2>,<3>,<4>,<5>,<6>,<7>,<8>,<9>,<10>,<11>,<12>,<l3>,<14>,<15>

GPGGA 字段含义见表 5-6。

表 5-6　GPGGA 语句含义

字段	含　义	格式或备注
<1>	UTC 时间	hhmmss. ss(时时分分秒秒．秒秒)
<2>	纬度	ddmm. mmmm(度度分分．分分分分)
<3>	南北半球	N 表示北纬;S 表示南纬
<4>	经度	dddmm. mmmm(度度分分．分分分分)
<5>	东西半球	E 表示东经;W 表示西经
<6>	质量因子	0:未定位;1:单点定位固定解;2:差分定位;3:PPS 解;4:RTK 固定解;5:RTK 浮点解;6:估计值;7:手工输入模式;8:模拟模式
<7>	卫星数	从 00 到 12
<8>	HDOP	水平精确度,0.5～99.9
<9>	天线高程(海平面)	－9 999.9～9 999.9 m
<10>	天线高程单位	m
<11>	大地水准面起伏	地球椭球面相对大地水准面的高度
<12>	大地水准面起伏单位	m
<13>	差分 GPS 数据期	非差分为空,设立 RTCM 传送的秒数量
<14>	基准站号	非差分为空(0 000～1 023)
<15>	校验和	* hh

2. GPRMC语句

对于一般的GPS动态定位应用，GPRMC语句完全满足要求。该语句中包括经纬度、速度、时间和磁偏角等字段，这些数据为导航定位应用提供了充分的信息。

GPRMC语句格式为：

$GPRMC,<1>,<2>,<3>,<4>,<5>,<6>,<7>,<8>,<9>,<10>,<11>,<12>,<13>

GPRMC字段含义见表5-7。

表5-7　GPRMC语句含义

字段	含　义	格式或备注
<1>	UTC时间	hhmmss. ss(时时分分秒秒．秒秒)
<2>	状态,有效性	A表示有效;V表示无效
<3>	纬度格式	ddmm. mmmm(度度分分．分分分分)
<4>	南北半球	N表示北纬;S表示南纬
<5>	经度格式	dddmm. mmmm(度度分分．分分分分)
<6>	东西半球	E表示东经;W表示西经
<7>	地面速度	单位为节
<8>	速度方向	速度方向与正北顺时针夹角(°)
<9>	日期格式	日月年
<10>	磁偏角	度(°)
<11>	磁偏角方向	E表示东;W表示西
<12>	模式指示	A:自主定位;D:差分;E:估算;M:手动输入;S:模拟;N:无效
<13>	校验和	* hh

3. GPVTG语句

GPVTG包含了地面速度信息。

GPVTG的格式为：

$GPVTG,<1>,<2>,<3>,<4>,<5>,<6>,<7>,<8>,<9>,<10>

GPVTG字段含义见表5-8。

表5-8　GPVTG语句含义

字段	含　义	格式或备注
<1>	以真北为参考基准的地面航向	
<2>	真北标识符	True
<3>	以磁北为参考基准的地面航向	
<4>	磁北标识符	Magnetic
<5>	地面速率	
<6>	速度单位标识	N=knots,节
<7>	地面速率	
<8>	速度单位标识	K=km/h

续表 5-8

字段	含 义	格式或备注
<9>	模式指示	A:自主定位,D:差分,E:估算,M:用户输入,S:模拟,N:数据无效
<10>	校验和	* hh

（三）数据实例

下面以 R60 接收机的定位数据为例，说明 GGA、RMC 和 VTG 语句的实际应用情况。R60 某次定位数据输出见表 5-9，其主要字段的含义标注在语句的下方。需要注意的是：各语句所输出的时间为 UTC 时间，如需要转换为北京时间，则需要加 8 h。

表 5-9 R60 定位数据及注释

编号	数据语句
1	$GPGGA,134 809.6,4 000.330 066,N,11 621.005 97,E,4,14,0.9,71.179 5,M,-9.805 4,M,0,000 0*4A 注释： UTC时间 纬度(北) 经度(东) 卫星数
2	$GPRMC,134 809.6,A,4 000.330 066,N,11 621.005 97,E,0.045,19,050 619,0,E,D*0C 注释： UTC时间 纬度(北) 经度(东) 地速 航向 日期(2019 年 6 月 5 日)
3	$GPVTG,18.995,T,18.995,M,0.045 36,N,0.084,K,D*2E 注释:真北航迹角 磁北航迹角 地速(节) 地速(km/h)

四、GNSS 数据关系

图 5-6 结合某个实例，描述了本节所述的原始观测数据、差分增强数据与导航定位数据之间的关系。

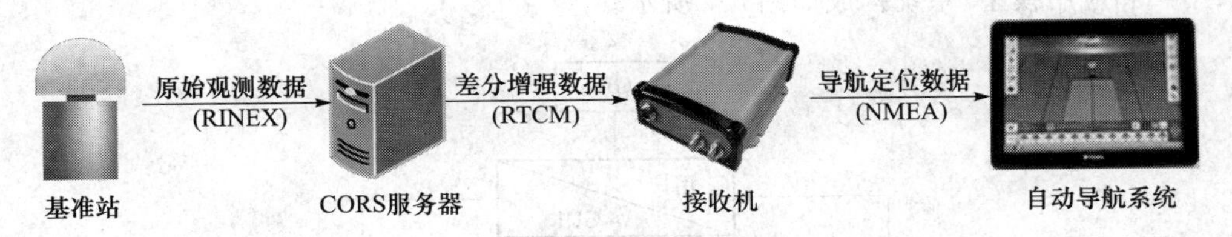

图 5-6 GNSS 数据应用示意图

在农机自动导航的实际应用中，经常针对某个较小的区域应用，建设 1 个或多个基准站，基准站将原始观测数据(RINEX 格式)经 4G 无线网络或宽带接入 CORS 服务器。农机在田间作业时，向服务器请求差分数据，服务器软件选择最佳组合的基准站，并向机载 GNSS 接收机推送该基准站的差分数据(RTCM 格式)。经差分改正后，GNSS 接收机向自动导航系统(如显示终端或控制器)输出导航定位数据(NMEA 格式)。自动导航系统从中提取位置、航向及速度数据，并从前轮转角传感器获得前轮角度，利用路径跟踪控制算法对转向机构进行控制，实现高精度导航作业。

第四节 GNSS数据的GIS可视化

GNSS定位终端输出的是离散的点坐标，需要结合地理信息系统和遥感影像进行可视化表达与分析，以此构建“3S”集成应用系统。

一、地理信息系统

（一）概念与特点

地理信息系统（Geographic Information System，GIS）是在计算机的软、硬件支持下，表达、存储、管理、分析和输出地理信息的技术系统，它以空间数据库为平台，以空间分析和地学应用模型为支撑，实现各种信息的模拟与综合分析，为地理研究应用提供辅助决策支持。

GIS在近几十年内飞速发展，广泛应用于资源管理、区域规划、国土监测以及辅助决策等领域，并逐步发展成为一个完整的技术系统和理论体系。它与遥感（Remote Sensing，RS）、全球卫星导航系统（GNSS）三者的有机结合，可以生成整体、实时、动态的对地观测、分析和应用的技术系统。

地理信息系统具有以下特点：

（1）具有采集、管理、分析和输出多种地理信息的能力，具有空间性和动态性。

（2）以地理模型方法为手段，具有空间分析、多要素综合分析和动态预测的能力。

（3）由计算机系统支持进行空间地理数据管理，使其能够快速、精确、综合地对复杂的地理系统进行空间定位和动态分析。

（二）构成与功能

一个实用的地理信息系统，其基本组成一般包括5个主要部分：系统硬件、系统软件、空间数据、用户和应用模型，系统构成如图5-7所示。

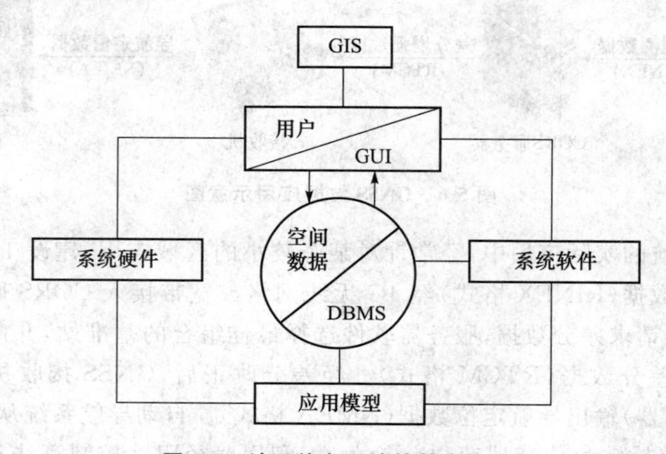

图5-7 地理信息系统的基本构成

（三）常用 GIS 软件

常用的 GIS 软件见表 5-10。

表 5-10 常用 GIS 软件

名称	开发企业	桌面版	Web 版
ArcGIS	美国环境系统研究所公司（ESRI）	√	√
MapInfo	Pitney Bowes MapInfo	√	√
MapGIS	武汉中地数码科技有限公司	√	√
SuperMap	北京超图软件股份有限公司	√	√
GeoStar	武大吉奥信息技术有限公司	√	√
GoogleMap	谷歌公司		√
百度地图	北京百度网讯科技有限公司		√
高德地图	高德软件有限公司		√
腾讯地图	深圳市腾讯计算机系统有限公司		√
天地图	国家基础地理信息中心		√

网络地理信息系统（WebGIS）是工作在 Web 网上的 GIS，是传统的 GIS 在网络上的延伸和发展，具有传统 GIS 的特点，可以实现空间数据的检索、查询、制图输出、编辑等 GIS 基本功能，同时也是 Internet 上地理信息发布、共享和交流协作的基础（图 5-8）。

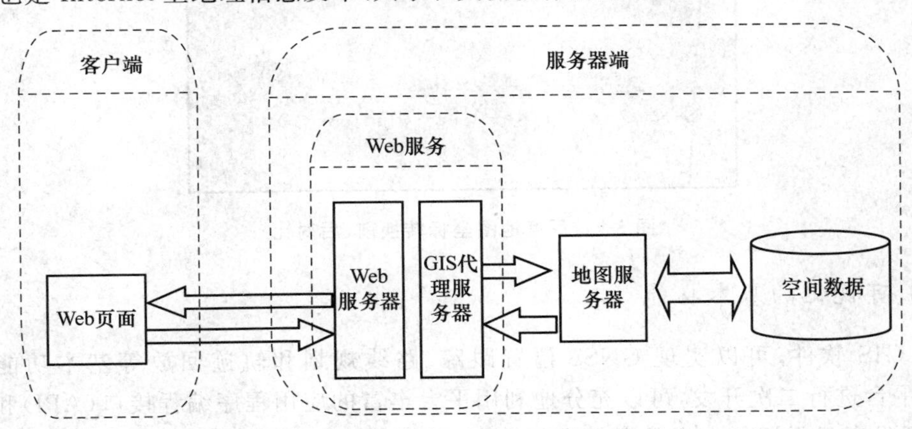

图 5-8 WebGIS 工作原理

WebGIS 采用客户端/服务端的分布式系统模式，客户端和服务端分布在不同节点上，通过网络交互、空间信息共享和互操作。WebGIS 具有更广泛的用户群体、更多样化的空间信息服务。同时，WebGIS 较普通的单机系统具有更强大的系统性能，能够跨平台，不再局限于某一个平台，可以采用异构系统进行集成，空间数据复杂多样，数据量大。其主要功能有空间信息网络发布、空间信息网络制图、空间数据网络管理、空间数据共享与互操作和空间数据网络分析处理等。

如表 5-10 提到的 ESRI 等传统 GIS 公司均在桌面应用的基础上，发布了 Web 应用。谷歌、百度、腾讯、阿里等互联网公司，也相继推出了相应的 WebGIS。WebGIS 是目前 GIS 开发中应用最多的一个方向，不仅新项目采用 WebGIS 模式，越来越多的已经完成的传统项目也往 WebGIS 模式转换。目前，WebGIS 已广泛应用于农机位置监控管理。

二、GNSS 数据的地图可视化

通过农用 GNSS 终端获得农机的位置后，可以通过 WebGIS 进行地图可视化表达，开发“3S”集成应用系统，其基本步骤如下。

（一）地图坐标转换

GNSS 接收机输出的导航定位数据采用 WGS-84 坐标系，但国内出版的各种地图（包括电子形式），均须对地理坐标进行首次加密。

GCJ-02 坐标系是由原中国国家测绘地理信息局制订的关于地理信息系统的坐标系统。它是一种对经纬度数据的加密算法，即加入随机的偏差。高德地图、腾讯地图及谷歌中国地图等均使用 GCJ-02 坐标系。

百度地图采用的 BD-09 坐标系是由 GCJ-02 进行进一步偏移得到的。其中，BD09ll 表示百度经纬度坐标，BD09mc 表示百度墨卡托米制坐标。因此，使用百度地图服务，需要将 GNSS 定位数据首先转换为 BD09 坐标，否则地图所显示位置会发生偏移。图 5-9 为坐标转换前后对比图。

图 5-9　百度地图坐标转换前、后对比

（二）可视化的基本功能

基于 GIS 软件，可以实现 GNSS 位置跟踪、路线规划和轨迹回放等基本功能。利用 WebGIS 平台进行二次开发，可以充分地利用平台丰富的应用程序编程接口（API）和公共地图数据，开发者只需添加自有数据和进行自定义界面与功能开发。例如，基于 WebGIS 的农机位置跟踪与轨迹回放界面，通过地图可视化表达，可以准确地跟踪农机作业位置和作业轨迹，进而可以统计作业里程和作业面积。在路径规划方面，WebGIS 一般均支持步行与驾车等多种模式，可以计算步行或驾车的时间和距离。

数字资源 5-8　基于 WebGIS 的农机位置跟踪与轨迹回放界面

数字资源 5-9　基于 WebGIS 的路径规划

复习思考题

1. GNSS 接收机的基本组成是什么?
2. GNSS 主要有几类天线?各有什么用途与特点?
3. 农业对 GNSS 接收机有哪些特殊需求?
4. 农用 GNSS 接收机根据用途和载体可以分为哪几种?
5. 北斗渔业终端具有哪些功能与特点?
6. GNSS 主要有几种数据类型?每种类型的数据有何用途?相互关系是什么?
7. 常用的地图坐标系有哪几种?
8. 如何快速实现 GNSS 导航定位数据的可视化?

第六章

农业机械自动化导航与控制

人们很早就向往农业机械能够实现自动导航和自主作业。近10年来，拖拉机和联合收获机等农业机械的自动导航与辅助驾驶技术得到了快速发展和应用。由于农作物的形态在整个生长期内不断变化，针对农作物的播种、中耕和收获等环节的应用，目前已发展出多种面向自动导航与控制的感知技术，并得到了初步的组合应用，大大地提高了现代精准农业的自动化程度。本章将介绍农业机械导航技术的发展历程、拖拉机GNSS自动导航原理及机群协同作业自动导航原理、行引导方法和视觉导航方法，最后介绍作业精度评价与误差分析。

第一节　农业机械导航发展过程

一、发展概述

为了提高农业机械作业的自动化与智能化水平，提高农机作业质量和作业效率，从最早的机械导向、圆周导向与地埋金属线导向，到当前的卫星定位导航，导航控制自动化的研究与应用已经历近百年历史。

20世纪20年代的一份美国专利显示，拖拉机可以在无人驾驶的情况下沿着犁沟自动行走。到了40年代，人们在农田中央扎下木桩，然后将缆绳一端固定在木桩上，另一端绑在拖拉机上，引导其绕木桩做圆周运动。70年代，人们又在农田铺下电缆来引导拖拉机。这一系列的尝试最终都归于失败，因为这些导航方法代价过高，操作不便，难以推广。80年代，美国的农用车辆制造商将电子技术、液压驱动技术引入拖拉机的设计制造中，为在农业机械上研究现代导航控制方法提供了可能。90年代之后，信息技术在农业机械装备上开始获得广泛应用，信息技术成为现代导航控制系统研究的重要基础。随后出现的机器视觉导航、卫星导航、多传感器信息融合导航等现代导航控制技术，为农业机械自动导航与辅助驾驶技术的发展提供了基础。

基于GNSS的自动导航与辅助驾驶技术应用在田间作业的农业机械上，可以保证实施起垄、播种、喷药、收获等农田作业时交接行距的精度，减少农作物生产投入成本，并优化农作物的种植农艺特性，提高农机农艺作业质量，避免作业过程产生的交接行的重叠与遗漏，提高作业精度，降低生产成本，增加经济效益。同时，应用基于GNSS的自动导航与辅助驾驶技术可以提高农机的操作性能，延长作业时间，并能实现夜间作业，可以大大地提高机车的出勤率与时间利用率，减轻驾驶员的劳动强度。在作业过程中，驾驶员可以用更多的时间注意观察农具的工作状况，以提高田间作业质量，为日后的田间管理和机械化采收奠定基础。

二、传统对行方法

在辅助导航与自动导航应用以前，如图 6-1 所示，以播种作业为例，为将作物行播直，在较大的田块首次作业时，常在地块远端插上标志杆，驾驶员利用三点一线的基本原理，通过目视瞄准方法，驾驶播种机组进行直线作业。同时，利用播种机一侧的划印器（两侧各有一个划印器）在邻近作业条带的地面上划出痕迹。当机组进入该条带作业时，驾驶员再利用“眼睛—瞄准器—痕迹”成三点一线行进，以提高作业直线度和交接行精度。由此可见，传统的播种作业，特别是宽行播种作业，对驾驶员的驾驶技能要求很高，驾驶员的劳动强度很大。

图 6-1　基于划印器进行播种作业

三、辅助导航方法

基于 GNSS 的农业机械自动导航出现之前，基于 GNSS 的辅助导航曾经得到广泛的应用。光靶视觉辅助导航的工作原理是在机载田间计算机中设定导航线，通过 GNSS 接收机获取农业机械的实时位置，然后通过 LED 指示灯提示农业机械与导航线的偏离程度，提醒驾驶员正确操作方向盘。

数字资源 6-1　光靶视觉导航

光靶视觉导航也需要分米级或者厘米级的高精度定位，以减少作业重叠或遗漏。光靶视觉导航可以有效地减少驾驶员的行驶观察行为，提高作业行走精度和接行精度，特别是在机具幅宽较大、夜晚或天气昏暗时，可以引导农业机械正常作业。

基于 GNSS 的光靶辅助导航系统，通过光靶和 LED 显示屏实现平行导航，其导航精度取决于 GNSS 定位精度和驾驶员的技能，使得没有划印器也可以正常工作。不过，光靶辅助导航仍然依赖于人工操纵方向盘，未能将驾驶员从索然无味和繁重的驾驶工作中释放出来。

第二节 基于GNSS的拖拉机自动导航与控制

基于GNSS的自动导航与辅助驾驶技术直接驱动拖拉机的转向系统，在农机作业时可以代替驾驶员操作方向盘，使农机沿规划路径行驶作业。

一、系统组成

农机自动导航系统的主要组成包括GNSS天线、GNSS接收机、方向轮转角传感器、导航显示终端、导航控制器、惯性测量单元(IMU)及转向控制机构等(图6-2)。

根据转向操控原理的不同，拖拉机自动导航可以分为电动自动转向(又称方向盘转向)和液压自动转向2类，分别通过电机带动方向盘和液压阀控制油路的方式驱动拖拉机的转向机构。

数字资源6-2 自动导航作业视频

数字资源6-3 自动导航组成介绍视频

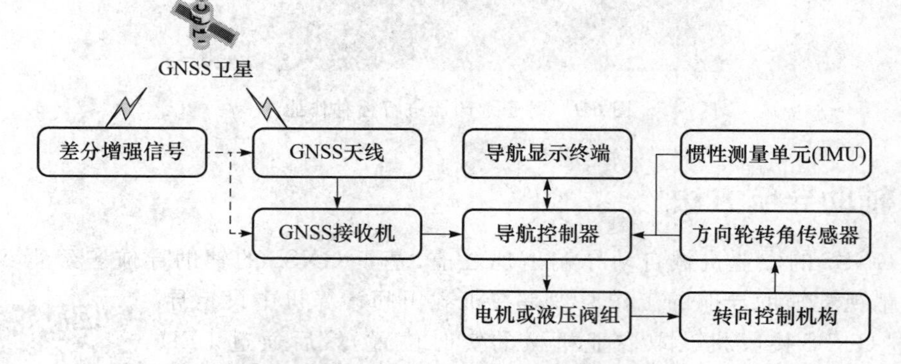

图6-2 基于GNSS的农机自动导航与辅助驾驶系统组成

数字资源6-4 电动自动转向

数字资源6-5 液压自动转向

自动导航的基本工作原理是：在导航显示终端中，设定导航线，通过前轮转角传感器、GNSS接收机、惯性测量单元(IMU)获取拖拉机的实时位置、速度和姿态，计算拖拉机与预设导航线的偏离距离和偏离航向，然后通过导航控制器计算前轮转向角，并向拖拉机的自动转向机构发送控制信号，实时修正拖拉机的行驶方向，以最小偏差为目标沿预设导航线行驶。自动导航系统在拖拉机的行驶过程中，不断进行"测量—决策—控制"的闭环控制动作，使得拖拉机的行走路线无限接近于预设的作业路径。

（一）GNSS 差分信号源

差分信号是拖拉机高精度定位与自动导航的基础，差分信号中断后，拖拉机将无法保持厘米级的定位精度，只能停止作业，等待差分信号恢复。在有条件的区域，可以优先使用地基增强信号，并以星基增强信号作为热备份，以保障作业的连续性。

（二）GNSS 天线与接收机

GNSS 天线安装于拖拉机车顶上方，通过 GNSS 接收机输出高精度的坐标、航向与速度等信息。拖拉机在连续移动过程中，GNSS 接收机可以精确地测得拖拉机的航向。但当拖拉机停止作业或静止时，GNSS 接收机测得的航向存在漂移。针对静态漂移，当前普遍采用一机双天线技术解决航向测量的问题，如图 6-3 所示。

（三）转角传感器

转角传感器用于实时测量并向控制器发送车辆前轮转向角度。转角传感器安装于拖拉机的某个导向轮上。图 6-4 为利用微硅陀螺仪 CRS03-02 设计的前轮转角传感器。

图 6-3　GNSS 双天线

图 6-4　前轮转角传感器

（四）导航显示终端

导航显示终端主要由计算单元、显控屏幕、I/O 接口等组成。通过导航显示终端，可以配置导航参数、设置作业模式和记录作业轨迹信息。

（五）惯性测量单元

数字资源 6-6　导航显示终端

地形补偿是实现高精度定位的关键，拖拉机在行驶过程中，由于地形起伏，存在横滚、俯仰及偏航等现象（图 6-5），需要通过惯性传感器及其姿态估计算法进行补偿。

横滚是指以前后水平轴为轴心的旋转，俯仰是指以左右水平轴为轴心的旋转，偏航是指以上下垂直轴为轴心的旋转。

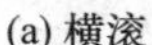

(a) 横滚

(b) 俯仰

(c) 偏航

图 6-5　拖拉机的 3 种姿态

天宝将地形补偿分为 T2 和 T3 2 类。T2 仅针对农机具直线穿过斜坡地形时，对横滚角进行补偿(图 6-6)。T3 则通过六轴固态惯性传感器，改正横滚、俯仰和偏航状态，从而给出拖拉机的真实位置。GNSS 信号丢失时，惯导系统还将起到“惯性轮”的作用，保持车辆的前进方向。

（六）导航控制器

导航控制器接受并处理转角传感器、GNSS 接收机和惯性测量单元的信息，采用导航控制算法实时计算机器相对于导航路径的偏离距离，确定合适的转向角度，向转向电机或液压阀等自动转向控制机构发送控制信号(图 6-7)。导航控制原理在本节的第二小节(导航原理)进行阐述。

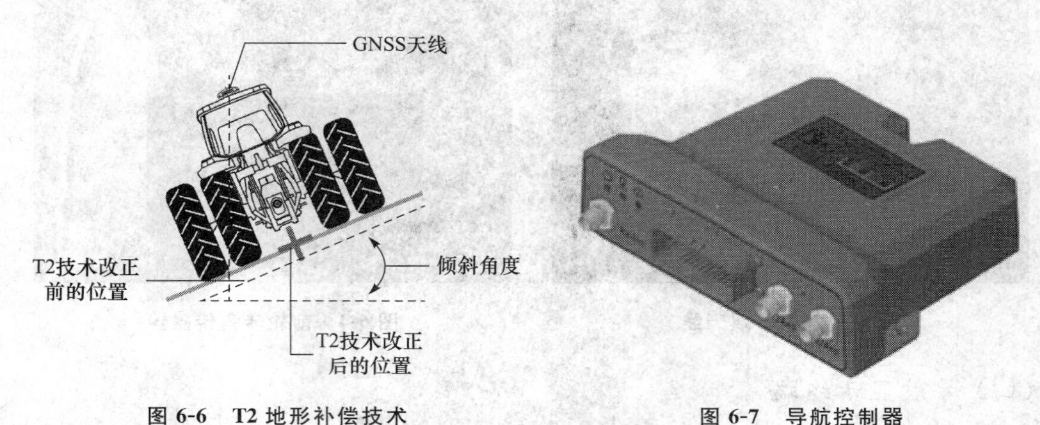

图 6-6　T2 地形补偿技术

图 6-7　导航控制器

（七）转向控制装置

农机自动转向的执行控制装置主要包括电机驱动和液压驱动 2 类，其执行元件分别是转向电机和液压比例阀。

1. 转向电机

转向电机利用电磁学原理，将电能转换为机械能，为农机转向机构提供旋转扭矩，工作原理图如图 6-8 所示。

电动方向盘采用内转子无刷电机，内部集成驱动器和转向控制器，在实际应用中，常通过花键将电动方向盘与转向轴联结，由导航控制器

数字资源 6-7　电动方向盘

向其发送转向指令，替代驾驶员转动方向盘。方向盘式自动导航系统安装方便，不破坏原车油路，易于在车辆之间转移安装应用。

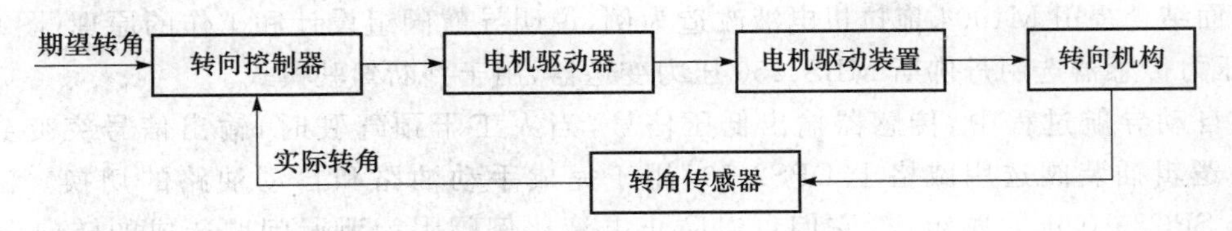

图 6-8　电动自动转向系统工作原理

2. 液压比例阀

液压比例阀是液压式自动导航系统的核心组件(图 6-9)，以液压油为工作介质，进行能量转换、传递和控制。相对于转向电机，液压比例阀转向控制更为准确和快速，冲击和振动更小。液压式自动导航系统的缺点是需要改造原车油路，安装与调试较为复杂，故障率较高。

图 6-9　电磁比例换向阀

值得注意的是，当前自动导航系统日趋集成化。如前所述的显示屏，实际已集成前述导航显示终端、导航控制器和 GNSS 接收机等多个关键部件。

二、导航原理

（一）导航控制原理

拖拉机在自动导航过程中，通过车载传感器实时获取拖拉机各项运动参数，将车辆的实际位置和航向信息与预定义的路径比较，计算横向偏差和航向偏差；导航控制器以横向偏差和航向偏差信号作为输入，通过内置的控制算法计算出预期前轮转角并传输到导航控制器；导航控制器控制拖拉机前轮转向跟踪期望前轮转角，以减小横向偏差和航向偏差，从而实现自动导航。具体原理如图 6-10 所示。

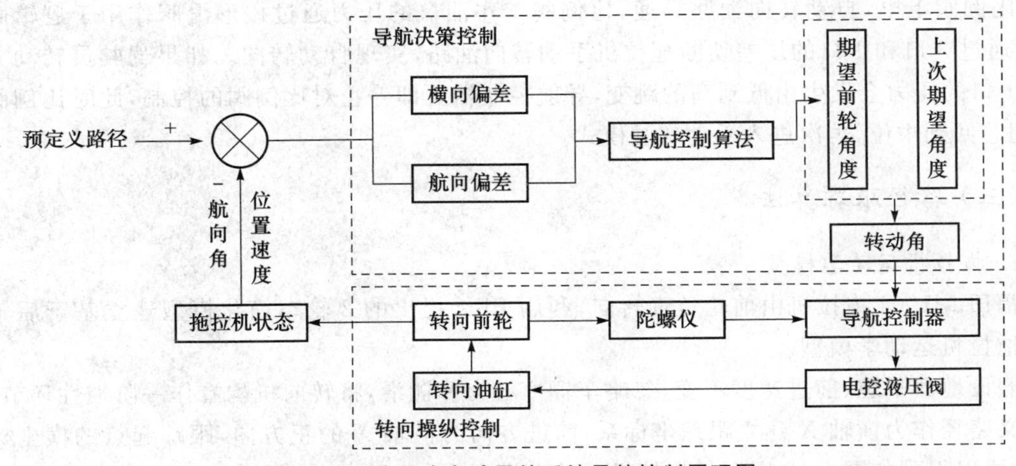

图 6-10　液压式自动导航系统导航控制原理图

（二）液压转向原理

下面结合福田 M1004 拖拉机电液改造为例，说明导航阀组设计和工作的原理（图 6-11）。图中，压力传感器选用丹佛斯 MBS1250 压力变送器，用于判断驾驶模式。

在自动导航过程中，传感器输出低压信号，当人工干预驾驶时，输出信号突变到高压信号。逻辑插装阀选用威格士 DPS2-10，用于完成手动油路和自动油路的切换。液压锁由 2 个 SPC2-10 止回阀组成，它们可以防止电液比例阀因为泄漏问题造成的转向误差。

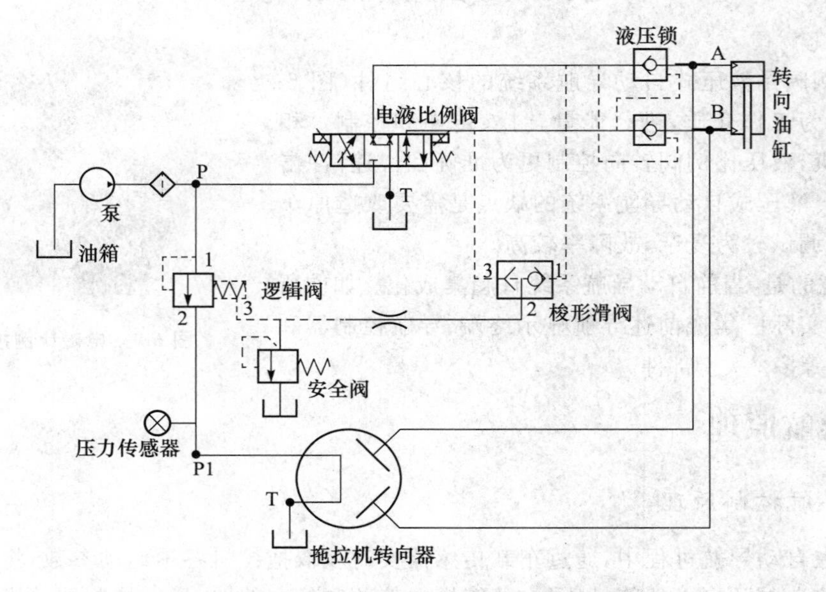

图 6-11 M1004 拖拉机转向器安装比例阀示意图

在手动驾驶模式中，电液比例阀没有上电，P 口的油压数值较高，逻辑阀 1 口和 2 口导通，此时可以通过拖拉机本身的转向油路，利用转向器控制车辆转向；当切换到自动导航模式时，电液比例阀上电，自动转向油路导通，比例阀工作油口的压力通过梭形滑阀作用于逻辑阀的 3 口，通过 3 口和 1 口的压差切断拖拉机手动转向油路，实现自动转向。如果驾驶员转动方向盘，P1 口的压力会发生由低到高的跳变，导航控制器立即停止对比例阀的控制，此时比例阀失电，阀芯回到中位，再次进入手动驾驶模式。

（三）路径跟踪算法

1. 拖拉机运动学模型

福田 M1004 拖拉机由前轮负责转向，利用 Ellis 提出的 2 轮车简化模型建立基于后轴中心的拖拉机运动学模型。

假设地面平坦、前进速度不变、忽略车辆离心力和侧滑，将转向机构看作一阶惯性环节，以预定义路径作为横轴 X 建立跟踪坐标系，前进方向为横轴 X 的正方向，跟踪起点的横坐标为零，则可以得到如图 6-12 所示的拖拉机运动学模型。

由图 6-12 可知

$$\left.\begin{aligned}\dot{P}_e &= V\sin\psi_e \\ \dot{\psi}_e &= V\tan\frac{\delta}{L} \\ \dot{\delta} &= \frac{-\delta}{\tau}+\frac{\delta_d}{\tau}\end{aligned}\right\} \tag{6-1}$$

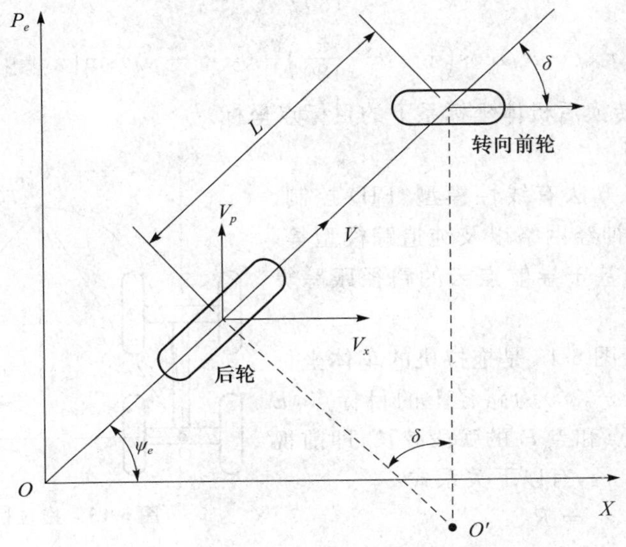

图 6-12　拖拉机运动学模型

图 6-12 中，X 为跟踪距离，m；P_e 为横向偏差，m；ψ_e 为航向偏差，rad；δ 为前轮转角，rad；L 为轴距，m；V 为速度，m/s；式(6-1)中，τ 为惯性时间常数，s；δ_d 为期望前轮转角，rad。

在 δ 和 ψ_e 都比较小的情况下，用一阶泰勒展开式进行线性化，可近似得到拖拉机的运动学模型为：

$$\begin{bmatrix}\dot{\psi}_e \\ \dot{P}_e \\ \dot{\delta}\end{bmatrix} = \begin{bmatrix}0 & 0 & \frac{V}{L} \\ V & 0 & 0 \\ 0 & 0 & -\frac{1}{\tau}\end{bmatrix}\begin{bmatrix}\psi_e \\ P_e \\ \delta\end{bmatrix} + \begin{bmatrix}0 \\ 0 \\ \frac{1}{\tau}\end{bmatrix}\delta_d \tag{6-2}$$

该模型中，轴距 L 已知，速度 V 可以测得，而参数 τ 是未知的。在导航系统中，负责拖拉机转向操作的系统可以视作一阶惯性环节，参数 τ 是惯性时间常数，要获得此参数大小，需要对操纵转向系统的特性进行分析。很明显有以下传递函数

$$H(s)=\frac{Y(s)}{F(s)}=\frac{1}{\tau+1} \tag{6-3}$$

其中，$Y(s)$ 为转向机构输入的拉氏变换，即期望前轮偏角的拉氏变换；$F(s)$ 为转向机构输出的拉氏变换，即实际前轮偏角的拉氏变换。

2. 大地坐标系与车体坐标系转化

由于纯追踪模型的参数是基于车体坐标系下定义的，而农业机械的实时位置是基于大地坐标系下定义的，因此有必要建立 2 个坐标系下的转换公式。

在应用纯追踪模型前将农业机械的目标点位置转换成车体坐标系下的目标点坐标。设x_d、y_d和θ分别为农业机械在大地坐标系下的横轴、纵轴坐标和当前航向角。用x_{goal}和y_{goal}表示纯追踪算法的目标点在大地坐标系下的横轴和纵轴坐标。通过简单的数学运算可得以下转换公式：

$$\left.\begin{aligned} x_{change} &= (x_{goal}-x_d)\sin\left(\pi+\theta\times\frac{\pi}{180}\right)-(y_{goal}-y_d)\cos\left(\pi+\theta\times\frac{\pi}{180}\right) \\ y_{change} &= (x_{goal}-x_d)\cos\left(\pi+\theta\times\frac{\pi}{180}\right)-(y_{goal}-y_d)\sin\left(\pi+\theta\times\frac{\pi}{180}\right) \end{aligned}\right\} \tag{6-4}$$

其中，x_{change}，y_{change}为转换后机体坐标系下的目标点坐标。

3. 路径跟踪模型

常用的路径跟踪方法有线性模型、PID控制、最优控制、模糊逻辑、神经网络以及纯追踪模型等。下面以纯追踪模型和基于导航点云的路径跟踪算法为例进行介绍。

(1) 纯追踪模型：图6-13是拖拉机的车体坐标系$O'x'y'$，其中点$P(x',y')$为路径上的目标点，E为连接车体坐标系原点和点P的弧段弦长，即前视距离，R是该弧段的半径，有以下关系式：

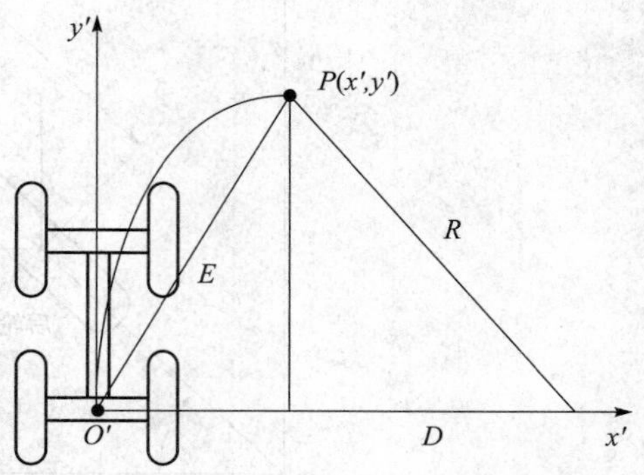

图6-13 拖拉机车体坐标系

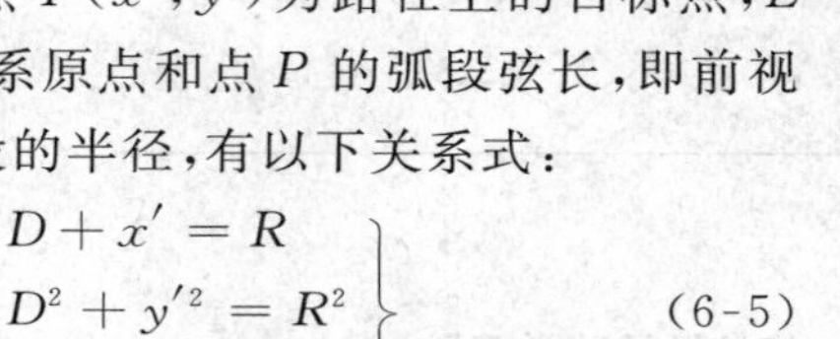

$$\left.\begin{aligned} D+x' &= R \\ D^2+y'^2 &= R^2 \\ x'^2+y'^2 &= E^2 \end{aligned}\right\} \tag{6-5}$$

由式(6-5)可得

$$R=\frac{E^2}{2x'} \tag{6-6}$$

式(6-6)中，x'为跟踪路径上目标点在车体坐标系下的横坐标。x'的计算公式为

$$x'=P_e\cos\psi_e-\sqrt{E^2-P_e^2}\sin\psi_e \tag{6-7}$$

式中，P_e为车体后轴中点相对于跟踪路径的横向误差，车体前进方向偏右为正，偏左为负；Ψ_e为车体当前航向角度与跟踪直线目标航向角度之差。

依据简化的二轮车模型，可知车体转向轮偏角和转弯半径之间的关系：

$$\alpha=\arctan\left(\frac{L}{R}\right) \tag{6-8}$$

式中，α为转向轮偏角；L为车体轴距。

由以上各式可求得在直线跟踪条件下，纯追踪模型计算的转向轮偏角控制量：

$$\Delta_d=\arctan\left[\frac{2L(P_e\cos\psi_e-\sqrt{E^2-P_e^2}\sin\psi_e)}{E^2}\right] \tag{6-9}$$

式中，L为已知，P_e和Ψ_e可以解算获得，只有前视距离E有待确定。农用车辆自动导航中，横向跟踪偏差是衡量控制效果的首要指标，故选用横向跟踪偏差的$ITAE$作为优化指标。

$ITAE$是指时间乘绝对值误差的积分，根据$ITAE$指标设计的系统超调量小、阻尼适中，具有良好的动态特性，故常用于自动控制系统的优化设计。

$$ITAE=\int_0^{\infty} t\mid \mathrm{e}(t)\mid \mathrm{d}t \tag{6-10}$$

利用式(6-10)即可对不同前视距离条件下得到的横向跟踪误差数据进行对比分析，使该值减至最小的前视距离即为最优值。

(2) 基于导航点云的路径跟踪算法：农机需按照事先规划的作业地图开展田间生产任务。作业地图既规定了行驶路径，也包含了作业机具的控制信息。行驶路径既有直线也有曲线，一般以点云的形式顺序存储在地图文件中。每个导航点包含空间坐标、作业控制等基本信息，可表示为导航点的集合 $\boldsymbol{\Omega}$。

$$\boldsymbol{\Omega}=\{\omega_i \mid \omega_i \in E^3, 0<i<N\} \tag{6-11}$$

其中，$\omega_i=(Lat,Lon,Code)$ 包含了每个导航点的经度、纬度和作业信息，N 为作业地图中导航点的总数量。

导航控制的目的是保证机器以最小横向偏差和最小航向偏角沿规划路径行驶。因此，机器相对于当前作业路径的横向偏差 ε 和航向偏角 $\Delta\Phi$ 需要实时计算并用来确定转向角。在此，从导航点集合 Ω 中取出机器附近导航点 $\omega_i^*=(Lat,Lon)$ 的集合，形成导航点子集 Ω^*，

$$\boldsymbol{\Omega}^*=\{\omega_i^* \mid \omega_i^* \in E^2, 0<i<N^*\} \tag{6-12}$$

由导航点子集组成的导航路线如图 6-14 所示，在 UTM 直角坐标系下，可计算出机器相对于作业路径的横向偏差 ε 和航向偏角 $\Delta\Phi$。

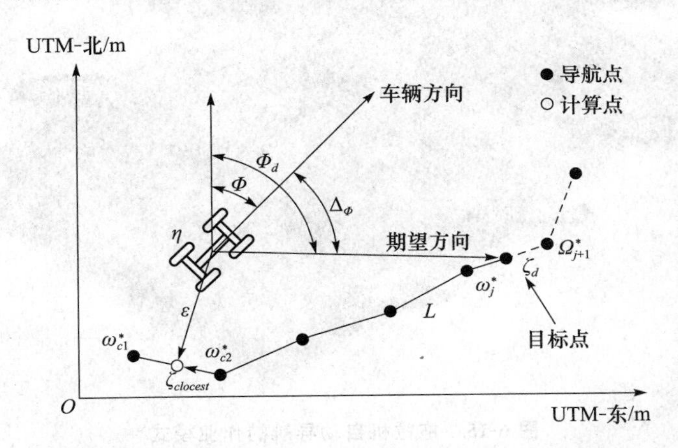

图 6-14　作业路径及横向偏差 ε 和航向偏角 $\Delta\Phi$ 的计算

图 6-14 中，Φ 和 Φ_d 分别是当前航向和期望航向；η 是机器当前位置，$\eta\in E^2$。关于横向偏差 ε 的计算，首先在作业路径中搜索距离 η 最近的 2 个导航点 ω_{c1}^* 和 ω_{c2}^*，此 2 点可由公式(6-13)和(6-14)表示。

$$\omega_{c1}^*=\{\omega_i^* \mid \min_{i=1}^{N}(\|\eta-\omega_i^*\|), \omega_i^* \in \boldsymbol{\Omega}^*\} \tag{6-13}$$

$$\omega_{c2}^*=\{\omega_i^* \min_{i=1}^{N}(\|\eta-\omega_i^*\|), \omega_i^* \in \boldsymbol{\Omega}^*, \omega_i^* \neq \omega_{c1}^*\} \tag{6-14}$$

当机器行驶方向是 $\omega_{c1}^*\rightarrow\omega_{c2}^*$ 时，横向偏差 ε 即为 η 到矢量 $\omega_{c1}^*\omega_{c2}^*$ 的垂直距离。关于航向偏角 $\Delta\Phi$ 的计算，首先需要确定机器的期望航向 Φ_d。设导航过程中的前视距离为 L，其定义为由导航路径上最近点 $\xi_{closest}$ 到点 ξ_d 的折线距离之和，而 ξ_d 必定落在区间 $[\omega_j^*, \omega_{j+1}^*]$ 之内。根据 L 的定义，导航点 ω_j^* 和 ω_{j+1}^* 即可由公式(6-15)和(6-16)表示。

$$\|\omega_{c2}^*-\xi_{closest}\|+\sum_{i=c2+1}^{j}\|\omega_i^*-\omega_{i-1}^*\|\leqslant L \tag{6-15}$$

$$\|\omega_{c2}^{*}-\xi_{closest}\|+\sum_{i=c2+1}^{j+1}\|\omega_{i}^{*}-\omega_{i-1}^{*}\|\geqslant L \tag{6-16}$$

矢量 ξ_d 可表示为 ω_j^* 和 ω_{j+1}^* 的函数，如式(6-17)所示。

$$\xi_{\mathrm{d}}=\tau\omega_{j}^{*}+(1-\tau)\omega_{j+1}^{*},0\leqslant\tau\leqslant 1 \tag{6-17}$$

式中，τ 为比例系数。

则期望航向即矢量 $\overrightarrow{\eta\xi_{\mathrm{d}}}$ 的方向，表示为式(6-18)

$$\Phi_{d}=\cos^{-1}\left(\frac{\xi_{d}-\eta}{\|\xi_{d}-\eta\|}\cdot\mathrm{d}_{N}\right) \tag{6-18}$$

其中，d_N 是指向 UTM 坐标正北方向的单位矢量，由此可得航向偏差 $\Delta\Phi$：

$$\Delta\Phi=\Phi-\Phi_{d} \tag{6-19}$$

三、导航模式

拖拉机的行走分为道路行驶和田内行驶。田内行驶又可细分为直线或曲线行驶以及地头掉头。如图 6-15 所示，为适应地形和农艺的要求，拖拉机在田内有多种作业模式。

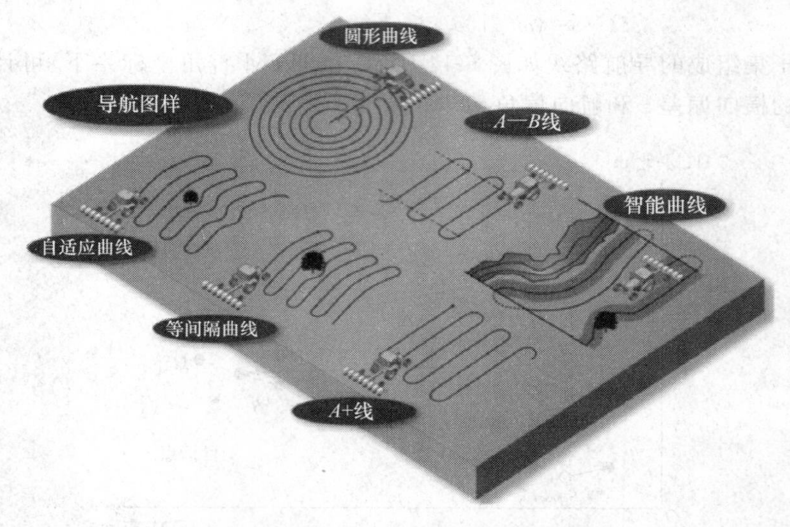

图 6-15　拖拉机自动导航的作业模式

1. A—B 线

A—B 线模式适用于规则农田，由拖拉机手在田内确定点 A 和点 B，即可获得 A—B 线。所有其他的导航线行均与第一行保持固定距离（工作幅宽的整数倍），这意味着农田被分割为独立的作业条带，在工作时 1 个条带接 1 个条带地作业。

2. A＋线

A＋线模式适用于清楚作业地块的确切方位，通过输入 A 点与地块方位后生成 A—B 线。

3. 等间隔曲线

等间隔曲线模式记录了点 A 和点 B 之间的确切路径，所有的导航线都将匹配该路径。

4. 自适应曲线

自适应曲线模式与等间隔曲线模式相似，它沿着曲线提供引导，但是自适应曲线模式会在每个条带完成之后更新，以融入农机手所做的任何偏差，它不断地记录路径，并提供与最后驾驶的路径相匹配的引导。

5. 圆形曲线

圆形曲线模式适用于指针型(圆形)喷灌农田，通过设置第一个圆形的作业路径，然后拖拉机在它的一边工作，并将自动保持1个工作幅宽的距离。

6. 智能曲线

智能曲线模式是一种高级导航作业模式。在直线段作业时以$A—B$线行驶，在曲线段作业时则以自适应曲线行驶。通过这种组合，智能曲线模式可用于创建非圆形螺旋或多条不规则形状的曲线导航线。

四、路径规划

在农机GNSS自动导航技术中，需要预先规划农机在地块中的作业路线，它是农机路径跟踪的基准路线。在进行地块作业路线规划时，作业时间最短、行程最近、作业空间最大化、燃油消耗最少等最优化指标是需要考虑的重要问题，也是实现作业路线规划的最优化目标。另外，农机作业类型、作业幅宽、作业速度、作业物料装卸时机以及农业机械的最小转弯半径、最大转向角变化率等指标和参数也需要在路线规划时给予充分考虑。

针对我国农田边界划分的基本特点，农业机械田间作业路线规划的基本方法如下。

(1) 利用GNSS接收机测量田块边界，确定农田边缘，为后续路径规划提供参照。

(2) 根据农业机械田间作业的经验，考虑以矩形最长边为基准边规划农业机械田间作业路线(转弯少)。

(3) 根据实际情况以及最优原则选择合适的转弯方式。

一般的农机地头转弯有半圆形、梨形、鱼尾形3种基本转弯模式；有跨行作业的要求，或者幅宽大于转弯半径的，其转弯模式类似于半圆形转弯模式，即弓形转弯模式。4种转弯模式如图6-16所示。

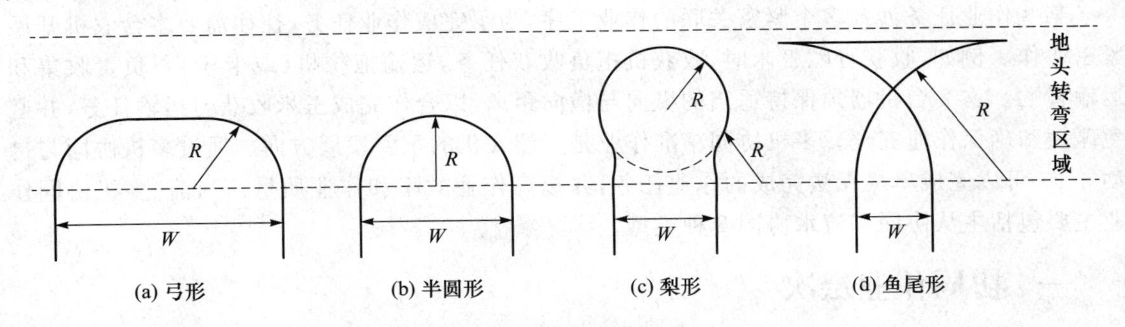

图 6-16　地头转弯模式

图6-16中，R为农机的最小转弯半径，W为机具幅宽。农机在田间自动导航作业时，地头转弯模式的通常选择规则如下。

1) 当$2R<W$时，选择弓形模式；

2) 当$2R=W$时，选择半圆形模式；

3) 当$2R>W>R$时，选择梨形模式；

4) 当$R>W$时，选择鱼尾形模式。

选择鱼尾形模式进行转弯时，农机需要倒车，农机自动导航系统也必须适应倒车导航。

（4）根据实际情况以及最优原则选择合适的行走路线。

除地头转弯的作业区域外，农机一般是沿直线行走，根据不同作业要求，行走方式主要有"S"形路线、"口"字形路线、"回"字形路线和对角形路线等，如图 6-17 所示。

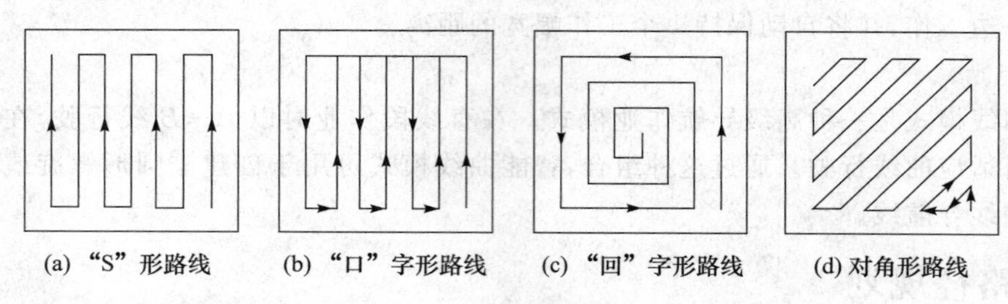

(a) "S" 形路线　(b) "口" 字形路线　(c) "回" 字形路线　(d) 对角形路线

图 6-17　农机田间行走路线

农机田间作业区域相对比较大（例如 10 亩以上）时，且大角度转向比较容易的，采用 S 形路线规划，没有路径重叠和较难的地头转弯、且作业总路径最短，此方式适合于绝大多数情况下的田间路径规划。"口"字形路线在地块边界有重复路径，适用于农业机械田间作业区域相对比较小（例如 10 亩以下）、大角度转向比较困难的场景；"回"字形作业时总路径和 S 形路线一样，但是农机在行走过程中转弯次数会增多，并且农机在完成田间作业后，难以选择合适的路径返回，额外增加了田间行驶路径，但其在收获作业路径规划时具有一定的优势；对角形路线在播种、收获等作业环境中较少使用，一般只用于特定的作业要求，如农田耙地等，为了多方向、全面的松散土地时，可以选择该行走方式。

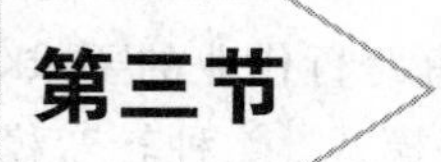

第三节　基于GNSS的多机协同作业与导航

某些作业任务涉及多个紧密关联的作业工序，为了完成作业任务，往往需要多台农机开展紧密协作。例如，收获青贮玉米时，收获机担负收获任务，运输拖拉机（或卡车）则负责收集和运输青贮。这 2 台机器须保持适当的纵向与横向距离，以合作完成玉米收获与运输任务，并避免碰撞和确保作业安全。多机协同精准作业是智能农机的重要发展方向。通过多机协同与自动导航，可以完成单机无法完成的作业任务，并提高作业效率和作业质量。当前，多机协同作业主要包括主从协同和流水协同 2 种类型。

一、协同作业层次

通过空间、时间和工序的有机协同，可以提高农机利用率和作业效率。依据农机作业的空间范围，多机协同作业可以分为区域、部门、田间和田内 4 个层次（图 6-18）。

（一）区域协同

农业机械在区域间流动作业，可以弥补区域间的农业机械资源分布不均衡的问题。不同区域的作物播种期和收获期存在差异，这种差异吸引农业机械开展跨区域作业。

区域协同的典型例子是小麦跨区机收作业（图 6-19）。在小麦收获季节，基于南、北小麦成熟期的差异，大量小麦联合收获机自南向北开展跨区收获作业。这种自发的跨区机收，有效地缓解了各地联合收获机区域分布的不均衡问题。特别是在突发天气发生时，通过区域间的农业机械调度，可以有效地应对极端天气对粮食收获造成的不利影响。

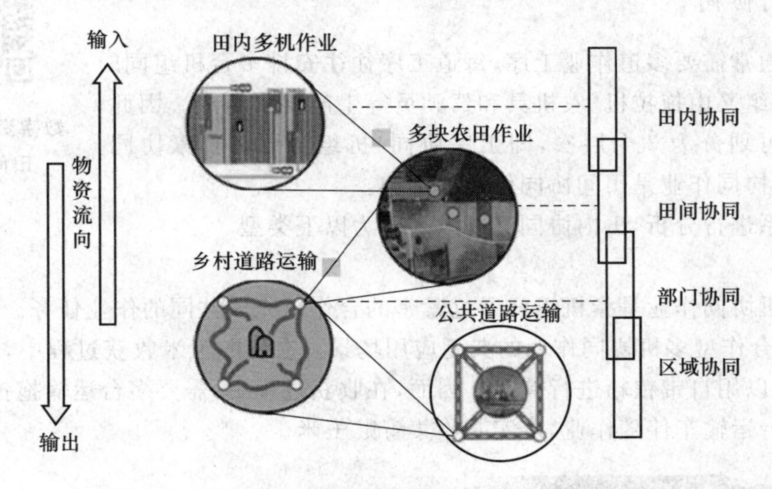

图 6-18 机群协同作业层次

图 6-19 小麦收获机开展跨区作业

数字资源 6-8 跨区作业

（二）部门协同

由于农机作业的订单数量存在一定的不确定性，而农机合作社的农机数量难以随时调整。此时，在一定的区域内，开展部门间的农机协同作业，可以有效地应对作业订单的变化。

当前，中国在农机服务专业合作社的基础上，成立合作社联合社或联合会，是部门协同的典型事例。联合社是合作社法人之间的联合，工作内容主要以协调成员之间、成员与市场之间的关系为主，主要解决单一合作社无法发挥的作用和合作社相互之间供求矛盾。联合社包括生产型联合社、营销型联合社、产业链型联合社和综合型联合社等类型。

（三）田间协同

为在有限的作业周期内完成农机作业任务，农场或农机合作社往往组织机群田间协同作业，将农机资源在时间和空间维度上进行合理的配置。

欧洲某农场在田间开展机群协同作业，依据田块面积和田块间距离，开展机群时空调度，可以减少约 9.8%的作业时间（数字资源 6-9）。田间作业协同可以更有效地组织和管理机群，在作业周期内，各田块通过逐次完成播种作业，将有利于收获机采取同样的流动策略，以统一作物的生长期。

数字资源 6-9　农机田间协同作业

（四）田内协同

同一田块通常需要多道作业工序，每道工序往往安排多台机组同时作业，而每台机组又由拖拉机、农机具和驾驶员等生产要素组成。因此，田内协同作业可划分为 3 个层次，即工序协同、机组协同和要素协同。可以看出，田内协同作业是田间协同作业的延伸。

从紧密关系进行分析，田内协同又可以划分为以下类型。

1. 合作型

合作型多机协同作业是指机组间通过紧密的合作以完成共同的作业任务。

图 6-20 为合作型多机协同作业的典型应用场景。在青贮玉米收获过程中，由于玉米收获量大，收获机难以用自带粮箱进行储存。因而，在收获过程中，需要多台运输拖拉机配合工作，并始终需要一台运输车伴随作业，以实时收集青贮玉米。

图 6-20　合作型多机协同作业场景

数字资源 6-10　合作型多机协同作业视频

合作型的农业机械有着共同的工作目标，并各司其职，共同完成某项作业任务。图 6-20 中，收获机是主机，运输车是从机，因而这种作业模式又称之为主从协同作业。

在主从协同作业中，主机和从机不仅应保持相同的前进速度，而且要保持合适的纵向距离与横向距离。横向距离过近，易造成机器碰撞；距离过远，则会导致收获机抛出的青贮玉米无法进入运输车的拖斗，造成粮食损失。

2. 协作型

协作型协同作业是指在目标实施过程中，机组与机组之间要相互协调与配合。

图 6-21 是协作型多机协同的典型作业场景。在小麦收获过程中，为了顺序完成作业任务，组织多台收获机协同作业。为了避免碰撞、遗漏和重叠，多台收获机往往按照一定的次序和间距进行作业。在协作型多机协同作业中，各机器独立完成自己的作业任务，但相互之间存在一定的协调，如路径、航向与间距等。

在协作过程中，有时会指定 1 台或多台机器为主机，其余机器跟随主机作业，这种作业模式常称之为领航-跟随作业。但在作业过程中，主机和从机的地位可以变更。因此，协作型的多机关系相对较为松散。

3. 协调型

协调型协同作业是田内作业机组开展农机作业时，作业机组之间和谐一致、配合得当。

图 6-21　协作型多机协同作业场景

图 6-22 为协调型多机协同作业示意图。在多熟地区，为缩短农机作业时间，规模化的农机合作社往往采取协调型多机联合作业模式，或称之为流水作业模式。这种作业模式，往往在一块农田中安排多道工序，每道工序安排多台机组，不同工序间开展交叉作业。缩短农机作业时间的关键是缩短作业工序之间的衔接时间，因此，合理规划机群的作业路径与准确预估各个工序的完成时间是流水作业的关键。

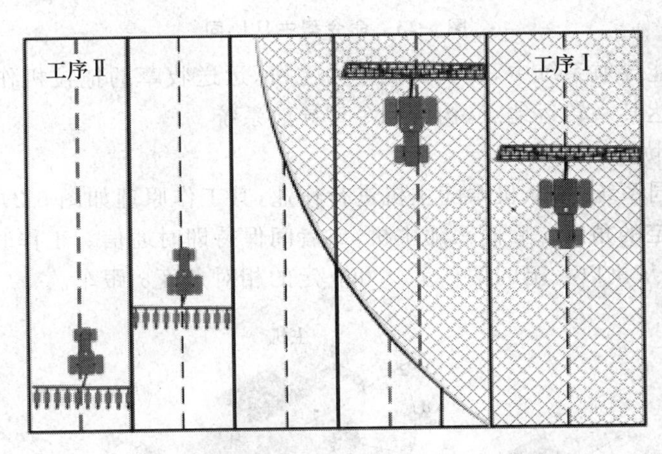

图 6-22　协调型多机协同作业示意图

从以上 3 种田内多机协同方式可知，为确保机器安全、减少作业重叠和遗漏，多机协同需要利用 GNSS 自动导航技术以提高作业精度，并通过共享导航线，提高机群的整体作业精度和作业效率。

二、主从协同与导航

多机协同作业农机自动导航系统通常以一台农业机械作为主机，另一台或多台农机为辅助机器（从机），构建合作型主从作业系统。从机可以跟随主机协同完成田间工作，如收获、耕地或播种。因为主机由驾驶员操作，特殊情况下驾驶员可远程控制从机紧急制动，从机的安全性容易保证。而且，农业生产过程中存在很多复式作业，在这种场合采用多机协同作业方式，由一名农机操作人员控制多台农机共同完成复合作业任务，更能实现提高农业资源利用率和降低生产成本的目标。

（一）系统分类

主从协同与导航系统通常有 2 种模式。

1. 命令型主从协同

如图 6-23，命令型主从协同系统中，主机通知从机直接到达某一指定位置。

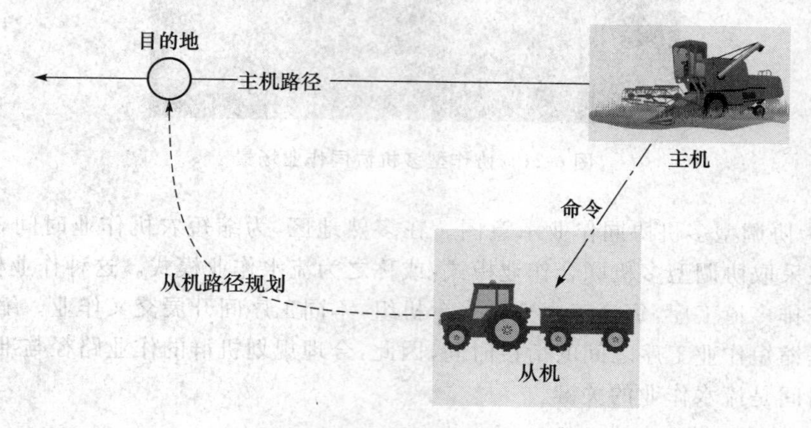

图 6-23　命令型主从协同

在牧草收获智能导航系统中，收获机械作为主机，运送牧草的拖拉机作为从机，由主机发出指令通知从机到达某一转运地点，构成命令型导航系统。

2. 跟随型主从协同

跟随型主从协同系统中，从机跟随主机进行作业，其工作原理如图 6-24 所示，从机在给定的相对距离 d 和给定的角度 α 后面跟随主机，二者间保持即时通信。工作时，主机向从机传递一个初始命令，通知从机以一定的偏移量 d 和一定的相对角度 α 跟车。

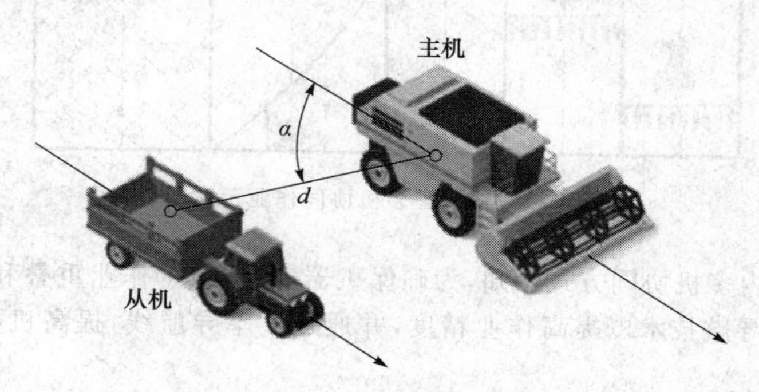

图 6-24　跟随型主从协同

在联合收获机智能导航系统中，联合收获机作为主机，运送谷物的拖拉机作为从机，在作业过程中主机向从机发出保持一定相对角度和距离行走的命令以及自己的位置信息，从机按照主机的车辆信息和所指示的相对角度及距离自动跟随行走，构成跟随型导航系统。

（二）系统组成

主从导航系统中，通常以一台农业机械作为主机，另一台或多台农机为从机。从机可以追随主机在未知环境中协同完成田间工作。如图 6-25 所示，主从导航系统包括主机自动导航系统、从机自动导航系统和服务器端。单机结构包括定位单元、控制单元、车间通信单元、远程通信单元和车载终端 5 部分。

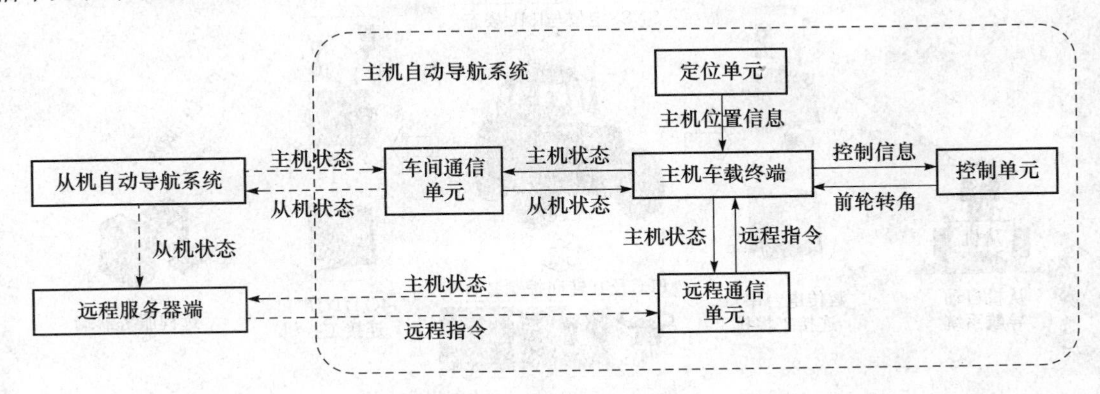

图 6-25　主从导航系统组成

工作时，主机与从机采用全自动导航方式，主机和从机间采用无线方式进行通信，传输的信息包括命令、状态和请求 3 种信号格式。以跟随型主从导航系统为例，主机在直线作业时，处于自动导航模式；在地头拐弯或遇到障碍物时，可切换至人工操作模式。从机在整个作业过程中，一直处于自动导航模式，或者跟随主机作业，或者按照主机的指令到达某一位置。

（三）应用实例

选择 1 台 M904-D 型拖拉机作为主从协同农机自动导航系统的主机，首先根据导航系统的技术要求，对车辆进行改装，主机实物图如图 6-26 所示。在拖拉机上安装了双天线 GNSS、IMU 和前轮转角传感器，用于对农机参考中心的位置、速度、航向、横滚角、俯仰角以及前轮转角进行实时检测。通过安装步进电动机与转台、电动机驱动器、可编程逻辑控制器，对方向盘的转动进行控制进而实现农机的自动转向。工控机作为车载控制终端，实现信息的采集和决策控制。车间通信模块选用无线数传电台，与工控机通过 RS232 串口连接，进行主、从机之间状态信息的收发。远程通信模块采用 4G DTU，与工控机通过 RS232 串口连接，经 TD-LTE 网络实现农机自身状态信息上传至远程服务器，同时主机也可接收远程协同控制指令。主从导航系统转向控制装置由 PLC 控制器实现自动转向控制。

三、流水协同与导航

（一）基本概念

在多熟种植区，为提高作业效率和抢墒播种，农机组织和大型农场往往在田间和田内组织机群流水作业，属于协调型的机群作业模式。这种作业方式借鉴了先进的工业制造思想和方法，不仅在中国普遍存在，在欧洲和日本等地也较为常见。

机群流水作业是指在同一块农田内，安排有多道农机作业工序，在某道工序进行中时，同时安排后一道工序或多道工序作业，以提高作业效率，缩短农机作业的整体时间。

如图 6-27 所示，华北某国家级示范社为例，在某块约 12.3 hm^2 的农田播种冬小麦时，投入撒肥机组 1 台、耙地机组 2 台、犁地机组 3 台、旋地机组 6 台和播种机组 5 台。

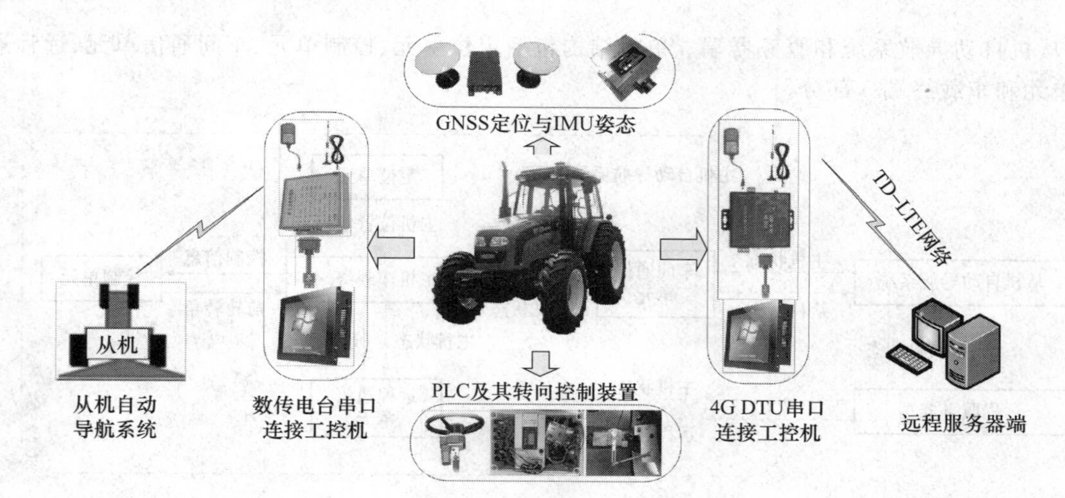

图 6-26 导航系统主机实物图

(a) 撒肥 (b) 耙地 (c) 犁地

(d) 旋地 (e) 播种 (f) 多机协同

图 6-27 机群流水作业

工序间的衔接情况如图 6-28 所示。在 9 月 26～28 日的 3 天作业时间内，撒肥与耙地、犁地与旋地和旋地与播种等相邻工序安排了交叉作业。

（二）流水作业自动导航

由于缺乏导航手段，流水作业难以保障机群作业精度，存在较为严重的重叠和遗漏现象。作业工序越多、作业机组越多，其整体作业质量越差。如利用 GNSS 自动导航技术，则可以有效地提高流水作业精度和机群协同效率。由于流水作业涉及多道工序，每道工序又有多台机组，因而需要通过自组网和协同系统进行机群的位置、状态和进度等信息的交互。

数字资源 6-11 机群流水作业系统架构图

1. 系统组成

机群流水作业协同体系如数字资源 6-11 所示。协同体系主要包括 3 个组成部分，即车载自动导航系统、移动通信网络和农机协同作业管理系统。

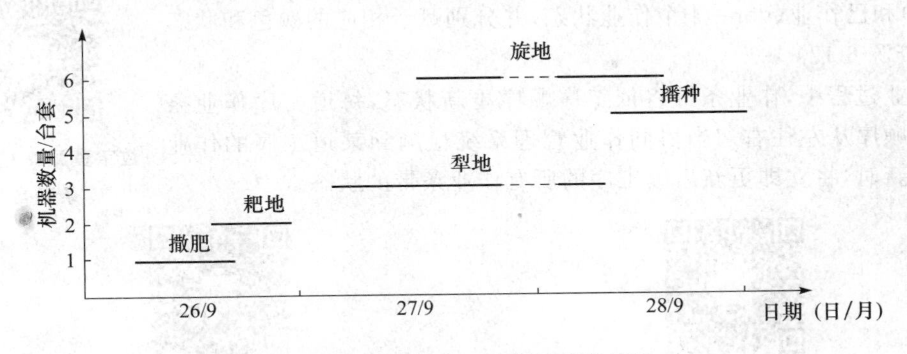

图 6-28　流水作业工序间的衔接情况

数字资源 6-11 描述了 2 道工序的作业场景，每道工序各有 2 台机组。当第一道工序为第二道工序准备好足够的工作面后，第二道工序就可以进入农田作业。协同作业管理系统为工序间和工序内的机组提供协调，车载自动导航系统为驾驶员提供路径引导和自动导航。通过作业状态和作业进度的共享可以确保机组的安全和作业的连续。

2. 协同作业管理系统

协同作业管理系统担负着农田管理、作业监测和作业调度等任务。

如图 6-29 所示，根据作业任务和机具幅宽，协同作业管理系统在农田的左侧边设置基准导航线（AB 线），将农田分割成作业条带。第 n 道工序的第 i 个作业条带表述为 S_i^n，其中心线即为该条带的作业导航线，如 AB_i^n。农机在自动导航系统的控制下跟踪导航线，可以避免农机作业重叠或遗漏。

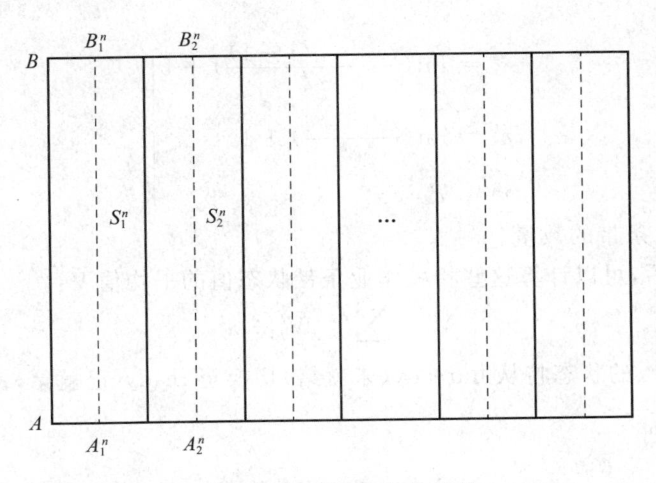

图 6-29　农田作业条带分割

不同工序的机具作业幅宽往往不相等，因此每道工序均有自己的作业条带。作业条带是一个虚拟和动态的概念。

3. 相邻工序协同

流水作业中,后道工序的作业计划与安排依赖于前道工序的作业进度。为便于状态更新和可视化表达,将作业条带定义未就绪(unready)、已就绪(ready)、正作业(doing)和已作业(done)4 个作业状态,并分别赋予相应的颜色和状态值(数字资源 6-12)。

数字资源 6-12 作业条带含义

在作业过程中,作业条带将依工序顺序更新状态,每道工序作业条带的更新顺序从左往右。当协同作业管理系统检测到某道工序的作业条带有更新时,将立即更新后续工序的所有作业条带的状态。

数字资源 6-13 相邻作业条带状态更新

数字资源 6-14 相邻作业条带状态更新动画

以 2 道作业工序为例说明相邻工序的作业条带更新方法(图 6-30)。图中,O^{k+1} 的 S_3^{k+1} 条带的作业状态取决于前道工序 O^k 的 3 条相关作业条带的状态,即 S_4^k、S_5^k 和 S_6^k 的状态。显然,当且仅当这 3 条作业条带的状态变更为 done(已作业)时,S_3^{k+1} 的作业状态才会从 unready(未就绪)转换为 ready(已就绪)。

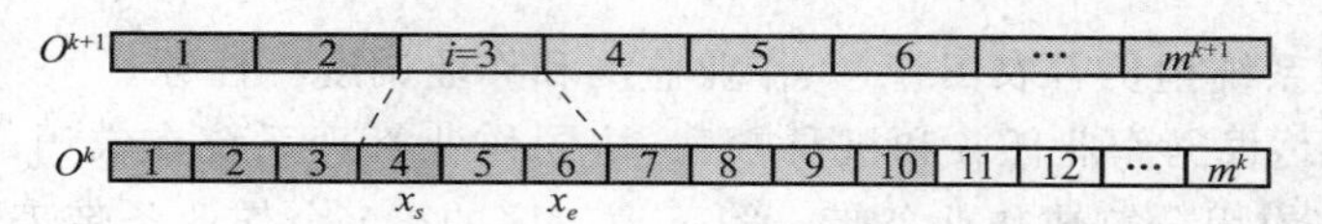

图 6-30 相邻作业条带状态更新

为更新当前作业条带的状态,需要确定前道工序条带的起始 ID(x_s^k)和终止 ID(x_e^k),如式(6-20)所示。

$$\left.\begin{aligned} x_s^k &= \operatorname{int}\left(\frac{w^{k+1}\times(i-1)}{w^k}\right)+1 \\ x_e^k &= \operatorname{int}\left(\frac{w^{k+1}\times i}{w^k}\right)+1 \\ n^k &= x_e^k - x_s^k + 1 \end{aligned}\right\} \tag{6-20}$$

式中,n^k 为相关作业条带的数量。

获得以上参数后,可以计算这些相关作业条带状态值的平均值 $\overline{V}$:

$$\overline{V} = \sum_{j=x_s^k}^{x_e^k} V_j^k \div n^k \tag{6-21}$$

如 $\overline{V}=3$,则 S_i^{k+1} 的状态将从 unready(未就绪)切换至 ready(已就绪)。

(三)路径规划

流水作业涉及多道工序协同作业,路径规划较为复杂。原则上,流水作业路径规划需要考虑以下因素。

(1)优化工序间的衔接时间,以缩短整体作业时间。多道工序的总作业时间,首先取决于单道工序的作业时间,其次取决于工序间的衔接时间。衔接时间越短,则总作业时间越短,这体现了流水作业安排的优势。

(2) 确保农机可以连续作业，避免中途停机等待。合理的衔接时间，可以保证前道工序始终为后道工序留出足够的工作面，避免后道工序中途停车等待。

(3)应确保工序间和工序内的农机安全距离，避免发生碰撞。如衔接时间过短，易造成机群密集作业，机组间不能保持合适的安全距离。因此，在确定流水作业的衔接时间时，不能过于追求总作业时间最短，还应考虑机组的安全，避免作业过程中发生不必要的碰撞。

第四节 联合收获机行引导原理

基于触杆传感器的行引导(Row Guidance，又称行导航)技术不依赖于 GNSS 定位，直接引导农业机械实现转向自动控制，尤其适用于进行行间作业的联合收获机。

一、工作原理

接触式行引导系统包括接触式传感器和导航控制系统 2 部分。接触式传感器通过运动过程中机械触杆与田间作物接触受力，使触杆结构上的传感器产生角度信号，检测机器相对于作物行或垄的偏离位置。导航控制器对传感器采集的角度信号进行分析与处理，结合当前农机前轮的角度信息，计算前轮的转向角度，从而控制前轮的行驶方向。

图 6-31 为一种行引导系统，主要包括分禾器、转轴、触杆和角度传感器。当触杆受压转动时，角度传感器将测量的角度信息传输至导航控制系统，实现农业机械的自动导航。

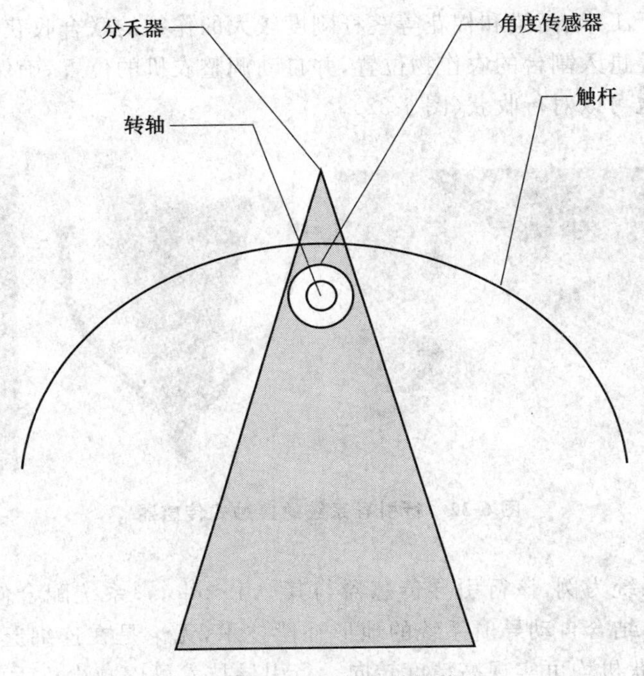

图 6-31 行导航系统结构

（一）接触式传感器

接触式传感器的关键部件是触杆。作为导航参照物的作物的刚度较小、容易弯曲而且株距不一定一致，为了降低感应误差，触杆设计采用对称型结构，并且触杆检测范围形成一个半椭圆形。这种结构能够保证机器前进过程中，左侧偏离时触杆逆时针转动，右侧偏离时触杆顺时针转动，触杆转角方向与机器偏离方向是一致对应的，便于导航控制器对拖拉机偏离状态进行判断。

探测触杆受压转动的方法主要有 2 种。①在触杆的转轴上安装 1 个角度位移传感器，探测触杆受力转动的角度，向导航系统实时输出角度数值。②在分禾器中安装 1 个霍尔传感器，在触杆的转轴附近安装 1 个磁片，当磁片随着触杆的转动而接近或远离霍尔传感器时，霍尔传感器将输出变化的电压，经模数转换后为导航系统所利用。

（二）导航控制系统

导航控制系统根据接触式传感器检测到的触杆转角信号判断机器偏离的程度，计算前轮目标转角的方向和大小，生成转向控制信号发送给转向驱动系统实现前轮的转向控制。

接触式传感器提供的路径探测信号主要是触杆的转角信号，分析检测到的信号找出与目标转角之间的联系，对触杆进行受力分析建立起数学模型，然后通过农业机械的液压转向油缸或方向盘和导向前轮进行自动控制。

二、应用实例

该技术通常用于玉米、高粱和棉花等茎秆刚度较大的作物的联合收获机上，分禾器两侧的传感器可以持续监控进入割台的农作物位置，并自动调整农机的位置，确保农机在能见度低或高速运行的情况下也可以对行收获（图 6-32）。

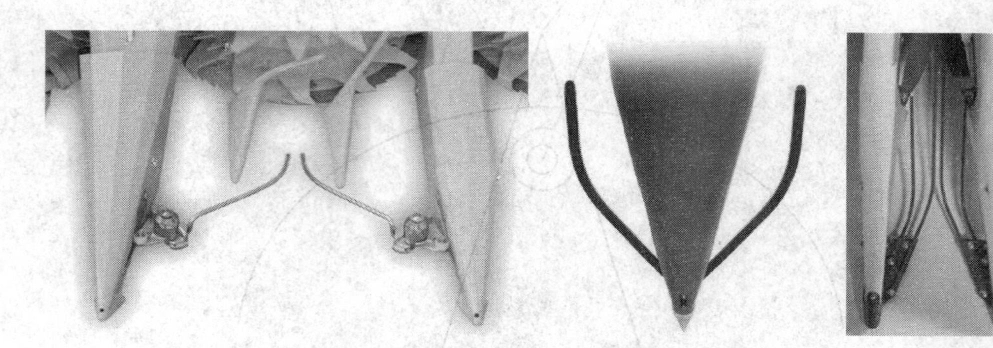

图 6-32　行引导系统的接触式传感器

以天宝行引导系统为例，该行引导传感器与其 Autopilot™ 系统配合使用，可沿作物行自动操纵联合收获机。结合自动导航系统的地形补偿技术，无论是在连绵起伏的丘陵，或山坡、崎岖的地形，联合收获机均可实现高精度转向。行引导技术可以减少机手的驾驶难度，提高农业机械作业质量。图 6-33 为行引导的实际作业场景。

图 6-33　行引导实际作业场景

数字资源 6-15　行引导作业视频

第五节　农业机械视觉导航原理

农机视觉导航的主要目的是引导农业机械自动行走并开展对靶施药等精准作业。与手动驾驶相比，通过动力机械和农机具跟踪实际的作物行或垄，可以减少作物损坏、减轻驾驶员疲劳，并以更高的速度开展农机作业。

一、概述

机器视觉主要用计算机来模拟人的视觉功能，但并不仅仅是人眼的简单延伸，更重要的是具有人脑的一部分功能——从客观事物的图像中提取信息，进行处理并加以理解，最终用于实际检测、测量和控制。机器视觉已广泛应用于机器定位与导航。

根据视觉传感器数量的不同，视觉定位技术可以分为单目视觉定位技术、双目视觉定位技术和全方位视觉定位技术。目前，双目视觉在农机导航中应用较为普遍。双目立体视觉是基于视差原理，由多幅图像获取物体三维几何信息，重建周围景物的三维形状与位置。双目视觉有时候也会被称之为体视，是人类利用双眼获取环境三维信息的主要途径。随着机器视觉理论的发展，双目立体视觉在机器视觉研究中将发挥越来越重要的作用。

二、工作原理

计算机视觉导航系统主要包括图像获取系统、图像处理系统和自动导航控制系统。

在农机作业过程中，计算机视觉导航系统完成的主要步骤为：①根据颜色或光谱反射信息对目标进行区分。②根据二值图像的形状特征或灰度图像的纹理特征进行目标的特征识别。③根据三角测距原理等理论对目标进行深度距离测量，获得目标的三维坐标。④以上述参数作为输入，由自动导航系统控制农机，实现行走与作业的自动导航。

图 6-34 即为基于机器视觉的行作植物自动导航机器系统，拖拉机的顶部安装有 2 台 CCD 摄像机作为视觉传感器[图 6-34(a)]，随着机器的行进，摄像机连续拍摄前方的景象，图 6-34(b)为拍摄到的图像例，图像处理系统首先将图 6-34(b)所示的图像二值化，然后再经过一系列的滤波、傅立叶变换、小波变换等适当的数学处理，就可以得到图 6-34(c)所示的二值化导航图，经测量目标的深度距离，获得图中的 2 条直线，即被用来引导机器前进。

(a) 作业机组

(b) 图像二值化

(c) 二值化导航图

图 6-34 机器视觉应用于行作植物自动导航机器系统

三、深度距离测量原理

在完成目标的特征识别后，需要根据三角测量原理，利用物体在 2 个视点的图像计算出目标的深度距离，获得其三维坐标。

图 6-35 中，f_e 为摄像机的焦距；B 为基线距离，即左、右相机投影中心线的距离；O_l、O_r 分别为左、右摄像机的光心；P 为空间中的 1 点，坐标为(x_p, y_p, z_p)，其在左、右图像上的成像点分别为 p_l 和 p_r，坐标相应为(x_{pl}, y_{pl})和(x_{pr}, y_{pr})。

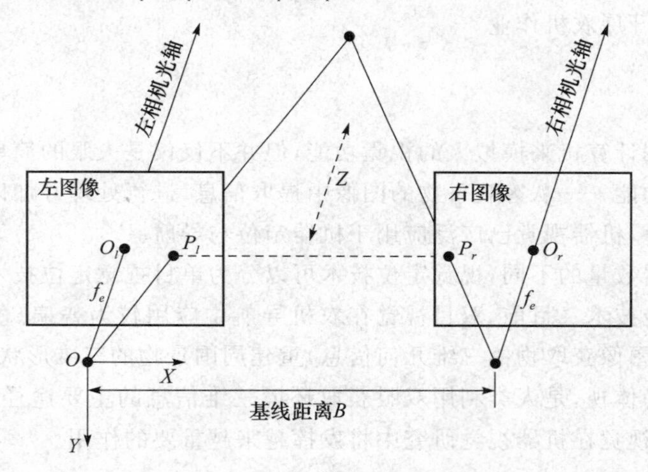

图 6-35 双目视觉定位示意图

若左、右图像是行对准的，即 $y_{pl}=y_{pr}$，则根据三角测量原理有：

$$\left.\begin{aligned} x_{pl} &= f_e\frac{x_p}{z_p} \\ x_{pr} &= f_e\frac{x_p - B}{z_p} \\ y_{pl} &= f_e\frac{y_p}{z_p} \end{aligned}\right\} \tag{6-22}$$

再根据视差计算目标点在摄像机坐标系下的三维坐标(x_p, y_p, z_p)。所谓视差就是从有一定距离的 2 个点上观察同 1 个目标所产生的方向差异。从目标看 2 个点之间的夹角，叫作视差角，2 点之间的连线称作基线。此处视差的基线 $Disparity = x_{pl} - x_{pr}$，由式(6-23)可计算 P 点坐标。

$$\left.\begin{aligned} x_p &= \frac{Bx_{pl}}{Disparity} \\ y_p &= \frac{By_{pl}}{Disparity} \\ z_p &= \frac{Bf_e}{Disparity} \end{aligned}\right\} \tag{6-23}$$

可在这基础上计算在镜头轴线方向目标物至镜头的深度距离 D，

$$\begin{aligned} D &= \frac{d \times B}{Disparity} \\ &= \frac{f_e \times B}{Disparity} \end{aligned} \tag{6-24}$$

其中，物距 D 远大于像距 d，像距与焦距近似相等。

所获得的目标点坐标和深度距离，将作为自动导航控制系统的输入，实现拖拉机和农机具的自动控制。

四、应用实例

数字资源 6-16 为配置了视觉导航系统的中耕机，该系统配备了 3 个摄像头，每个摄像头可以独立控制 4 个种床。通过视觉导航，驾驶员可以在作物之间轻松地驾驶拖拉机，视觉系统确保中耕机或喷雾机保持在正确的轨迹上安全运行，而不会损坏植物。虽然拖拉机没有沿着直线行驶，但从拖拉机轮胎在地面上留下的印迹可以看出，视觉导航一直将中耕机保持在正确的轨迹上。

数字资源 6-16　配置视觉导航系统的中耕机

该视觉导航系统由 3 部分组成：①图像获取系统，包括摄像头与计算机，置于作物行的正上方，通过软件计算作物的位置并生成控制信号。②用于控制转向机构的液压缸和比例阀。③带控制按钮的操作面板与显示器，放置于拖拉机驾驶室内。

第六节　作业精度与误差分析

一、作业精度

作业精度是基于农机田间负载作业进行评定的，农机空驶或在平整硬地面的行驶精度并不能代表农机的实际作业精度。作业精度主要包括跟踪精度、对行精度和重复精度 3 类。

（一）跟踪精度

跟踪精度是指农业机械跟踪预设作业路径的精度。作业路径可以是直线，也可以是曲线，取决于具体的作业模式。如数字资源 6-17，以 A—B 线作业为例，拖拉机作业的预设路径是一条直线，实际行驶路径是一条曲线。

数字资源 6-17　自动导航跟踪精度

横向偏离预设路径的距离，即为自动导航作业的跟踪精度，一般表示为：$\pm D$ 或 $2D$（单位：cm）。因此，D 值越小，跟踪精度越高，自动导航作业的效果越好。图 6-36 中，(a)为人工驾驶播种，(b)为自动导航播种，通过目视即可分辨其跟踪精度的优劣。

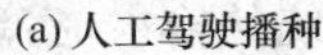

(a) 人工驾驶播种

(b) 自动导航播种

图 6-36 人工驾驶播种与自动导航播种效果对比

良好的跟踪精度是作业质量的基本保障。春播时达到良好的跟踪精度，将便于后续施肥、喷药、收获等环节的自动导航作业。因此，在开展自动导航作业时，宜保存拖拉机播种的作业路径，以为后续作业所复用。

（二）对行精度

对行精度，又称行间距精度、交接行精度、邻接行精度或接茬精度，是指相邻 2 条作业条带间的距离误差，一般表示为 $\pm D$ 或 $2D$（单位：cm）。提高对行精度，可以减少作业重叠或遗漏，有效地提高土地利用率。对行精度不仅对于播种作业有意义，对于施肥、喷药及收获等作业，同样可以提高农资施用和作业的精度。显然，对行精度很大程度上取决于跟踪精度。

数字资源 6-18 自动导航对行精度

农机作业不仅要求保障直线（或曲线）行走精度，同时也要求保障对行或接行精度。而且要求在拖拉机转弯或掉头后，能够自动实现精确对行，以提高作业质量和作业效率。

以播种作业为例，在自动驾驶导航系统应用之前，拖拉机播种作业时，一般使用划印器在地面留下痕迹。在相邻条带作业时，将划印器或指印器沿着（或对着）可视痕迹行进，以提高跟踪与接行精度。因此，传统的播种作业，特别是宽行播种作业，对驾驶员的要求很高。在使用自动导航系统后，基于卫星导航的播种机可以省略划印器这一机构。驾驶员通过计算机屏幕设置作业幅宽，就可以由该系统引导作业，保证对行精度。特别是对于大型喷药机和农用航空飞机，由于无法边作业边划印，自动导航系统的优势更加显而易见。在紧急情况下，可以开展夜间作业，有效地增加作业时间。

（三）重复精度

重复精度是指在同一个条带中，不同的 2 次作业跟踪同一条作业路径的精度，一般表示为 $\pm D$ 或 $2D$（单位：cm）。不同年份间所指的重复精度又称年际间重复精度。

以对靶施肥为例，说明重复精度的具体应用和重要性。农场在秋天将固体肥料施入或将液体肥料注入土壤中，第二年春天播种时，希望将种子播种在底肥的斜上方，实现对靶施肥与对行播种，以提高化肥利用率。如利用传统的划印器方法，则难以在土壤表面留下长期留存的印迹，而采用高精度的自动导航系统则容易到达上述要求。

在新疆，棉花精量铺膜播种机广泛应用，可以同时完成铺膜、膜下铺滴灌带和膜上精量播种的全过程，后期可以实现水肥一体化施用[图 6-37(a)]。但由于天气多变，播种后往往遭遇大风，地膜被大面积地撕裂[图 6-37(b)]。运用高精度自动导航系统，可以在灾后进行补种，避免损坏地膜和滴灌带。高精度自动导航系统的应用，在很大程度上满足了农艺对农机的要求。

(a) 棉花精量铺膜播种机

(b) 地膜被大风撕裂

图 6-37　棉花铺膜播种机

重复精度的实现主要取决于差分信号源，即基准站坐标。采用移动基准站作业时，由于难以在田间固定基准站，年际间、不同作业环节间的重复精度无法保证。商业星基差分的精度在5～25 cm，也难以保证高精度的农机作业要求。因此，建设固定基准站或建设基准站网络，是提高重复精度的首要选择。

二、误差分析

拖拉机自动导航作业的误差来源主要包括：与感知有关的误差，与控制有关的误差，与行走有关的误差以及其他误差，如来自于机具牵引等产生的负载误差。见表 6-1。

表 6-1　自动导航误差分析

误差类别	误差来源
感知误差	卫星定位，转角测量，姿态测量
控制误差	路径跟踪(算法)，机械传动，液压控制，方向盘自由行程
行走误差	地形起伏，轮胎打滑，加减速
负载误差	机具牵引，耕作阻力

(一) 与感知有关的误差

与感知有关的误差包括卫星定位误差、姿态测量误差等。

1. 卫星定位误差

卫星定位误差来源于移动站、基准站以及差分信号传输。

移动站在工作时，要求视野开阔，周边无房屋、树林遮挡，无强电磁辐射干扰。一般而言，要求移动站至少有7颗卫星参与定位解算，HDOP值在1.5以下。

基准站在工作时，要求天线位置固定，不能晃动，不受外界干扰。移动式基准站，往往临时放置在田间，易受强风、沉降及人为的影响与干扰。重复作业时，也难以放置在同一个位置，导致基准站的坐标发生随机变化，最终导致移动站位置出现偏差。

移动站与基准站之间的距离称之为基线距离。基线距离越长，误差的空间相关性越弱，差分精度越低。因此，单站差分GNSS作业范围有限，不能无限制地延长作业基线。

差分信号不稳定是自动导航实践中经常遇到的问题。差分信号不稳定的主要原因是通信中断，而中断的原因是无线电信号被遮挡或被削弱，或者移动通信信号弱、掉线。解决差分信号稳定性的方法主要有2个：一是优化GNSS接收机的差分改正算法，GNSS接收机能够利用算法进行短时间的差分信号补偿；二是采用地基为主、星基为辅的差分增强方法，即在地基差分信号中断后，立即切换到星基增强信号或其他可用的差分信号。

2. 姿态测量误差

俯仰、横滚等姿态的测量精度取决于惯性测量单元及其处理算法。在地形起伏较大的农田作业时，如果不利用惯导系统进行补偿，将无法准确计算拖拉机的真实位置。

如用GNSS接收机测量拖拉机的航向，当拖拉机在田间走走停停地作业时，会在重启行驶的短时间内丢失航向，自动导航系统会因此造成较大的行走误差（俗称起步弯）。通过陀螺仪或一机双天线，可以有效地解决该问题。

（二）与控制有关的误差

与控制有关的误差包括路径跟踪算法误差、机械传动误差、液压控制误差、方向盘自由行程误差等。

1. 路径跟踪算法误差

不同的路径跟踪控制算法具有不同的特点。一般而言，路径跟踪算法造成的误差可以通过优化算法加以解决。

2. 机械传动误差

方向盘式自动导航系统通过电机和摩擦轮等机械部件驱动转向轴或方向盘，电机等机电设备属于有间隙传动，摩擦轮在工作过程中也会产生一定的打滑。

3. 液压控制误差

采用液压传动可实现无间隙传动，运动平稳，因此在不发生故障的情况下，液压控制误差较小。

4. 方向盘自由行程误差

方向盘自由行程误差发生在方向盘式自动导航中，自由行程越大，则控制误差越大。

（三）与行走有关的误差

1. 地形起伏

尽管惯性测量单元广泛应用于拖拉机姿态的测量，但地形起伏具有随机性，仍然会给车辆的控制造成误差。

2. 轮胎打滑

拖拉机行驶在湿滑、软硬不均的土地上会发生不同程度的滑转。拖拉机在犁地作业时，常出现一侧驱动轮在未耕地上，另一侧驱动轮在犁沟内，2 轮与地面间的附着系数不同，滑转率各异，致使机组常向一个方向偏驶。轮胎打滑也具有较强的随机性，会导致拖拉机未能按预设的转角和速度行进。

3. 加减速

在自动导航中，横向控制是核心，纵向控制往往不作为控制的重点。在实际作业中，拖拉机经常走走停停、加速减速，非匀速行驶，也会造成行驶误差。平稳地加减速，有利于提高自动导航精度。

（四）负载误差

同一辆拖拉机，开展不同的生产作业时，由于所牵引的农机具不同，导致其具有不同的动力学特性。在不同的农田生产作业时，即使同一辆拖拉机开展同样的生产作业，由于土壤的耕作阻力不一样，其负载也会有所变化。这些因素，都会导致行驶误差。因此，为提高作业精度，需要提高自动导航系统的适应性，及时对系统进行调校。

三、应用效益

自动导航系统在农业中的应用具有以下应用效益。

（一）减少重叠和遗漏，提高农机作业精度

自动导航技术能够提高邻接行精度，基本避免播种作业和肥药施用重叠，或将作业重叠或遗漏控制在±2.5 cm。因此，可以有效地提高土地利用率、农资利用率。

以拖拉机播种作业为例。传统的播种方法，通过使用划印器做标记，一般不会重叠，但会造成一定程度的遗漏，即浪费土地。提高的土地利用率 p 可以用式(6-25)进行估算：

$$p=(D_T-D_G)\times\left(\frac{1}{W_m}-\frac{1}{W_F}\right)\div 100 \tag{6-25}$$

式中，p 为提高的土地利用率，%；D_T 为传统人工驾驶播种作业对行精度，cm；D_G 为自动导航播种作业对行精度，cm；W_m 为机器幅宽，m；W_F 为农田幅宽，m。

由式(6-25)可见，土地利用率的提高，与自动导航系统的定位精度、机具幅宽和农田宽度密切相关。

举例说明，假定农田幅宽为 100 m，播种机幅宽 5 m，假设有经验的播种机手将对行误差控制在±10 cm，自动导航对行精度为±2.5 cm，可得 $p=1.4\%$，即利用自动导航技术可以提高 1.4%的土地利用率。进一步，可以假定农田幅宽为无穷大，式中 $1/W_F$ 趋近于或等于零，那么提高的土地利用率仅与机器幅宽成反比。由于机器幅宽一般不小于 2 m，那么此时所能提高的土地利用率为 3.75%。

（二）提高农机作业效率，延长农机作业时间

由自动导航系统操控拖拉机的转向机构，使得拖拉机的行驶更加平稳和快速。提前绘制好农田电子地图后，无须驾驶员手动控制车辆的方向，即使在夜间也能自如地作业。在紧急情

况下,可以利用自动导航系统抢夺农时进行播种或紧急喷施药剂,增强应对突发天气变化和抵制农业灾害的能力。

(三) 降低驾驶技能要求,减轻田间劳动强度

在未使用自动驾驶系统之前,起垄和播种作业要借助划印器的帮助,对驾驶员操作水平要求很高。使用自动驾驶系统后,驾驶员只需要负责车辆掉头和控制油门,新手也能自如地进行起垄和播种作业。因此,在保证甚至提高作业质量的同时,可以减少对于高技能驾驶员的依赖,在一定程度上减少劳动力成本支出。使用自动导航系统后,驾驶员无须过多地操作方向盘,有效地减轻了驾驶员的劳动强度和疲劳程度,使得驾驶员可以将更多的精力放到监视农机具的作业上。

(四) 提高农机作业质量,改善作物生长环境

使用自动导航系统进行农田的起垄和播种作业,作物行距和株距更为均匀,利于通风,水分和养分的吸收,能够为农作物提供最佳的生长空间,有利于提高农作物的产量。

(五) 促进农机农艺融合,实现节能环保

在少耕、免耕作业中,可以控制拖拉机精确地行驶在同样的路径上,并将播种机横向偏移合适的距离进行免耕播种,后续中耕与收获作业依然可以利用历史行走轨迹。因此,自动导航技术既可以保障农艺要求,又可以减少土壤压实、节约燃油消耗。同样,可以实现对靶施肥,提高化肥利用率,减轻环境污染。

复习思考题

1. 简述农业机械导航的发展过程。
2. 传统的对行方法是什么?对驾驶员有何要求?
3. 拖拉机转向方式有哪几种?
4. 简述拖拉机 GNSS 自动导航系统的基本组成。
5. 请推导拖拉机路径跟踪算法。
6. 以作业范围分类,多机协同作业可以分为几个层次?
7. 如果不用自动导航系统,对多机协同作业有何影响?
8. 简述主从导航工作原理。
9. 简述流水协同工作原理。
10. 简述行引导系统的工作原理。
11. 请推导双目视觉导航中深度距离测量的方法。
12. 农机自动导航技术对农业生产有哪些作用?
13. 农机自动导航的跟踪精度、对行精度与重复精度的含义是什么?
14. 农机自动导航的主要误差及其来源有哪些?

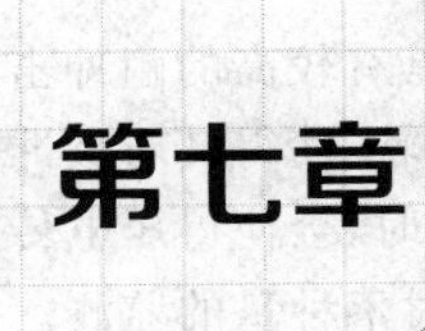

第七章

农业机械精准作业定位与控制

精准作业是精准农业技术体系的重要组成。围绕播种监控、养分管理与病虫害防治等应用，GNSS技术的应用改变了传统的农业生产与管理方式，在种、肥、药按需施用等方面起到了至关重要的作用。本章将详细介绍基于GNSS的精密播种、精准施肥与精准施药等精准作业应用。

第一节 基于GNSS的精密播种监控

精密播种是指用精密播种机依据农艺要求的播种密度，按照一致的行距、均匀的粒距和精确的深度将种子播入土壤并准确定位的过程，可节省种子、减少间苗作业，同时达到苗齐、苗全、苗壮的效果，既节约成本又提高产量。播种机的排种器是封闭的，导种管安装在排种器和开沟器之间，作业过程中无法观察排种过程和排种质量；另外，精密播种机都是多行同时作业，且田间情况恶劣，易出现导种管的管口被杂物堵塞或种子在导种管内部堆积而造成堵塞等问题，如果无法及时发现并排除故障，会造成大面积漏播，严重影响粮食产量。因此，精密播种监控对提高播种质量具有重要意义。

一、落种量监测

（一）监测方法

落种量的监测方法主要有电容式、压电式及光电式等几种。

1. 电容式

电容式播种量监测方法，主要利用电容随极板间介电常数变化而变化的原理，实现落种量的实时监测。种子与空气的相对介电常数不同，当种子通过平行板电容传感器时，电容传感器的介电常数会发生改变，导致输出电容量发生变化。当温度及湿度保持不变时，电容的变化量与种子所占的体积成正比，对于大小相近的种子，可以通过检测电容的变化量来检测种子的数目。进一步，可根据相邻种子的电容脉冲峰值间隔和脉冲积分面积可以获取播种量、漏播量和重播量等参数。

2. 压电式

压电式传感器一般由新型高分子压电材料制作而成，具有压电特性强、密度小、质地柔软、灵敏度高、频率响应宽、质量轻、化学稳定性高等特点，并且其热稳定性高、抗紫外线辐射能力强，同时具有较高的耐冲击和耐疲劳能力。压电传感器安装在播种机的缓冲挡板上，由于传感器质地柔软，使得其对缓冲挡板的缓冲效果几乎没有影响。在播种作业过程中，种子触碰到压电传感器时，会使得压电传感器的2个上、下表面产生极性相反的正、负电荷，从而形成压电信号，达到对落种量的监测。因为是基于碰撞而产生信号的压电特性，使得压电传感器在监测排种器工作时不受积尘的影响。压电传感器输出的电压信号通过信号调理电路调理后，经过相关处理判断是否出现漏播或重播现象。

3. 光电式

光电式传感器将种子的下落信号转变为电脉冲信号，经过单片机处理后获取落种量、重播量及漏播量等信息。为获取种子通过传感器的时间，在排种器下方的开沟器内的导种管两侧分别安装红色高亮度发光二极管和光敏电阻。发光管的光照在光敏电阻上，当种子通过时，由于种子的下落挡住了发光管照在光敏电阻的一部分光，而使光敏电阻光照强度变小、电阻变大，光敏电阻上的电压增大。光电传感器对种子下落信号进行采集经调理电路和逻辑判断后输入单片机运算处理，最终输出落种量数据。

（二）传感器

图7-1(a)所示落种传感器采用了红外线传感器，主要由红外线发射端和接收端2部分组成，图中右侧部件为发射端，左侧部件为接收端。传感器经过示波器调试后，可对不同大小的籽粒进行识别，通常情况下应用于玉米和大豆的传感器识别范围为直径3 mm左右的籽粒。

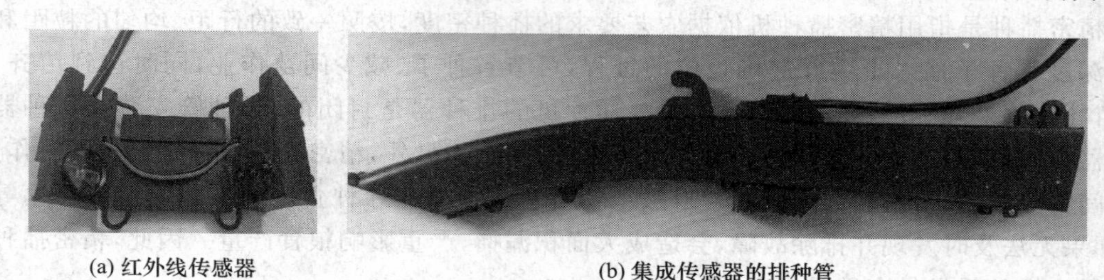

(a) 红外线传感器　　(b) 集成传感器的排种管

图7-1　落种传感器及排种管

传感器与排种管需要配合使用，当种子掉落时进行统计。通常传感器安装于排种管中段位置[图7-1(b)]，以免磕碰种子影响播种株距。传感器与GNSS定位模块相结合，就可获取相应位置的播种量、重播量和漏播量。

二、种肥精量控制

传统的播种机通过地轮获取播种机组的行驶速度，并通过链条驱动排种器和排肥器，其优点是制造和安装精度要求低、价格便宜。但地轮的转动难免会受到链条磨损、土壤环境和作业速度等因素的影响，这导致播种时难以保证均匀的株距。特别是开展免耕播种施肥作业时，农田中累积了大量的秸秆残留和残茬，会对地轮的精确运动造成很大的干扰。

由于GNSS的测速精度优于0.2 m/s的精度，因而基于GNSS定位终端获取播种机组的行驶速度，通过直流电机直接驱动排种器(数字资源7-1)和排肥器(图7-2)，将可以更为均匀地下种和排肥。而且，还可以根据土壤的养分分布情况，依据播种处方图和施肥处方图按需控制下种量和施肥量，实现变量播种和变量施肥。

数字资源 7-1 电机驱动排种器

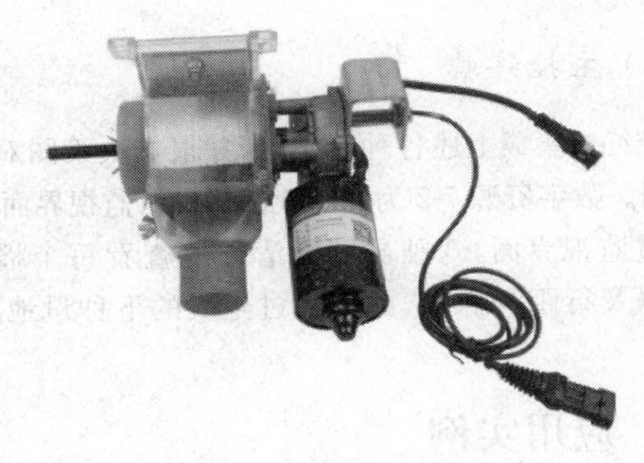

图 7-2 电机驱动排肥器

三、集成应用

（一）系统组成

图 7-3 为免耕播种机精密监测系统，可以满足免耕播种施肥机组对落种量和施肥量的精密监测与控制要求。

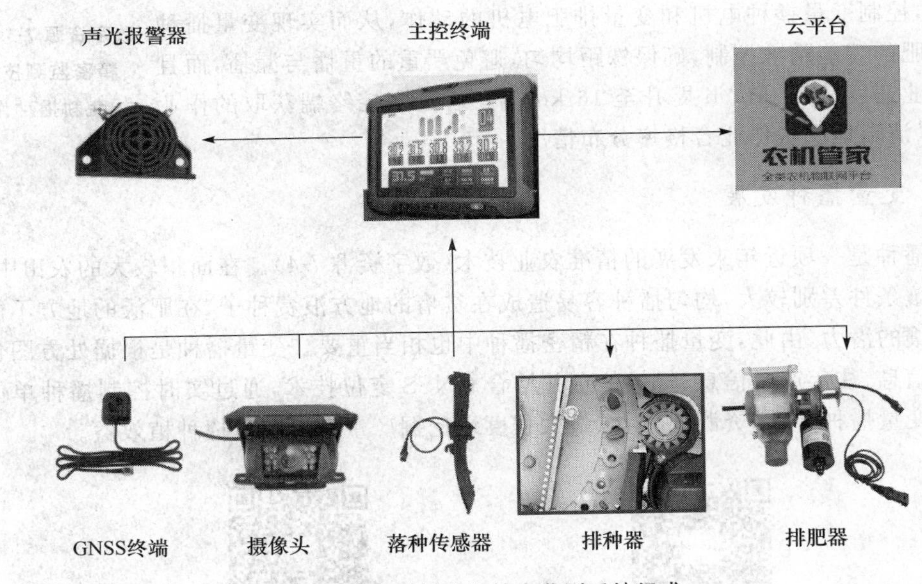

图 7-3 免耕播种机精密监测系统组成

该系统基于 GNSS 终端获取机组位置和行驶速度，为光电式落种量传感器和施肥电控总成提供作业速度信息。通过 GNSS 终端模块和落种量传感器，可以获取位置、速度与落种量 3 类数据，从而对播种量、播种株距、单/双粒率和漏播率等进行精准监测和判断。当出现堵塞和漏播等情况时，声光报警器会提示驾驶员及时检修播种机组。而施肥电控总成则可以根据主控终端的命令，进行施肥量的精确控制。根据 GNSS 的定位数据，主控终端还可以统计播种机的作业面积、作业效率和作业合格率等关键数据。由此可见，播种机精密监测系统可以增强驾驶员对农机具的感知能力，避免大面积漏播和重播。

(二) 主控终端

数字资源 7-2 ProAg 的播种量监视界面

主控终端集成上述各种传感器，并根据决策图对排种器和排肥器进行实时控制。数字资源 7-2 为某企业的播种量监视界面(共有 12 个单体)。

通过监视界面，驾驶员可以清晰地查看每个播种单体的播种密度、合格率以及行距和株距，并可通过生成的下种量地图查看种子密度的空间分布。

四、应用实例

(一) 免耕精量播种

免耕播种是一种保护性耕作措施，可以有效地减少土壤耕作次数，减少土壤压实程度，保护和改善土壤结构，保护和恢复地力。免耕播种是在秸秆覆盖条件下作业，作业时按照工作顺序一次完成切断秸秆、深施底肥、清理种床、疏松苗带、压实种床、窄开种沟、单粒播种、浅施底肥、挤压覆土、加强镇压等工序。

数字资源 7-3 基于精密监测技术的免耕播种作业

数字资源 7-3 所示免耕播种机安装有精密监测系统，可以根据相应的控制决策，控制变量播种电机和变量排肥电机的动作，从而实现变量播种与变量排肥的智能精准控制，确保株距均匀，避免严重的重播与漏播，而且可以将作业速度从 12 km/h 提升至 16 km/h。通过主控终端获取的作业数据，可以清晰地反映作业合格率分布情况。

(二) 变量播种发展

变量播种是一项近年来发展的精准农业技术(数字资源 7-4)。在面积较大的农田中，不同位置的土壤条件差别较大，均匀播种容易造成在贫瘠的地方浪费种子，在肥沃的地方不能充分地利用土壤的潜力，由此，变量播种在精密播种中也相当重要。变量播种是根据处方图包含的土壤肥力信息、往年产量信息、气候信息并结合 GNSS 定位技术，通过实时控制播种单体的落种量实现变量播种(数字资源 7-5)，以最大程度地挖掘产量潜力和发挥种植效益。

数字资源 7-4 变量播种处方图

数字资源 7-5 变量播种控制示意图

第二节 基于GNSS的变量施肥控制

我国肥料平均利用率较发达国家低 10%以上，其中氮肥为 30%～35%，磷肥为 10%～25%，钾肥为 40%～50%。化肥利用率低会导致化肥过量施用，造成经济上的巨大损失，导致

严重的土壤板结和水污染，而且这种污染在不断地积累。变量施肥技术可以根据土壤基础肥力和作物营养需求，因地制宜地施用化肥，达到最大化利用化肥的目的。

一、技术流程

通常，理想情形下的变量施肥作业，首先要参考上年的产量分布和上年收获后的土壤养分分布，然后根据当年的目标产量，决策当年的底肥施用量和空间分布，并在当年的生长期内，利用天、空、地等监测与调查手段，准确地掌握作物长势的空间差异，进行变量追肥或按小区追肥，如图 7-4 所示。

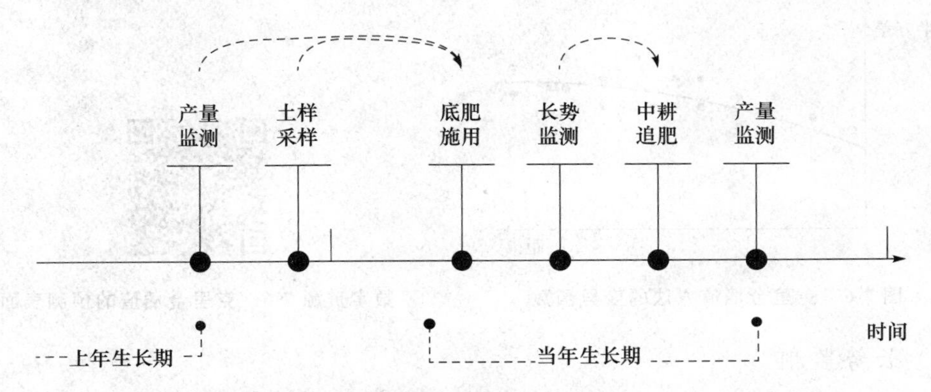

图 7-4　变量施肥技术实施的过程图

由上可见，土壤信息与作物信息的准确获取是变量施肥决策与变量作业的基础。

二、信息获取

围绕土壤采样、养分分析、长势监测和产量监测等说明信息获取的基本方法和手段。

（一）土壤采样

利用土壤养分分布的空间相关性开展土壤采样，这是一项基础性的工作。其中，土壤采样密度是个关键技术指标。土壤采样密度太小，采样点过少，将不能客观地描述农田的养分分布；采样密度太大，采样工作量会很大，会花费较多的人力、物力，化验分析的周期长。因此，确定合适的采样密度对变量施肥工作十分重要。由于土壤的实际情况差异很大，国内外对于采样密度并无明确的标准，但通常在 1 hm^2 以上采集 1 个样本。

为了提高采样的效率，采样者一般在 GNSS 导航终端的引导下，沿着“W”形路径进行采样(图 7-5)。为了降低采样及化验成本，往往 1～3 年采集 1 次样本。

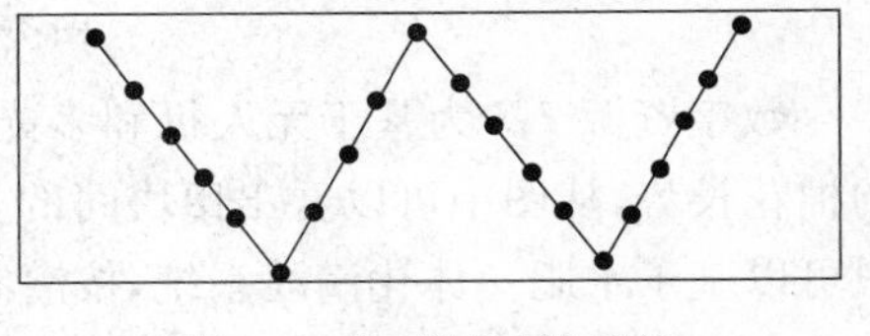

图 7-5　“W”形采样路径

（二）养分分析

土壤养分的测试项目包括 pH、有机质、碱解氮、速效磷、速效钾及微量元素等。各项指标均有相应的检测标准。经养分测试获得的样本指标是以点状形式存在的，需要通过插值方法将点状信息转换为面状信息。数据插值方法可以分为整体插值和局部插值 2 类。整体插值方法用研究区域所有的采样点的数据进行全区域特征拟合，有简单的全局插值和趋势面分析等；局部插值方法是仅仅用邻近的数据点来估计未知点的值，有移动平均法、距离反比法、样条插值法和克里金方法。其中，克里金插值是比较常用的土壤养分插值方法，有关的 GIS 软件均支持克里金插值。

克里金法是通过 1 组具有 z 值的分散点生成预测表面的高级地统计过程。地统计方法依据属性（如土壤养分）的空间相关性，不仅能够产生预测表面，而且能够对预测的确定性或准确性提供某种度量。克里金法是一个多步过程，主要包括数据的探索性统计分析、变异函数建模（图 7-6）和创建表面（数字资源 7-6）。

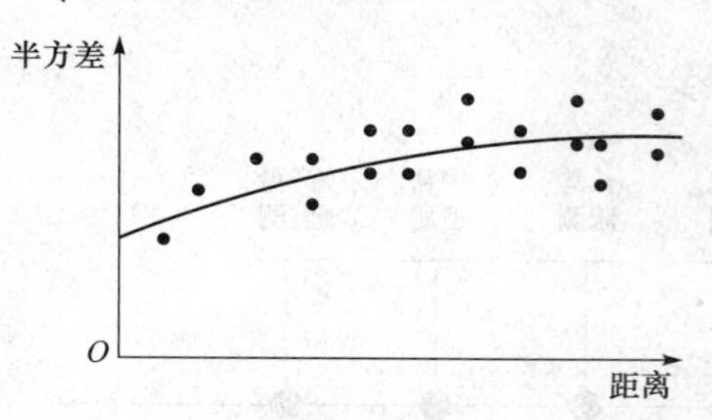

图 7-6　克里金插值方法的变异函数

数字资源 7-6　克里金插值的预测表面

（三）长势监测

在传统的农田管理中，人们主要以人眼观测和株高测量等地面的人工调查手段，了解作物的长势，分析作物的营养状况。当前，人们正探索利用卫星遥感和航空遥感获取田块级的作物光谱影像，进而分析作物长势和诊断作物营养。近年来，随着无人机技术的快速发展，基于无人机获取作物长势是当前精准农业领域研究的热点（图 7-7）。

(a) 天宝UX5固定翼无人机　　(b) 大疆悟Inspire 2多旋翼无人机

图 7-7　固定翼和旋翼无人机

数字资源 7-7 为基于无人机和多光谱相机获取的新疆石河子某地块的棉花长势，从图中可以看出田块间的差异非常显著。基于该结果，种植户可以基于水肥一体化滴灌系统，按灌溉区进行差异化的水肥调控。

此外，无人机遥感在棉花出苗率监测和株高测量等方面的应用，可以为棉田管理提供现代化的技术手段，极大地提高生产效率。

数字资源 7-7　基于无人机监测作物长势

（四）产量监测

获取农作物产量信息，制作产量空间分布图，是实施精准农业的主要起点。作物产量是指某特定条件下单位面积耕地的产出，它是作物生长在众多环境因素和农田生产管理措施综合影响下的结果，是实现作物生产过程中科学调控投入和制定管理决策措施的基础。目前，国外先进的联合收获机，尤其是谷物联合收获机，已普遍安装产量监控器。

1. 系统组成

谷物联合收获机的测产系统构成如图 7-8 所示。谷物流量传感器是测产系统的核心，流量传感器在设定时间间隔内自动计量累计产量，再换算为对应时间间隔内作业面积的单位面积产量，并根据对应小区的位置数据折算为小区产量数据。

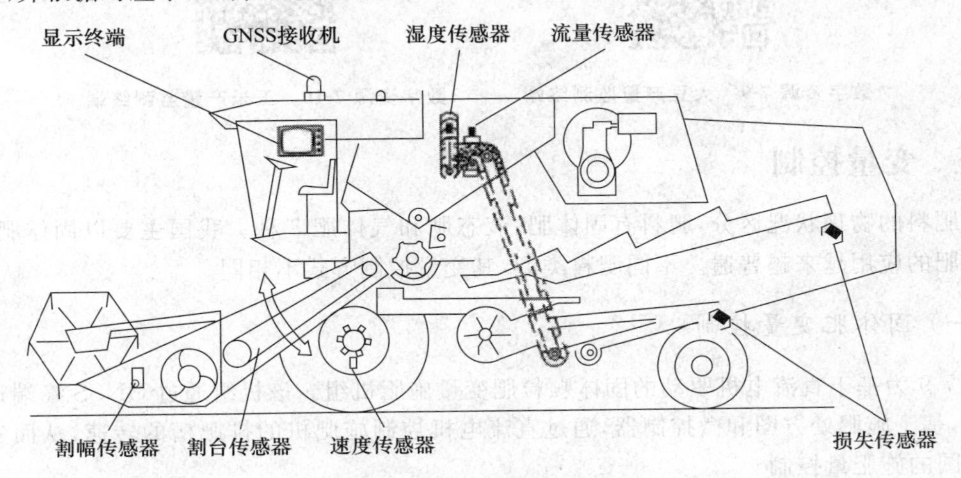

图 7-8　谷物联合收获机的测产系统

图 7-8 中的传感器按照用途可以分为 3 类，通过数据融合实现产量监测。①流量有关的传感器，主要包括流量传感器、湿度传感器和损失传感器。流量传感器用于计量通过搅龙的谷物流量，并通过湿度传感器感知谷物的含水率，以此计算干物质流量。②面积计算有关的传感器，主要包括割幅传感器、割台传感器和速度传感器。当割台落下、开始收获后，测产系统开始工作；当割台抬起、收获机转入空驶后，测产系统停止工作。割幅传感器则用于修正工作幅宽，以准确计算收获面积。将谷物流量除以收获面积，就可以得到单产数据。③定位有关的传感器，主要是指 GNSS 接收机，通过卫星定位确定产量测试的位置，以绘制产量空间分布图。一般而言，GNSS 接收机的定位精度应优于亚米级。

2. 测产原理

目前，谷物产量传感器主要有 4 种类型：冲击式流量传感器、γ 射线式流量传感器、光电式容积流量传感器和称重式流量传感器。其中，冲击式流量传感器靠检测净粮对挡板的冲击力来度量粮食的质量，是当前比较成熟的产量检测方法。

湿度测试也是产量测试的重要内容，通常利用近红外水分传感器进行含水率的测试。基于含水率可以计算谷物的干产量。湿度分布也可以反映农田的平整度和灌溉设施或灌溉措施的合理性。

数字资源 7-8　冲击式流量传感器

3. 测产产品

数字资源 7-9 所示的大豆产量监测系统，可以实时显示即时产量、平均产量、即时湿度、平均湿度、总干物质产量、收获面积、作业效率与割台高度等数据。从显示屏的产量图可以看出，该农田大豆产量的空间差异较为显著。

数字资源 7-10 所示的玉米产量监测终端，可以实时显示产量、湿度与总产量(湿)等信息，并通过专题图的方式显示产量的空间分布。同样，从显示屏的产量图可以看出，该农田玉米产量的空间差异比较显著。

数字资源 7-9　大豆产量监测终端

数字资源 7-10　玉米产量监测终端

三、变量控制

按肥料的物理状况区分，肥料有固体肥、液态肥和气体肥 3 种。我国主要以固体肥为主，但液态肥的应用越来越普遍。不同肥料类型，其变量控制方式不相同。

(一) 固体肥变量控制

图 7-9 为基于直流电机驱动的固体颗粒肥变量施肥机组。该机组通过 GNSS 终端进行精准定位，基于施肥处方图和微控制器，通过直流电机控制施肥机的排肥槽的转速，从而实现基于处方图的施肥量控制。

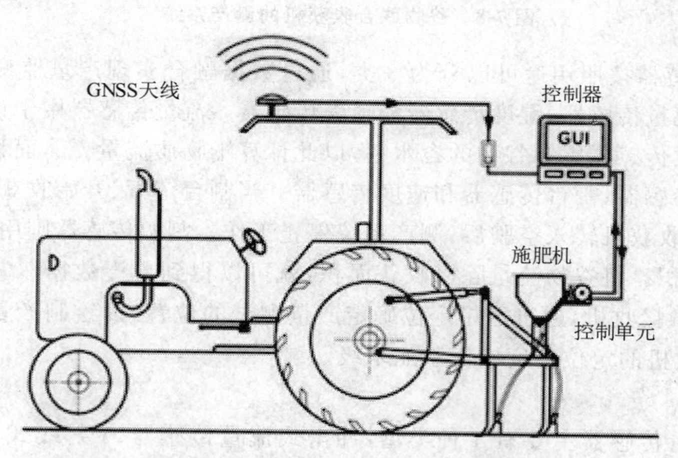

图 7-9　基于直流电机驱动的固体颗粒肥变量施肥机组

图 7-10 为施肥机组的变量控制装置。通过直流电机可以直接控制 1 个或多个排肥槽的转动，通过齿轮齿条组则可以控制排肥槽的开口。电机转速与排肥量之间的关系模型需要通过标定试验确定。由于不同的颗粒肥在形态、大小、密度和表面光滑度等方面存在较大的差别，湿度变化也极大地影响其流动性，故颗粒肥控制的精度相对较低。如果要实现每个排肥槽单独控制，则要配置数量众多的电机，会增加设备成本。

(二) 液态肥变量控制

图 7-11 为一种液态肥变量控制系统。该控制系统主要包括变量喷施控制器、液肥箱、输送泵、过滤器、调压伺服阀、流量传感器、压力表、截止阀和喷头等组成。液态施肥机工作时，输

送泵从液肥箱中吸取液态肥，以一定压力将液态肥输送至喷头，在此过程中变量喷施控制器依据 GIS 施肥处方图，实施控制截止阀以调节管路中肥料流量。

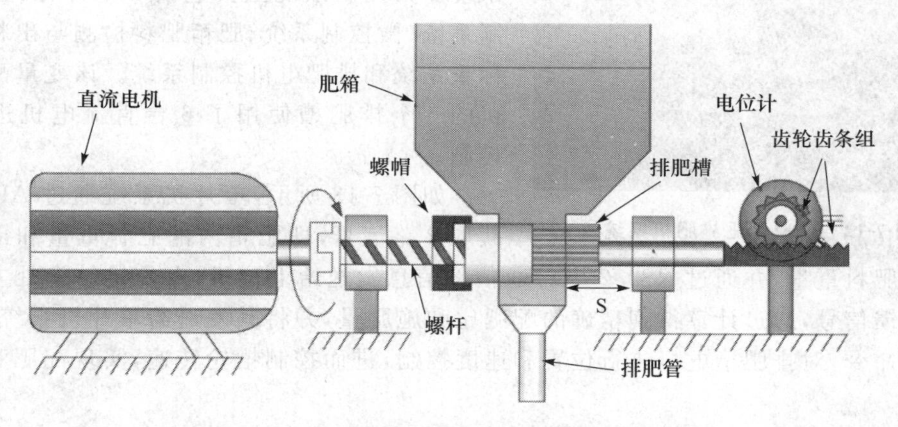

图 7-10　基于电机驱动的颗粒肥变量控制装置

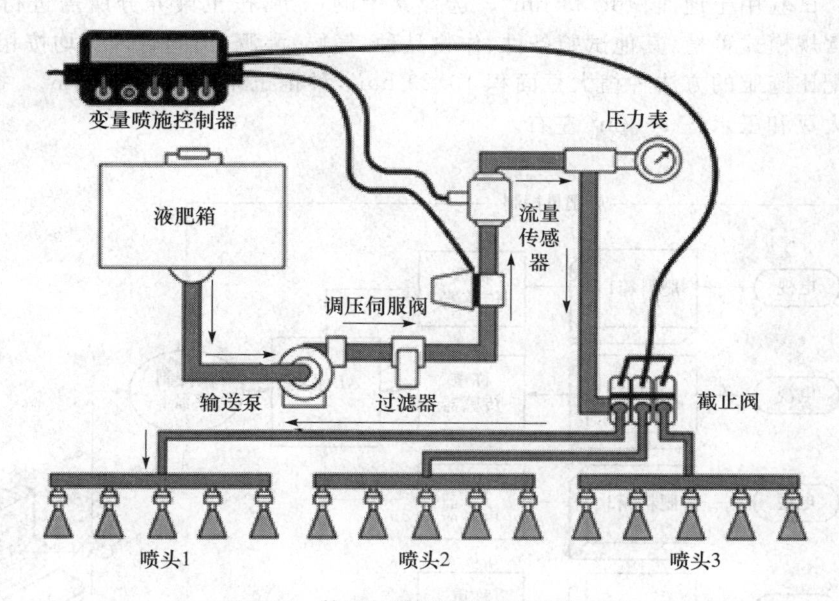

图 7-11　基于流量控制的变量喷施系统

图 7-11 为经典的变量控制原理，具有一定的代表性。当前，变量控制技术得到了长足的发展，通过变量控制器能够实现单个喷嘴的关闭，从而可以根据处方图进行实时关闭和控制流量。施肥机可以关闭不喷施区域和已喷施区域上方的喷嘴，以达到节药和避免重复施肥的目的。

数字资源 7-11　变量施肥控制系统及控制效果示意图

四、应用案例

变量施肥作为一个技术体系，其技术路线有多种多样。下面以中国农业机械化科学研究院在红星农场开展的土壤养分分析、变量配肥施肥和产量测试为例，在节

图 7-12　变量配肥施肥机系统

本增效的角度说明上述工作的农作意义。

图 7-12 为该研究院研制的变量配肥施肥机系统。其控制系统主要包括 4 个部分：上位机控制系统、微控制系统、肥箱肥料检测与出料口肥料称重系统和排肥电机控制系统。该变量配肥施肥机的 6 个排肥槽使用了 6 台直流电机进行单独控制。

如图 7-13 所示，单片机系统通过 AD 采集卡获取 2 路信号，即肥箱内的肥料重量和出料口处料斗内的肥料重量，并通过 RS232 串行通信将信息发送给上位机，上位机结合处方图以及这 2 路反馈信号，通过计算得到精确的配肥比和施肥量，并将其发送给单片机系统，单片机系统执行命令，对排肥槽电机进行位置和速度控制，进而控制槽轮转速，实现配肥和施肥的变量控制。

在 2011—2013 年，中国农业机械化科学研究院在红星农场某试验田块，连续开展了相应的研究工作。试验用土地面积共 33 hm^2。选择其中的一半，按土壤养分所需进行配比施肥，另外一半按常规模式种植，其他试验条件、作物品种、气候、灌溉、田间管理等均按相同的方法。按照所提的配比施肥的方法种植大豆面积 10.23 hm^2，种植玉米面积 3.78 hm^2。按照常规种植模式种植大豆和玉米各 10 hm^2 左右。

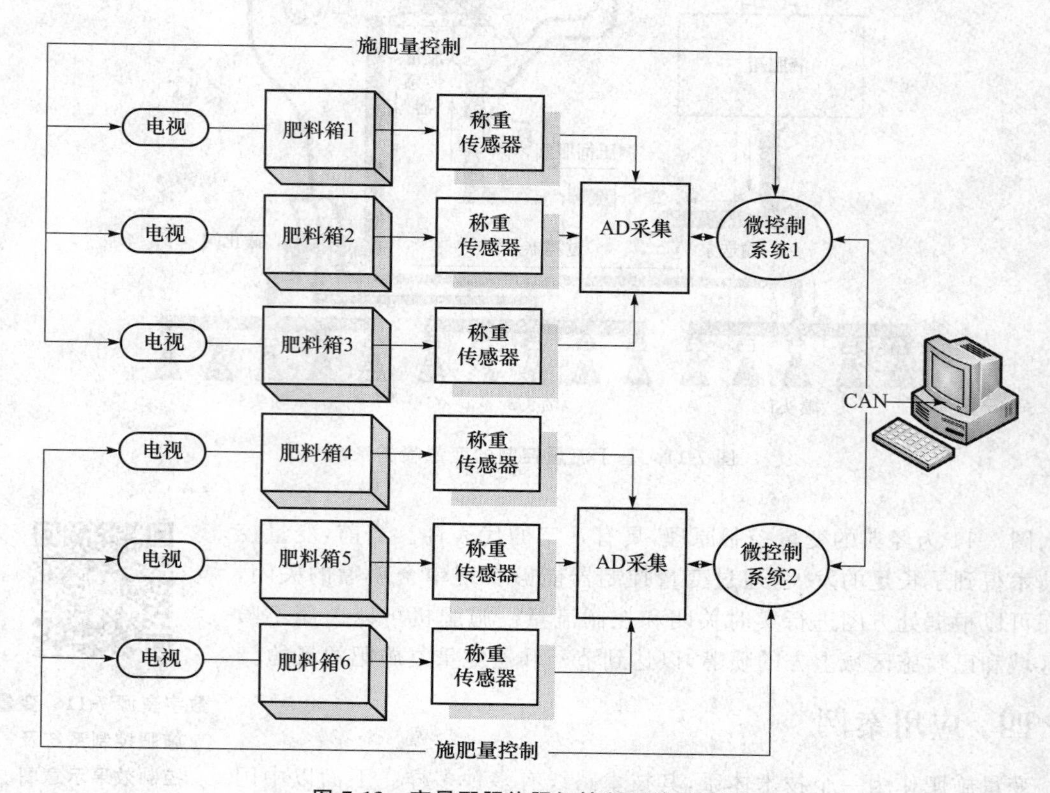

图 7-13　变量配肥施肥机控制系统示意图

数字资源 7-12 为 2013 年的有关的数据。在土壤采样和养分分析的基础上，参考施肥指导意见，根据养分平衡法计算施肥量分布，得出施肥处方。对大豆和玉米分别随机选取 20 个采样区域进行，测量总质量、株数、豆荚数、玉米穗数和千粒重等参数，求多个采样区域参数的平均值，得到玉米和大豆平均参数。

数字资源 7-12　红星农场土壤养分、施肥处方图及产量分布图

从数字资源 7-12 图中可以看出，产量的空间差异较大，需要结合来年的田间管理进行差异化的管理。与常规种植模式相比，在肥料施用量减少的情况下，精准模式种植的大豆，总产量大于常规种植模式。精准模式种植的玉米总产量高于常规种植模式。而且，常规模式种植的玉米出现多处倒伏现象，影响了整体产量，其主要原因是钾肥分布不均导致局部区域缺钾，由此也说明了按需施肥的必要性。

第三节　基于GNSS的无人机精准施药

突发性的农业重大病虫害已经成为农业生产稳产、高产的重大威胁。随着我国农业现代化进程加快，农业新型经营主体快速发展，农村劳动力短缺，人工成本急剧增加，现有人工植保方式已难以适应大面积、突发性的农业病、虫、草害防治的需求。近年来，基于植保无人机的农业航空植保技术在农作物病、虫、草害防治方面得到了长足的发展。

一、植保无人机发展

应用农业航空植保技术有利于实现农业病虫害的统防统治，对提高农业资源利用率、实现精准喷施作业以保障粮食和生态安全有着重要的意义。农用植保飞机航空施药，具有喷施作业效率高、成本低、应对突发灾害能力强、全地形条件作业等优点，逐步成为农业航空植保的重要发展趋势。目前，植保用航空飞机主要有 3 种：固定翼飞机、直升机和无人驾驶直升机。

航空植保用固定翼飞机作业时一般采用超低空飞行，由于受上升与下降气流以及田间障碍物如电线、电杆、树木的影响，飞行高度过低极易引起飞行安全的问题。因此，固定翼飞机飞行高度距离作物冠层 5～7 m，且对于作业区域地形要求较高，一般在开阔农场里应用较广。

航空植保用直升机作业时，螺旋桨产生的向下气流有助于增加雾流对作物的穿透性，提高喷施效果，减少农药用量。与固定翼飞机相比，直升机进行植保作业时可在田间起降、加油、加注药液等，减少了往返机场的飞行时间、燃料消耗及机场跑道等的建设费用，灵活性高，运行成本低。

无人驾驶直升机除了具有直升机的优点外，其尺寸更小、重量更轻、操控更灵活，无须专用机场和驾驶员，受农田四周电线杆、防护林等限制性条件的影响小，适用于中、小田块的病虫害防治或大田内局部的精准施药。航空植保过程中，无人机超低空飞行大大地减少了农药浪费及环境污染，因此，随着高精度制造产业的发展和航空技术水平的提升，应用无人机进行农药喷施已成为近年来农林病虫害防治研究的热点和快速发展的技术领域。

数字资源 7-13　人工植保

从世界范围来看，农林产业飞机数量大约3万架，年作业面积1亿 hm^2，作业面积占总耕地面积的17%。发达国家的农业航空产业，从机型设计、加工制造、关键部件、喷施液剂型到运行维修服务，已形成了一个重要的产业链。美国是农业航空应用技术最成熟的国家之一，每年农业航空植保作业面积占总耕地面积的50%以上；日本以小型无人直升机为主，每年防治面积250万～300万 hm^2，水稻生产中，无人机的喷施作业面积达60%。我国农业航空产业起步较晚，近年来，在国家政策、项目支持及研究单位的推动下，我国农业航空产业得到了快速发展。

数字资源 7-14
固定翼飞机植保

数字资源 7-15
直升机植保

数字资源 7-16
无人机植保

与传统的人工施药和地面机械施药方法相比，农业航空植保作业具有以下几方面优势：①效率高，航空植保作业是地面机具作业效率的10～15倍，是人工作业效率的200～250倍。②适应性强，可有效地解决高秆作物、水田和丘陵山地人工和地面机械作业难的问题。③农药利用率高，可提高农药利用率，可节省农药15%～20%，减轻农田环境污染，提高农产品质量安全。④劳动生产率高，可有效地缓解由于城镇化发展带来的农村劳动力短缺问题，减少植保作业对操作人员的伤害。

二、植保无人机组成与类型

（一）植保无人机组成

植保无人机作为农药喷施装备，由飞行平台、飞控系统和喷施机构组成，通过地面遥控或飞控系统实现喷施作业，包括喷施药剂、种子、粉剂等。随着无人机喷施作业的智能化发展，植保无人机还集成了自动避障系统以及各类传感器(图7-14)。

图7-14　植保无人机组成

喷施机构主要包括控制单元、泵、喷杆(包括药液管)、喷头及药液箱等部件，整个系统根据无人机飞行状态实施喷施作业。

（二）植保无人机类型

从动力来源进行分类，植保无人机可以分为2种机型，即油动无人机和电动无人机。

油动无人机以燃油发动机提供动力，电动无人机用锂电池提供动力。油动无人机常见为单旋翼，电动无人机则包括单旋翼和多旋翼。其中，多旋翼又有四轴、六轴和八轴等之分。

下面结合具体的实例介绍植保无人机主要类型。

1. 油动单旋翼植保无人机

图 7-15 为全丰航空 3WQF120-12 型油动单旋翼植保无人机，可以设定飞行高度、速度、推杆定距等。大田块作业时可采取半自主和全自主飞行，具有断点记忆功能。最大飞行载荷达 18 kg 以上，其中作业载荷为 12 kg。每架次 10～15 min 可喷施 20～25 亩（1 hm^2 =15 亩），每天作业能力达 400～600 亩。满载最大续航时间 25 min。

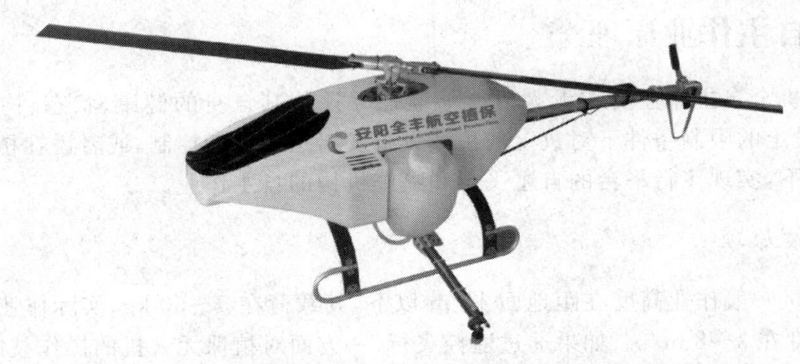

图 7-15　全丰航空 3WQF120-12 型油动单旋翼植保无人机

2. 电动单旋翼植保无人机

图 7-16 为高科新农基于 RTK-GNSS 实现全自主飞控的 S40-E 电动单旋翼植保无人机，具备航线规划、断点续喷、电子围栏、智能避障和仿地飞行等功能，能够实现变量喷施、低电压与低液位报警、作业参数实时显示和统计存储。药箱容积 20 L，每架次作业面积 35 亩（飞行速度 5 m/s），满载连续飞行时间 11 min。

图 7-16　高科新农 S40-E 电动单旋翼植保无人机

3. 电动多旋翼植保无人机

图 7-17 为极飞 P30 2019 电动多旋翼植保无人机。基于 RTK-GNSS 实现全自主飞行控制，具有航线规划、断点续喷、电子围栏等功能，可以实现动态变量喷施（依据飞行速度调节喷头流量）。药箱容积 16 L，喷施效率 210 亩/h，一个人可同时操控 5 台植保无人机。

图 7-17　极飞 P30 2019 电动多旋翼植保无人机

三、全自主作业原理

植保无人机全自主作业要求无人机能够监控并评估其自身的健康、状态、构形和所处位置，在程序所设定的限制条件下对机上的机载设备发出指令进行控制，或者说在植保无人机飞控系统的监控下，实现飞行平台的自主飞行和喷施机构的自主作业。

（一）飞控原理

植保无人机一般作业高度在距地面 15 m 以下，其载荷在 5～50 kg，实际作业时距作物高度 1～3 m，速度在 3～8 m/s。如果通过遥控飞行，一方面对植保无人机的操作技能要求较高、劳动强度较大；另一方面容易造成作业重叠或遗漏。因此，植保无人机的全自主飞控显得尤为重要。

飞控系统是植保无人机完成起飞、空中飞行、执行任务和返场回收等整个飞行过程的核心系统，飞控对于无人机相当于驾驶员对于有人机的作用，被认为是无人机最核心的技术之一。飞控一般包括传感器、机载计算机和伺服动作设备 3 大部分，实现的功能主要有无人机姿态稳定和控制、无人机任务管理和应急控制 3 大类。飞行控制系统主要使用的传感器包括：GNSS 接收机、陀螺仪、加速度计、磁力计、超声波传感器与气压传感器等。

下面以四旋翼无人机为例（图 7-18），说明无人机的飞行原理及控制方法。

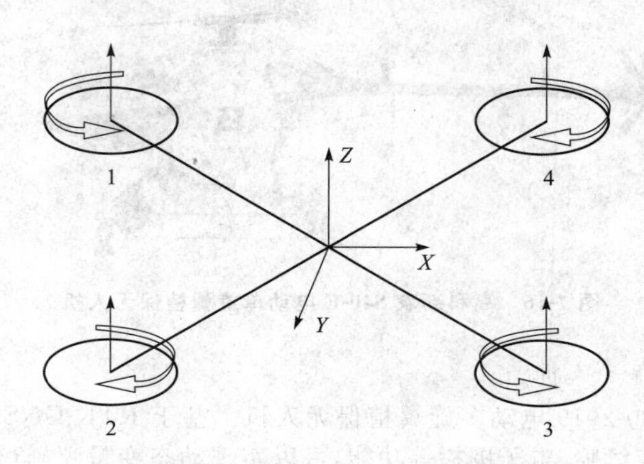

图 7-18　四旋翼无人机飞行示意图

四旋翼无人机一般是由检测模块、控制模块、执行模块及供电模块组成。检测模块对当前姿态进行量测；执行模块则是对姿态进行解算，优化控制，并对执行模块产生相对应的控制量；供电模块对整个系统进行供电。

四旋翼无人机机身是由对称的“十”字形刚体结构构成，材料多采用质量轻、强度高的碳素纤维；在“十”字形结构的4个端点分别安装1个由2片桨叶组成的旋翼为飞行器提供飞行动力，每个旋翼均安装在1个电机转子上，通过控制电机的转动状态控制每个旋翼的转速，来提供不同的升力以实现各种姿态；每个电机均又与电机驱动部件、中央控制单元相连接，通过中央控制单元提供的控制信号来调节转速大小；惯性测量单元(IMU)为中央控制单元提供姿态解算的数据，机身上的检测模块为无人机提供了解自身位姿情况最直接的数据，为四旋翼无人机最终实现复杂环境下的自主飞行提供了保障。

四旋翼飞行器的所有姿态和位置的控制都是通过调节4个驱动电机的速度实现的。将位于四旋翼机身同一对角线上的旋翼归为一组，前、后端的旋翼沿顺时针方向旋转，从而产生顺时针方向的扭矩；而左、右端旋翼沿逆时针方向旋转，从而产生逆时针方向的扭矩，如此4个旋翼旋转所产生的扭矩便可相互之间抵消掉。一般来说，四旋翼无人机的运动状态主要分为悬停、垂直运动、滚动运动、俯仰运动以及偏航运动5种状态。四旋翼无人机的各个飞行状态的控制是通过控制对称的4个旋翼的转速，形成相应不同的运动组合实现的。

电子罗盘通过地磁传感器感知地磁，可以测量无人机的航向。气压计则通过测量当前位置的大气压，精确计算无人机的高度。因此，利用IMU、电子罗盘、气压计等可以感知无人机的机头朝向、俯仰角度、横滚角度、高度等最基本的姿态数据，用于无人机的飞行控制，如图7-19所示。

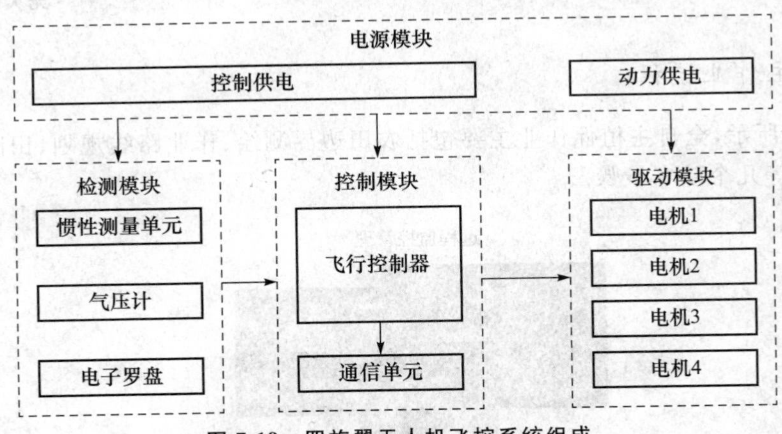

图7-19　四旋翼无人机飞控系统组成

(二) 自主避障

毫米波雷达是工作在毫米波波段的雷达。通常毫米波是指30～300 GHz频域(波长为1～10 mm)的电磁波。毫米波雷达测距原理与一般雷达相同，即发射无线电波(雷达波)，然后接收回波，根据发射机与接收机之间的时差测量目标的位置参数。毫米波的波长介于微波和厘米波之间，因此毫米波雷达兼有微波雷达和光电雷达的一些优点。

利用毫米波雷达进行障碍物识别的基本过程是：无人机在飞行过程中，利用毫米波雷达检测前方是否有障碍物，若有则计算安全距离，若小于安全距离，则启动报警系统，无人机进入自主制动模式。

（三）飞行模式

植保无人机主要有 2 种飞行模式，分别为仿地飞行和定高飞行。

1. 仿地飞行

数字资源 7-17　植保无人机仿地飞行

仿地飞行是指无人机在作业过程中，通过超声波定高，使得飞机与作物冠层保持恒定高差。借助仿地飞行功能，植保无人机能够适应不同的地形，从而达到更好的植保效果。

适宜使用仿地飞行的地块包括：作物表面密集、高度平整的农田，如小麦田、棉花地、辣椒田等。在这些地块，超声波定高精准，无人机的飞行稳定性较佳。

以下情形不宜采用仿地飞行：①作物分布稀疏、落差较大的地块，如果园等。或植株高低不平、表面密集的农田，如玉米地、甘蔗地等。由于落差过大会使无人机出现上、下颠簸的现象，甚至因无法及时响应而掉高。②作物中间有空地的农田。无人机从空地飞往高秆作物时，因为落差太大，可能导致无法及时爬升，直接撞到作物造成飞行事故。

2. 定高飞行

数字资源 7-18　植保无人机定高飞行

定高飞行是指植保无人机根据设定的高度进行飞行。定高飞行一般基于 RTK-GNSS 进行导航和定高。

飞行高度受作物高度及周围环境的影响，一般飞行高度离植物冠层 1.5～2.5 m。如果使用 RTK-GNSS 定高，还需要参考地势差，选择合适的高度。

（四）自主作业流程

如图 7-20 所示，全自主植保作业主要包括农田边界测绘、作业路线规划、田间植保作业及远程监控管理等几个基本步骤。

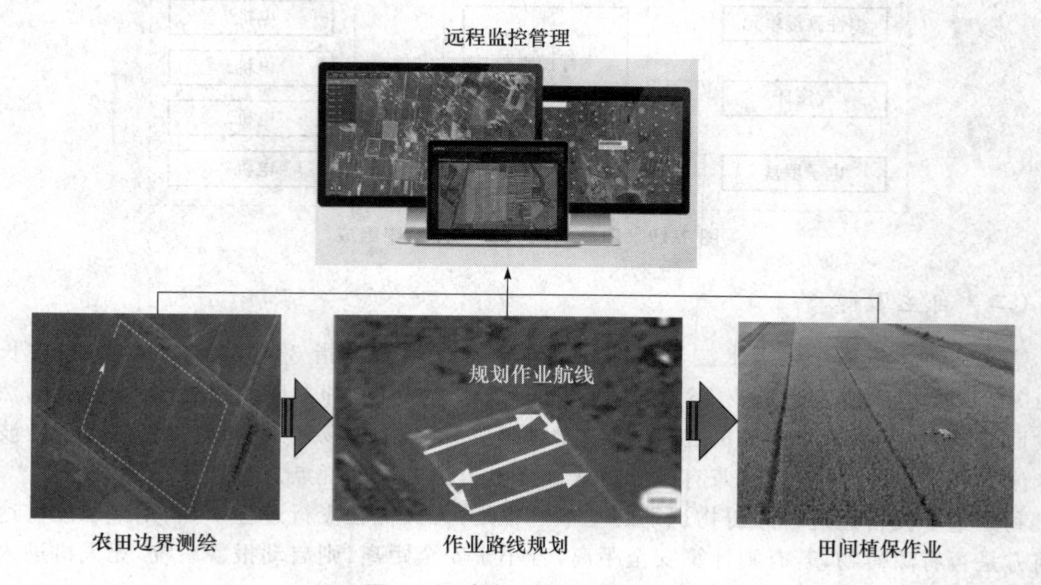

图 7-20　全自主植保作业流程

当前，全自主植保作业可根据预先测绘的农田边界与设置的飞行参数自动规划航线，全程全自主飞行，作业航迹精度达到厘米级，并具备断点续喷等功能。

四、应用实例

数字资源 7-19 为华南农业大学与新疆高科新农公司在克拉玛依进行葵花施药作业。向日葵的高度通常为 2.5～3 m，高地隙喷杆式喷雾机一般地隙在 2 m 以下，因此，地面机械不便于进入田间进行螟虫防治，利用植保无人机则可以较好地解决该问题。

无人机施药的全过程可在飞行控制系统和喷施系统等控制下自动完成，操作人员只需通过地面控制站发出指令来控制无人机的动作，操作更简便，且不用担心飞行员中毒、伤亡等重大作业事故的发生。

数字资源 7-19　植保作业

数字资源 7-20　科技苑植保无人机田间秀

复习思考题

1. 简述精密播种监控的意义和工作原理。
2. GNSS 在精密播种监控中起到什么作用？
3. 简述基于 GNSS 的变量施肥的工作原理。
4. GNSS 在变量施肥中起到什么作用？
5. 基于 GNSS 的多旋翼无人机全自主飞行控制原理是什么？
6. 基于 GNSS 的植保无人机的全自主作业流程是什么？

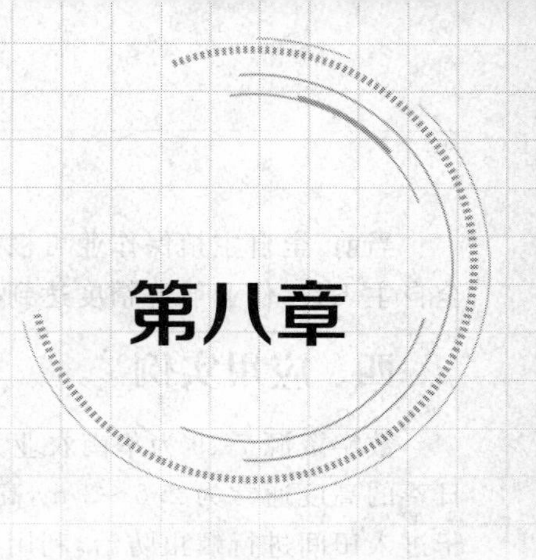

第八章

农业机械位置服务系统

基于农业机械的实时位置、工作状况和作业状况等信息，建立农机位置服务平台，可以提高作业计量、资产管理、作业调度和维修保养等工作效率，降低管理服务成本。当前，面向生产主体、主机企业和监管部门的农机位置服务平台已得到广泛应用。本章将详细阐述位置服务产生和发展过程，分析农机位置服务系统组成，介绍常用的位置数据处理和挖掘方法，并重点介绍 4 种典型的农机位置服务应用。

第一节　农机位置服务与作业模式

一、位置服务概述

（一）位置服务含义

位置服务，又称基于位置的服务，英文表述为 Location-based Service，简称 LBS。

最初，位置服务是移动通信运营商为用户提供的一种与位置有关的信息和娱乐服务。随着移动互联网的快速发展，位置服务与大众消费和行业应用深度融合，产生了各式各样的位置服务应用。

位置服务是多种技术融合的产物。位置服务的产业链主要包括定位信号提供商、定位终端制造商、移动通信运营商、地图提供商、内容提供商、服务提供商和终端用户等。

近年来，位置服务与云计算、大数据、移动互联网等技术逐步融合，产生了“位置云”的新概念。位置云服务将位置服务产业链的多个组成部分，整合到一个开放、共享的服务中心，建立位置云服务网络，用户可通过不同的终端产品提交不同的服务需求，服务中心随时处理并反馈，以满足不同类型的业务需求。

（二）起源与发展

911 是美国通用的报警电话号码，诞生于 20 世纪 60 年代。随着 20 世纪 90 年代移动通信的快速发展，基于移动通信终端的报警电话越来越多。为了快速准确地确定报警者的位置，美国联邦通信委员会(FCC)在 1996 年推出了一个行政性命令 E911，强制性地要求构建一个公众安全网络，即无论在任何时间和地点，都能通过无线信号追踪到用户的位置和来电号码。从某种意义上来说，E911 促使移动运营商投入大量的资金和力量来研究位置服务，从而催生了位置服务市场。

E911 有有线和无线之分，无线 E911 又有 2 个版本。第一个版本要求运营商通过本地公共安全应答点进行呼叫权限鉴权，并且获取主叫用户的号码和基站位置。第 2 个版本要求运营商提供主叫用户所在位置，并要求精确到 50～300 m。

美国 Sprint PCS 和 Verizon 分别在 2001 年 10 月、12 月推出了基于 GPSONE 技术的定位业务，通过该技术来满足 FCC 对 E911 第 2 阶段的要求。但是随着市场的逐渐扩展，SprintPCS 推出的 LBS 商用服务得到了广大用户的认可。

2003 年 12 月，加拿大的 Bell 移动公司率先推出了基于位置的娱乐、信息和求助等服务，其 MyFinder 业务占得市场先机。之后，随着智能手机的应用普及和 4 G 的全面覆盖，LBS 得到了快速的发展。

中国移动在 2002 年 11 月首次开通位置服务，如移动梦网品牌业务"我在哪里""你在哪里"和"找朋友"等。2003 年，中国联通在其 CDMA 网上推出"定位之星"业务，用户可以在较快的速度下体验地图下载和导航类的复杂服务。

从 2004 年开始，交通安全管理与应急联动领域逐渐引入了 GPS 与移动通信结合的 LBS 服务，在公共运营车辆领域，基于公交、出租、货运、长途客运、危险品运输和内陆航运等交通运输工具，开发相关的运输监控管理系统。

近年来，我国位置服务产业规模持续扩大，产值稳步增长，保持了良好的发展态势。

（三）农机位置服务类型

农机位置服务，或称农机 LBS，是指在农机作业和管理过程中，基于农机实时位置提供的内容服务，是位置服务的一种典型的行业应用。

不同的生产经营或管理服务主体有着不同的位置服务应用需求。农机位置服务主要包括以下 3 类应用。

1. 面向生产主体的农机管理调度的应用

规模化生产经营的农机合作社、农机服务公司和农场等拥有农业机械的生产主体，需要基于 GNSS 位置，对机群进行远程监管和作业调度，以掌握农机的位置分布、作业面积和作业进度，以便开展合理的田间调度，提供及时的油料和生产资料服务。这种位置服务可以有效地提高机群管理效率和农机利用率，降低管理成本和实现绩效管理。

2. 面向主机企业的农机远程运行、维护的应用

对于从事拖拉机和联合收获机等大型农机装备制造的主机企业而言，如果能够及时收集新产品的工作状况和作业状况等数据，将有助于主机企业改进产品设计，向客户提供故障诊断、远程预警、维修保养和数据分析等服务。此外，对于分期付款的农机装备，还可以根据农机的作业量分析客户的还款能力。对于逾期拒付者，可以依据售机合同，通过车载 GNSS 管理终端进行远程锁车等控制。

3. 面向监管部门的农机作业监管的应用

农机管理部门建立农机作业管理服务平台，开展购机补贴管理、作业补贴管理、燃油排放管理和突发天气情况下的应急调度等应用。这类农机位置服务平台要求精确统计农机作业面

积，以根据作业面积向农机户发放财政补贴资金。

在实际应用中，农机位置服务往往包括上面 2 类或 3 类应用。农机位置服务的典型应用包括：渔船船位监控的应用、机械深松作业监管的应用、秸秆还田作业监管的应用、采棉机作业管理的应用等。

二、农机作业服务模式

农机作业服务一般包括服务主体、服务对象和服务中介，服务主体经服务中介为服务对象提供有偿的农机作业服务，比如平地、整地、播种、中耕和收获等农机作业服务内容。

农机作业服务包括 C2C、C2B、B2C 和 B2B 4 种主要的经营模式。

（一）C2C 模式

C2C(Customer to Customer)模式，即个体对个体的农机作业服务。

在小麦收获机械化程度较低的时期，基于麦熟的区域差异性，每到小麦收获季节，为数众多的农民从南向北或从东往西，手把镰刀，为种植户收获小麦，人们称他们为“麦客”[图 8-1(a)]。麦客在明清时的中国地方志中就有明确的记载。麦客的存在缓解了广大农村地区在夏收时节面临的时间紧、任务重与劳动力不足的困境，对促进粮食颗粒归仓起到了至关重要的作用。当前，部分农机户利用剩余生产能力，也为其他个人种植户提供农机作业服务，这种模式也属于 C2C 经营模式。

(a) 麦客

(b) 联合收获机

图 8-1　小麦收割方式的发展

（二）C2B 模式

C2B(Consumer to Business)模式，即个体对集体的农机作业服务。

随着小麦联合收获机的应用和普及，高效率的收获机械极大地提高了劳动生产率，麦客逐渐退出历史舞台。为了提高联合收获机的作业效率和效益，减少交易成本，服务中介应运而生。在麦收期间，服务中介引领收获机进行集中连片作业。这种一台收获机服务多个种植户的农机作业服务模式，称之为 C2B 模式。

（三）B2C 模式

B2C(Business to Consumer)模式，即集体对个体的农机作业服务。

例如，农机合作社为个体农户提供农机作业服务，是当前非常普遍的现象，在一定程度上解决了小农户的机耕和机收等问题。规模化经营的农机合作社往往配备了数量众多、样式齐全的农业机械，这些优势为一般的小农户所不具备。

（四）B2B 模式

B2B(Business to Business)模式，即集体对集体的农机作业服务。

农机合作社为农业种植合作社、农场或村集体开展的农机作业服务，是典型的 B2B 农机作业服务模式。部分农场、种粮大户、农业种植企业采取自给自足式的农机作业方式，其本质也属于 B2B 模式。

比较以上 4 种农机作业服务模式可以看出，各种农机作业服务模式有其特点和适用性，满足了各类农业生产经营者对农机作业服务的应用需求。从作业效率和专业化程度来看，B2B 模式代表着农机社会化服务的趋势。

三、农机位置服务系统

农机位置服务系统的建设可以有效地提高农机管理服务的效率和效益，是规模化机群作业管理的必要手段。

GNSS 终端获取农机的位置、工况和作业等数据，通过移动通信网络将数据回传农机位置服务系统，经服务系统进行数据处理和统计分析，向有关人员提供农机位置服务。农机位置服务系统主要包括 GNSS 终端、移动通信网络和监控服务中心等(图 8-2)。

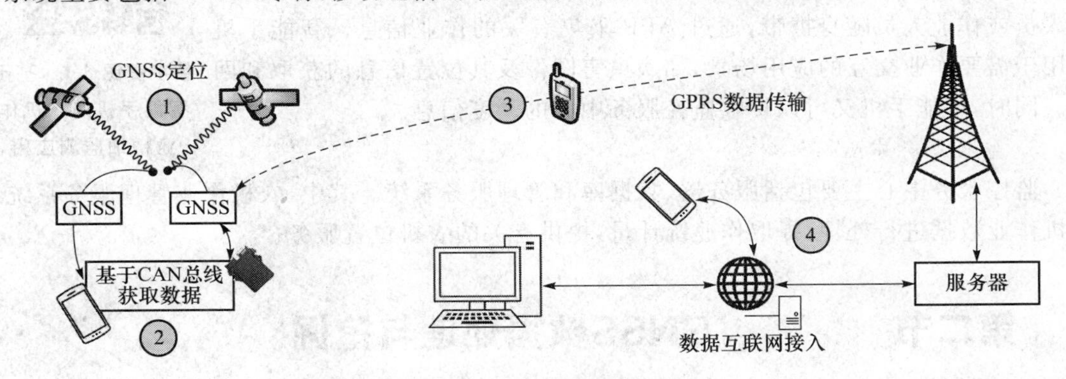

图 8-2　农机作业位置服务系统构成

GNSS 终端主要包括车载终端和智能手机 2 种，通过 2G/3G/4G 等移动通信网络，向监控服务中心传输所采集的数据。

1. GNSS 终端

车载 GNSS 终端安装在农机上，将农机位置等信息回传至监控服务中心。根据管理需要，车载 GNSS 终端还可通过有关传感器获取工况数据、作业数据、作业图像和相关数据。

(1) 定位数据。GNSS 终端可以获取全部导航定位数据，但往往只存储和回传与作业管理相关的数据，如日期、时间、经度、纬度、速度、航向、定位方式和卫星数等主要的导航定位数据。利用导航定位数据，可以计算农机作业的时长、里程和面积等信息。当前常用的 GNSS 终端有 2 类，即伪距定位终端和载波相位定位终端。未经差分的伪距定位终端定位精度约为 10 m，需要通过相应的数据处理方法，才能获得较高精度的作业面积。载波相位定位终端经差分改正可达到厘米级的定位精度，利用其轨迹数据可以精确统计作业里程和作业面积等生产作业信息。

(2) 工况数据。随着 CAN 总线在农机中的应用，GNSS 终端可以获取农机关键部件的工作状况参数，如拖拉机的发动机转速、联合收获机的脱粒滚筒转速、采棉机的风机转速和收获机的割台高度等信息。工况数据反映了工作部件的运行状态及健康状况。利用工况数据，可以远程监测农机的运行状况。与定位数据融合后，还可以更准确地识别农机的作业状态和统计农机的作业量。

(3) 作业数据。作业数据主要来源于作业机具及其监测系统，如播种机监测系统获取的播种量和漏播数据、深松作业监测系统获取的耕深数据、变量施肥机控制系统获取的肥料施用量和联合收获机产量传感器获取的产量及水分数据等。

(4) 图像数据。通过车载摄像头，可以采集农机作业现场的图像或视频。例如，深松作业和秸秆还田过程中的作业图像。

(5) 其他数据。除以上数据，利用传感器还可以获得相应的数据。例如，利用惯性测量单元(IMU)可以获取农机的三轴加速度及航向、俯仰与横滚信息，有助于判断农机的姿态。利用油量传感器可以获取发动机的瞬时油耗数据。

2. 智能手机

智能手机集卫星定位、高清拍照、移动计算、数据传输于一体。可以通过 2 次开发，实现作业要素识别、位置报告等功能。智能手机则由农机管理人员或作业人员随身携带，通过 APP 采集有关的作业信息。智能手机适用于需要作业交互的应用场景，如病虫害图像及其位置信息的获取和回传。同时，智能手机又可以接收监控服务中心的调度信息。

数字资源 8-1 基于智能手机的农机作业精细监测应用

3. 监控服务中心

监控服务中心主要包括服务器、数据库和管理服务系统。其中，农机作业管理服务系统对农机作业数据进行处理，提取作业统计量，提供有关的农机位置服务。

第二节 GNSS数据处理与挖掘

为从 GNSS 终端获得的位置、工况与作业等数据中提取工作时长、行驶里程与作业面积等信息，需要对数据进行预处理和挖掘。

一、传感器数据处理方法

(一) GNSS 静态漂移处理

农机静止时，通过 GNSS 终端所获取的位置数据，往往存在静态漂移等现象。静态漂移的特征表现为坐标及航向经常变化(偶尔变化较大),甚至还会有速度。因此,基于漂移数据统计的作业里程是不准确的,需要通过相应的数据处理方法进行去噪(图 8-3)。

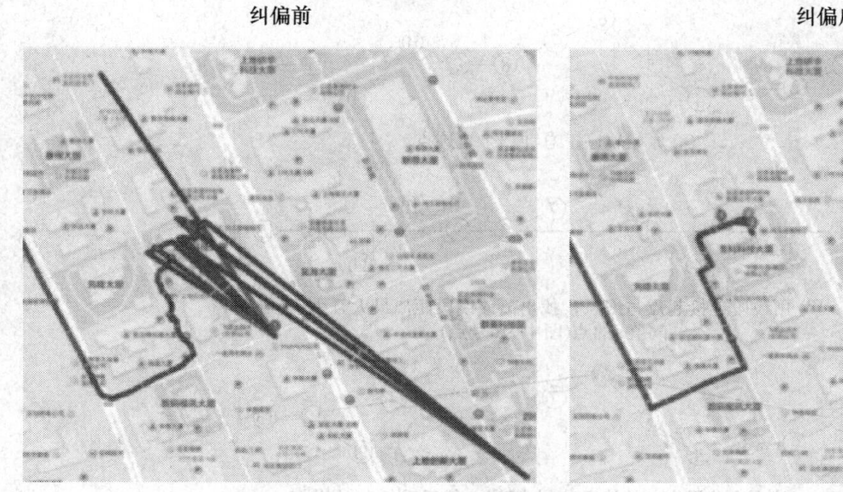

图 8-3　静态漂移处理

应对静态漂移主要有以下 2 种方法。

(1) 在 GNSS 终端中内置加速度传感器,探测农机状态,决定是否回传数据。当农机处于静态时,GNSS 终端进入休眠状态,以实现省电和停止数据回传。当农机开始行驶时,GNSS 终端切换至工作模式,开始回传高频次的定位数据,以利于农机作业统计。

(2) 通过设定运动速度阈值,对 GNSS 终端的零漂轨迹进行过滤。例如,将小于设定的速度阈值的轨迹视为漂移轨迹,进行全部过滤。但由于农机普遍处于低速作业状态,一般在 3~7 km/h,利用速度阈值容易将作业轨迹作为漂移轨迹过滤掉。

(二) GNSS 轨迹抽稀

由于农机熄火、待机或低速行驶,会造成大量的冗余轨迹,有必要加以去除。

1. 静止轨迹

针对静止轨迹,通过搜索平面坐标(即经度与纬度)相同和速度为零的轨迹点,保留第 1 个轨迹点,其余轨迹点可以作为冗余轨迹予以去除。对于平面坐标不相同的静止轨迹,采用静态漂移处理方法进行处理。

2. 运动轨迹

运动轨迹由多个离散的轨迹点连接而成,但在很多场合,为提高处理效率与显示效果,实际上并不需要将所有轨迹点逐一连接起来。例如,在同一条线段上的多个轨迹点,可以将中间部分轨迹去除,从而达到提升展示效率的目的。这种抽稀方法,将多余的数据剔除但仍然能保持轨迹曲线形状大致不变,而且还能让曲线更平滑和更节省存储空间。

抽稀的算法很多,这里介绍道格拉斯-普克算法。下面结合图 8-4 的示例进行说明,假设在平面坐标系上有 1 条由 $N(=13)$ 个坐标点组成的曲线,设定 1 个阈值 ε。

通过图 8-4 可以看出,经过多步判断,获得抽稀结果[图 8-4(d)]比原始轨迹[图 8-4(a)]少了一半的轨迹点,而且保留了原始轨迹的基本形状,显得更为平滑。需要注意的是,阈值的选择将影响抽稀的效果。在GNSS轨迹抽稀中,可以根据定位误差进行阈值的选取,这样可以获得更好的抽稀效果。

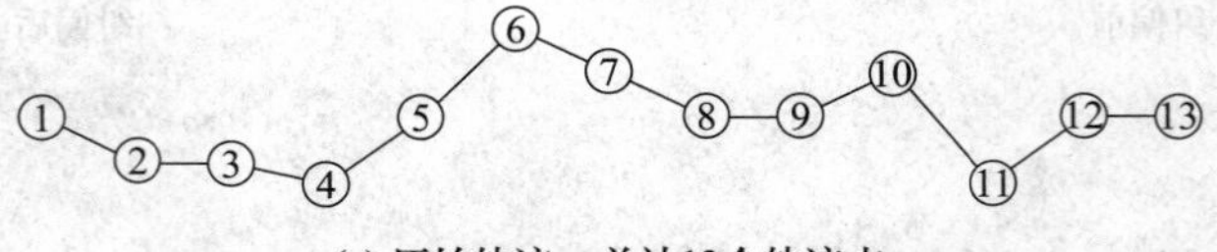

(a) 原始轨迹,总计13个轨迹点

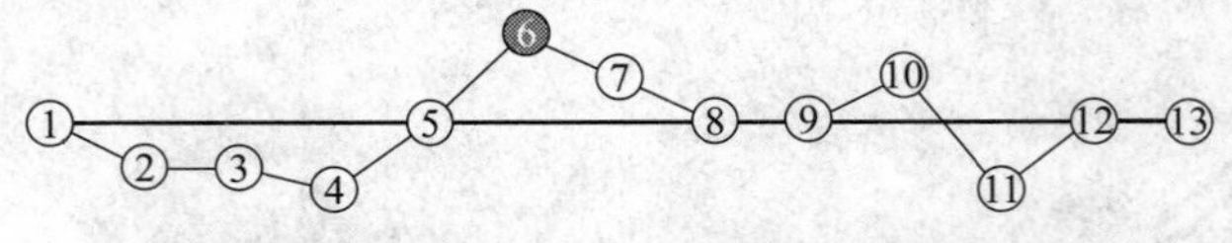

(b) 用线段连接起点与终点,找出离该线段距离最大且大于阈值ε的点(图中为6号点)

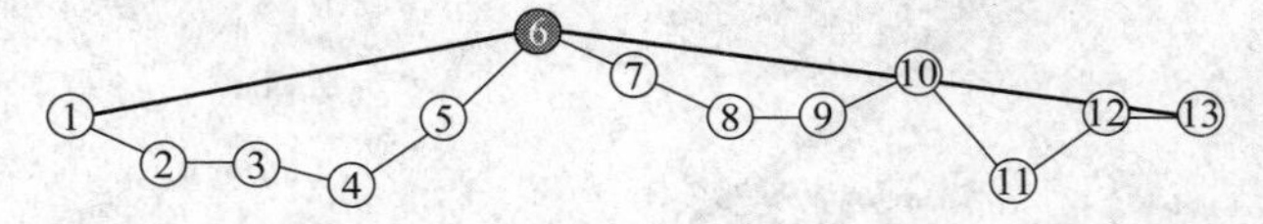

(c) 以该点为分界点,将线段分割成2段,然后重复(b)的操作,直至再也找不到符合条件的点

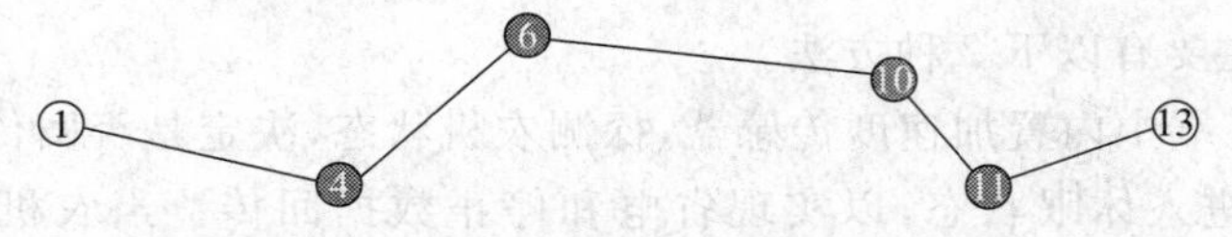

(d) 最后,将所有挑出的点连接起来,作为运动轨迹,总计6个轨迹点

图 8-4　GNSS 动态轨迹抽稀过程

(三) 加速度数据滤波

加速度传感器数据包含各种噪声,这些噪声来源主要有硬件传感器本身的不稳定性、重力加速度的影响以及发动机振动所引起的车身的振动。因此,在进行数据处理之前,需要对其滤波实现平滑去噪,以确保数据的可用性。

为去除噪声带来的影响,常采用数字巴特沃斯滤波器(Butterworth)低通滤波方法,对原始的加速度传感器数据进行滤波处理。数字巴特沃斯滤波器属于IIR数字滤波,它能使通频带的频率响应曲线变光滑,不会出现起伏,对尖峰噪声的滤波效果较好,能去除大部分传感器的高频噪声。

利用Matlab,低阶低通滤波的主要方法如下:

$W_p = K_p/(F_s/2)$

$W_s = K_s/(F_s/2)$

$[N, W_n] = \mathrm{buttord}(W_p, W_s, R_p, R_s)$

$[B, A] = \mathrm{butter}(N, W_n)$

$\mathrm{butterRIT} = \mathrm{filtfilt}(B, A, \mathrm{data})$

式中,F_s 为传感器数据的采样频率,W_p 为通带截止频率,K_p 为其系数,W_s 为阻带截止频率,K_s 为其系数,R_p 为通带最大衰减,R_s 为阻带最大衰减,N 为阶数,W_n 为截止频率,data为加速度传感器的原始数据，butterRIT 为经过滤波后的值。

如图 8-5 为 y 轴加速度滤波前、后的波形对比图。

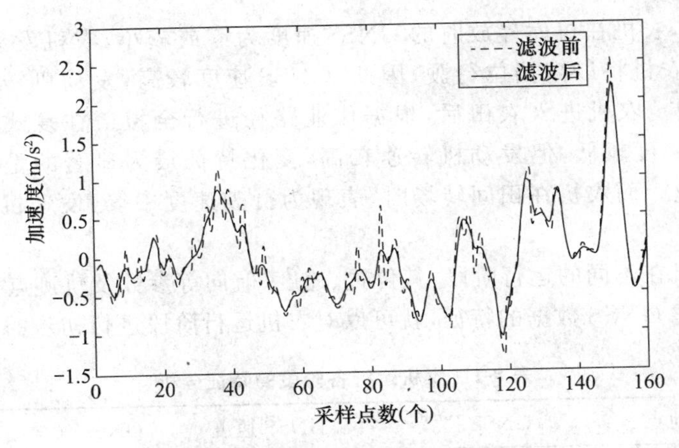

图 8-5　加速度滤波前、后波形对比图

图 8-5 中，虚线为原始加速度数据，实线为经过巴特沃斯低通滤波后的数据。通过对比可以发现，原始的加速度曲线有毛刺和抖动，而经过滤波后会变得更加光滑，且能够更为准确地反映原始加速度变化情况。

二、农机位置数据挖掘方法

数据挖掘的目的是获得农机运行和作业的基本统计量，如运行时长、作业里程和作业面积等信息。数据挖掘的基本步骤是首先对农机每日的运行阶段进行分割，然后对农机田内作业环节进行分割，最终获得上述统计量。

（一）农机工作运行阶段分割

农机每日的运行阶段分割是农机作业统计的基础。

1. 运行阶段

如图 8-6，在农闲时间，农机一般停放在机库中。作业季开始后，农机将驶出机库，经公路前往农田，田间作业完成后返回机库。因此，农机运行状态可以划分为机库停放、道路行驶、农田作业和田间转场 4 个运行阶段。

（1）机库停放。农机在机库停放时，位置保持不变、速度为零，工作部件完全静止。

（2）道路行驶。农机在道路行驶时，挡位较高，位置不断更新，速度较快，航向变化较少。

（3）农田作业。农机在田内作业时，因作业类型不同而采用不同的机具，从而表现出不同的作业幅宽、作业速度、作业路径和掉头模式。

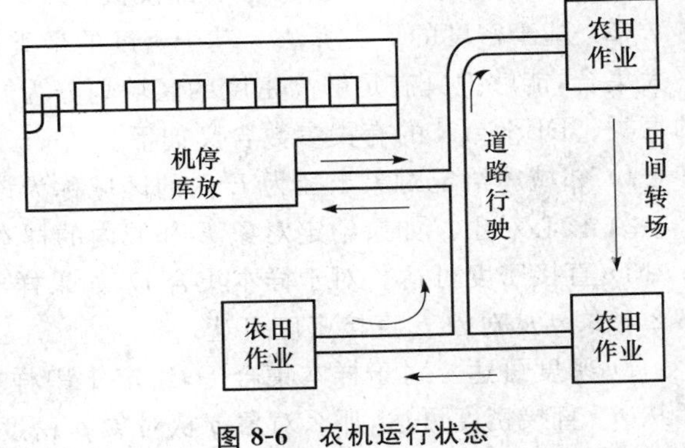

图 8-6　农机运行状态

(4) 田间转场。农机在田块间进行转场时,有可能途经公路,也可能途经田间道路。无论如何,农机田间转场在速度和轨迹密集度等方面,与其他状态均存在明显的差异。

2. 状态特征

如表 8-1 所示,农机在机库停放时的 GNSS 速度为零或较小,农机发动机转速为零或低速。进入公路后,农机将以高挡位行驶,因此,GNSS 速度较高,发动机转速中等,航向基本一致或者变化缓慢。农机进入农田后,根据作业路径进行全覆盖往复式作业,其显著特征是挡位较低、行驶速度较低,但发动机转速较高,变化特征最为显著的是航向变化,往往呈现 180°的往返作业。而农机在田间转场时,表现为行驶速度中等、发动机转速中等、航向变化缓慢。

由此可见,农机在不同的运行阶段,其位置、速度、航向等参数及轨迹点密度等方面存在显著的差异,利用上述 GNSS 数据的特征,就可以对农机运行阶段进行初步的分割。

表 8-1 农机运行各阶段的特征分析

运行阶段	所处地点	GNSS 位置	GNSS 速度	GNSS 航向	发动机转速
机库停放	机库	不变,漂移	零速,漂移	不变,漂移	零或低速
道路行驶	道路	变化,密度低	高速	变化慢	中速
田内作业	农田	变化,密度高	低速	180°变化	高速
田间转场	田间	变化,密度中	中速	变化慢	中速

3. 分割方法

由以上分析可知,基于 GNSS 终端获取的导航定位数据在不同运行阶段的特征差异,可以进行农机工作阶段的分割。分割方法主要有以下 2 种。

(1) 基于时间窗的分析方法。GNSS 终端获取的导航定位数据属于时间序列数据,结合运行状态特征,基于时间窗可以进行运行阶段的初步分析。依据时间序列,在当前轨迹点(i)的前后选择若干个历元(n 个),定义时间窗口,窗口长度为 L_i。

$$L_i = 2 \times n + 1 \tag{8-1}$$

针对 L_i 轨迹点集合,统计其速度、航向的最大值、航向的最小值、标准差和变异系数等统计量,然后进行特征匹配(表 8-1),从而将当前轨迹点划归为某个阶段。另一种方法是以静止点为断点,将所有连续的非静止点生成系列轨迹集合,这些集合包含了所有农机运行阶段的数据。静止点的判别依据是作业速度,当作业速度为零或小于某速度阈值时,即视为静止点。该方法需要事先确定各阶段的特征匹配模板。

(2) 基于密度的聚类算法。基于密度的聚类算法(DBSCAN)将簇定义为密度相连的点的最大集合,能够把具有足够高密度的区域划分为簇,并可在噪声的空间数据库中发现任意形状的聚类。DBSCAN 的有关参数含义如下。

1) 邻域。给定对象半径为 E 内的区域称为该对象的 E 邻域。

2) 核心对象。如果给定对象 E 邻域内的样本点数 $\geqslant minPts$,则称该对象为核心对象。

3) 直接密度可达。对于样本集合 D,如果样本点 q 在 p 的 E 邻域内,并且 p 为核心对象,那么对象 q 从对象 p 直接密度可达。

4) 密度可达。对于样本集合 D,给定 1 串样本点 $p_1, p_2, \cdots, p_n, p = p_1, q = p_n$,假如对象 p_i 从 p_{i-1} 直接密度可达,那么对象 q 从对象 p 密度可达。

5) 密度相连。存在样本集合 D 中的一点 o，如果对象 o 到对象 p 和对象 q 都是密度可达的，那么 p 和 q 密度相连。

可以发现，密度可达是直接密度可达的传递闭包，并且这种关系是非对称的。密度相连是对称关系。DBSCAN 目的是找到密度相连对象的最大集合。

DBSCAN 需要 2 个参数：扫描半径（eps）和最小包含点数（minPts）。任选一个未被访问（unvisited）的点开始，找出与其距离在 eps 之内（包括 eps）的所有附近点。如果附近点的数量 $\geq$ minPts，则当前点与其附近点形成一个簇，出发点被标记为已访问（visited）。然后递归，以相同的方法处理该簇内所有未被标记为已访问的点，从而对簇进行扩展。如果附近点的数量 $<$ minPts，则该点暂时被标记作为噪声点。如果簇充分地被扩展，即簇内的所有点被标记为已访问，然后用同样的算法去处理未被访问的点。

（二）农机田内作业环节分割

农机田内作业包括准备、作业、掉头及转移 4 个主要工作环节（图 8-7）。

（1）准备。在作业开始前，需要用一定的时间准备田内作业。实际工作中应避免过长时间的作业准备。

（2）作业。农机作业环节主要分为起步、作业和停车 3 个过程。

（3）掉头。农机在田内掉头区一般有 4 类掉头模式：弓形、半圆形、梨形与鱼尾形。

（4）转移。作业结束后，离开农田的行驶轨迹归为转移轨迹。

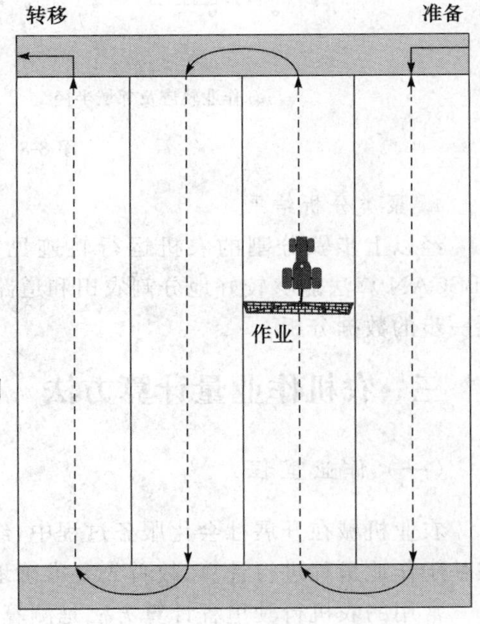

图 8-7 田内农机作业阶段分类

（三）基于 DBSCAN 的运行阶段分割实例

某农机于 2018 年 7 月 14 日开展了田间作业，GNSS 终端获取的轨迹自北京时间 8：29：32 至 22：47：20，时长 14：17：48，共计 24 990 个历元。

提取经度、纬度和速度 3 列数据，在 Matlab 环境下进行聚类分析。

1. 筛查无效轨迹点

对经度或纬度为 0 的无效轨迹点进行筛查和过滤。无效轨迹点是 GNSS 错误定位产生的，需要予以剔除。经筛查，共计过滤 36 个无效历元。

2. 去除重复轨迹点

去除重复点，以避免重复点误认为农田作业的高密度点。利用 matlab 中的 unique 函数共删除 3 317 个重复点。

3. 确定邻域半径和最少点数

聚类分析的重点任务是找出田内作业轨迹点。因此，以相邻作业轨迹点间的距离，确定邻域半径。

选择完整的作业条带，从中选取100个相邻点，计算相邻点的平均距离 l，

$$l = \sqrt{(lon_{i+1} - lon_i)^2 + (lat_{i+1} - lat_i)^2} \tag{8-2}$$

式中，lon_{i+1} 和 lat_{i+1} 分别为第 $i+1$ 个轨迹点的经度和纬度；lon_i 和 lat_i 分别为第 i 个轨迹点的经度和纬度。

所得距离 l=0.000 012 2。需要说明的是，l 并无实际的物理意义。为了简化运算，我们并没有将大地坐标转换为平面坐标。

进一步，根据相邻点的"平均距离 l"，确定邻域半径 eps。

$$eps = 2.5l \tag{8-3}$$

从图8-8可以看出，由于道路行驶速度(约36 km/h)是作业速度(约6.6 km/h)的5.5倍，在同样的邻域半径范围内，作业轨迹一般最少有3个，而道路轨迹往往只有1个。因此，最少点数 min*Pts* 确定为3。由此可见，基于邻域半径和最少点数，可以有效地分割道路轨迹和作业轨迹。

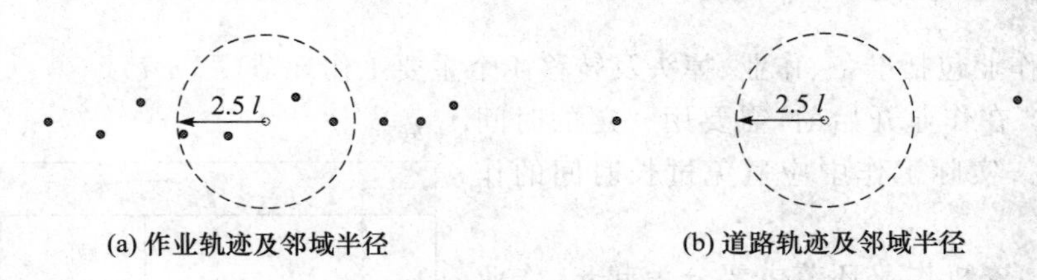

图8-8 DBSCAN邻域半径

4. 聚类分析结果

经以上步骤分割的农机运行轨迹见数字资源8-2。从图可以看出，DBSCAN算法能够较好地分割农田和道路，田内作业轨迹基本完整，可供下一步的数据分析。

数字资源8-2 基于DBSCAN聚类分析结果图

三、农机作业量计算方法

(一) 作业里程

农业机械在开展社会化服务过程中，经常涉及作业面积的计量。由于作业面积的计量往往基于作业里程进行计算，故首先要准确地统计作业里程。

常用的农机行驶里程计算方法是测算有效作业相邻轨迹点间的球面距离。

计算方法如下：

设球面上点 A 和点 B 的经纬度坐标分别为(X_1, Y_1)和(X_2, Y_2)，球面坐标为(α_1, β_1)和(α_2, β_2)，α_1、$\alpha_2 \in [-\pi, \pi]$，β_1、$\beta_2 \in [-\pi/2, \pi/2]$，地球半径为 R=6 371 004 m，则有：

$$\left.\begin{aligned} \alpha_1 &= X_1\pi/180 \\ \beta_1 &= Y_1\pi/180 \\ \alpha_2 &= X_2\pi/180 \\ \beta_2 &= Y_1\pi/180 \end{aligned}\right\}$$

球面距离 $\boldsymbol{D}_{AB}$ 计算如下：

$$\boldsymbol{D}_{AB} = R \times \arccos[\cos\beta_1 \times \cos\beta_2 \times \cos(\alpha_1 - \alpha_2) + \sin\beta_1 \times \sin\beta_2] \tag{8-4}$$

需要注意的是，依时间顺序将相邻点的球面距离累计所得到的里程，往往比真实里程要

长，这是由于 GNSS 定位误差造成的。合理的做法是：对单条作业条带的全部轨迹点，利用最小二乘法进行直线或曲线拟合，所得线段的长度更接近于真实距离。

例如，提取某农机某条作业条带的轨迹，共获得 172 个轨迹点（数字资源 8-3）。利用相邻点球面距离累计所得的里程为 227.7 m，而经最小二乘法拟合所得线段长度为 221.4 m，二者相差 6.3 m，约为后者的 2.8%。事实上，农机驾驶员在作业过程中，会努力按直线行驶，这与最小二乘法的出发点是一致的。

数字资源 8-3 GNSS 轨迹点及拟合直线

正是由于轨迹点可能隶属于不同的运行阶段或作业环节，故一般基于历史轨迹集合，在移动终端或服务器端进行作业里程的计算，以减少作业里程计算误差。

（二）作业面积

基于农机作业轨迹计算农机作业面积的方法有多种，比如矢量缓冲区法、栅格缓冲区法、面积包络法和距离（里程）测量法。基于作业里程（距离）计算作业面积是最简单、最直接的方法。

$$S = D \times w \tag{8-5}$$

式中，S 为作业面积（m^2），D 为所有有效作业里程之和（m），w 为机具的作业幅宽（m）。

例如，设数字资源 8-3 中的机具作业幅宽为 $w=4.0$ m，则可知该作业条带的面积为 $S=885.6$ m^2 或 1.33 亩。

第三节 典型农机位置服务系统

本节介绍农机位置服务的典型应用。

一、采棉机管理服务系统

为提高采棉机管理效率、作业效率和经营效益，大型机采棉公司需要对采棉机安装 GNSS 终端，建立管理服务系统。

（一）系统组成

采棉机管理服务系统主要由 GNSS 终端、系统平台等组成。

数字资源 8-4 采棉机管理服务系统结构

1. GNSS 终端

GNSS 终端由显示屏和各功能模块及传感器组成。显示屏可以实时显示采收面积和采收总面积等信息。各功能模块及传感器将车辆状态、行走轨迹、油量状态、保养时间和异常报警等相关数据，通过移动通信模块实时回传至中心机房，由系统平台分析处理。

GNSS 终端采用大电池、低功耗和超低温度待机等设计，使得在冬歇期、无外电情况下仍可以持续工作，以保障资产的安全。

2. 系统平台

系统平台的主要功能如下：

(1) 位置监控。通过系统平台（图 8-9），管理人员可以随时查找指定的采棉机位置、回放其作业轨迹和作业进度等信息。

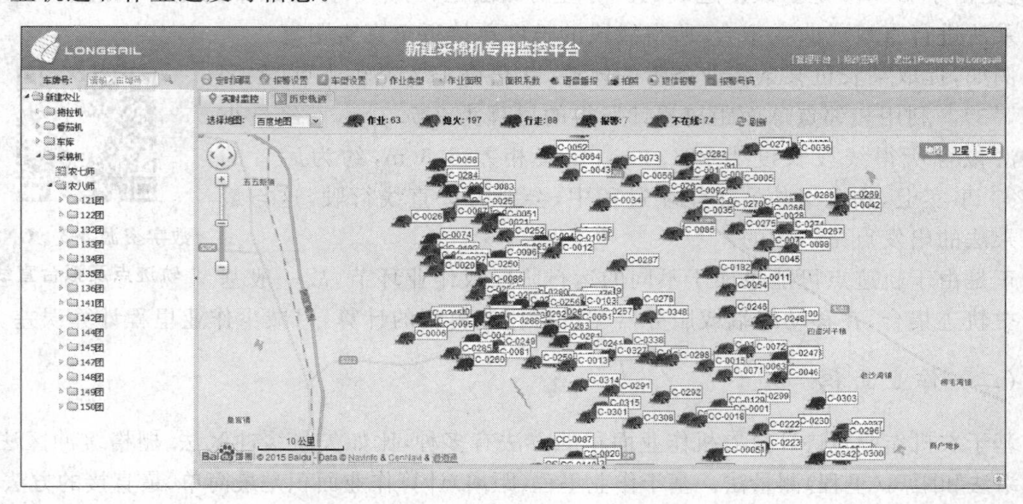

图 8-9　采棉机监控平台主界面

(2) 作业统计。系统平台可以统计每台采棉机的平均作业速度和作业面积(图 8-10),生成各项管理数据表格,包括各车辆的正、复采面积报表以及项目组、整个公司的正、复采面积报表。作业面积的计算采用了以下几个关键参数:GNSS 轨迹、速度、采棉机风机转速、工作台宽度及工作台高度等。作业面积测量误差小于 1%,可以满足各方的应用需求。

图 8-10　采棉机作业轨迹图

(3) 复采管理。基于 GNSS 终端回传的监控图像,可以掌握复采的真实性。

(4) 保养维护。GNSS 终端回传的采棉机润滑脂箱的实时数据,可以辅助管理员准确判断润滑保养时间与次数,从而对驾驶员进行督促,保证机车按时保养。

(二) 辅助调度

1. 管理流程

图 8-11 为采棉机调度流程,包括签署订单、创建机组、组建机组和指派任务等环节。最终,由机组组长根据农田分布和棉田距离等信息,分配采棉机到指定棉田。

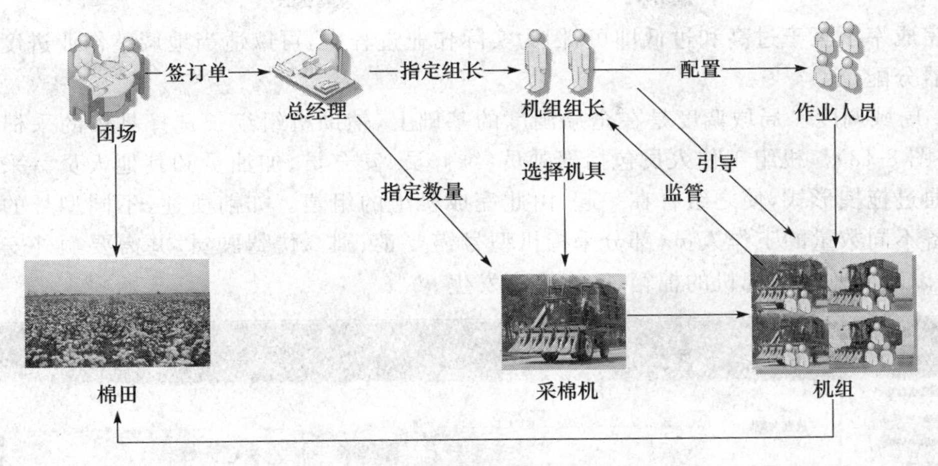

图 8-11　采棉机调度流程

2. 管理调度

管理调度包括全局调度和局域调度 2 个层次。

(1) 全局调度。图 8-12 为全局调度系统界面。基于采棉机全局调度系统，管理人员可以创建机组、选择采棉机类型及其数量，并为每个机组指定组长。

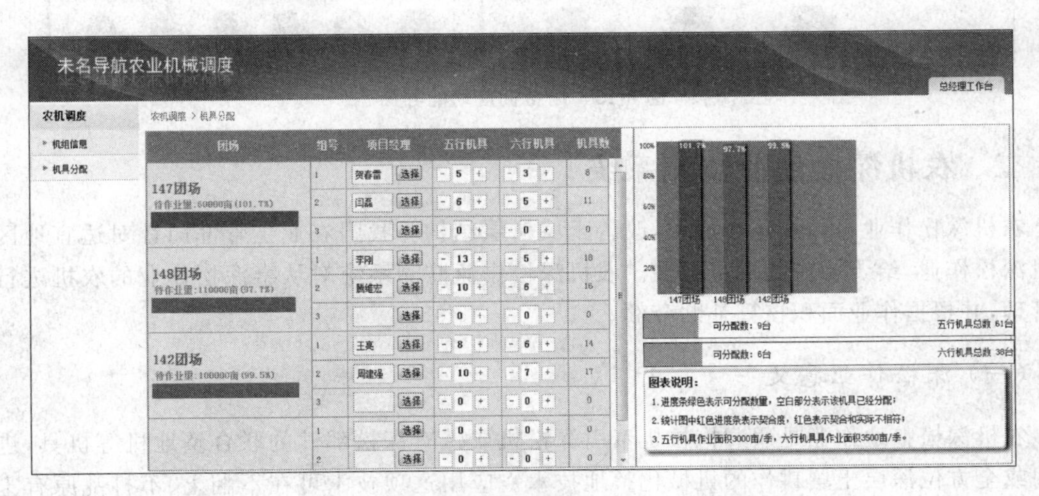

图 8-12　全局调度系统界面

在每个机组的下方，可实时显示作业订单量及预计订单完成率。

作业完成率计算方法如下：

$$P_i = \frac{\sum_{j=1}^{n} B_j N_{ij}}{A_i} \times 100\% \tag{8-6}$$

式中，P_i 为第 i 个订单的完成率，%；A_i 为第 i 个订单的作业面积，亩/季；B_j 为第 j 种采棉机的平均作业能力，亩/(季・台)；n 为采棉机种类数量，类；N_{ij} 为第 i 个订单分配的第 j 种采棉机数量，台。

显然，各个订单的完成率趋近 100%是最理想的调度方案。但在实际全局调度过程中，只需确保完成率不至于过高和过低即可，因为实际作业过程中，可以适当地调整作业进度或重新微调机器分配。

(2) 局域调度。局域调度是在全局调度的基础上，辅助机组组长选择具体的采棉机和工作人员(图 8-13)。机组工作人员包括驾驶员、维修员、安全员、加油员和其他人员。采棉机和人员均通过拖拽形式，使之组合在一起，由此完成机组的组建。如前所述，不同型号的采棉机需要配备不同数量的工作人员，部分采棉机型号需要正、副 2 位驾驶员，并需要额外安排 1 位安全员，以时刻监视采棉机的棉箱，防止火灾发生。

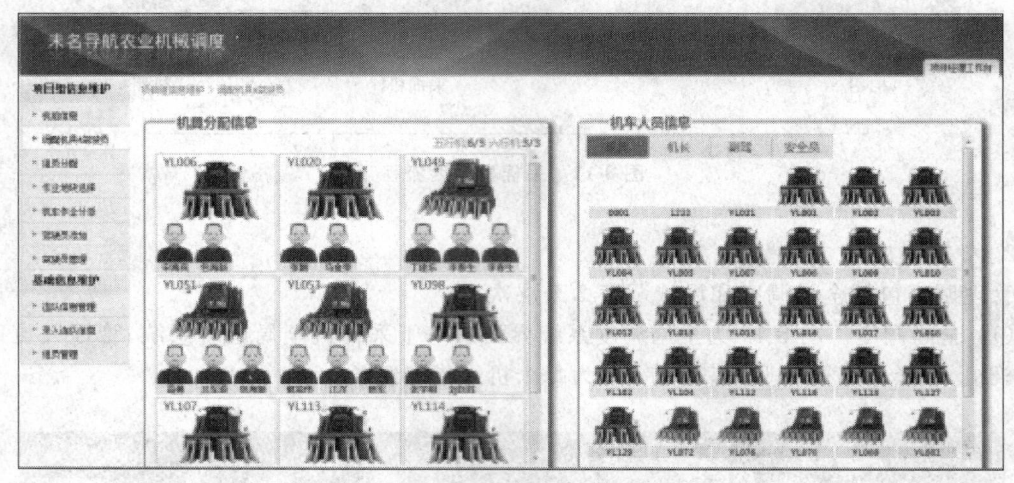

图 8-13　局域调度功能界面

二、农机深松作业监测系统

农机深松作业可以打破犁底层，改善土壤耕层结构。我国农业主管部门针对适宜地区的农机深松作业，给予相应的资金补贴。农机深松作业监测系统对从事深松作业的农机进行远程管理，并根据作业面积核算补贴金额。

(一) 深松作业意义

农机深松整地作业是通过拖拉机牵引深松机或带有深松部件的联合整地机等机具，进行行间或全方位深层土壤耕作的机械化整地技术。应用这项技术可在不翻土、不打乱原有土层结构的情况下，打破坚硬的犁底层，加厚松土层，改善土壤耕层结构(图 8-14)，从而增强土壤蓄水保墒和抗旱防涝能力，能有效地增强粮食基础生产能力，促进农作物增产和农民增收。

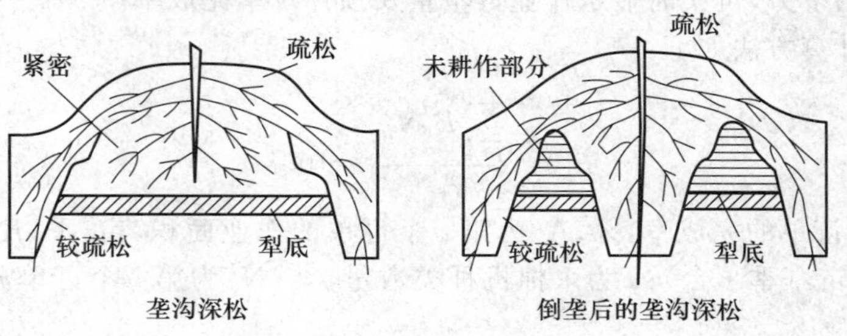

图 8-14　土壤耕层构造

自20世纪80年代以来，我国一些地区农户常年用小四轮拖拉机带铧式犁或旋耕机进行浅翻和旋耕作业，致使在耕作层与心土层之间形成了一层坚硬、封闭的犁底层，其厚度可达6～10 cm，阻碍了耕作层与心土层之间水、肥、气与热量的连通，导致地力逐年下降。

图 8-15　农机深松作业

近年来，黑龙江等地深松整地作业取得了显著的效果：一是促进土壤蓄水保墒，增强抗旱防涝能力。深松地块伏旱期间平均含水量比未深松的地块提高7%，作物耐旱时间延长10 d左右。二是促进农作物根系下扎，提高抗倒伏能力。深松改善了作物根系的生长条件，促进根系粗壮、下扎较深、分布优化，充分吸收土壤的水分和养分，促进作物生产发育。三是促进农作物生长，提高粮食产量。

目前，我国各地已探索形成了适宜各种土壤类型的深松整地技术模式，研发了一批先进适用的深松整地机具，农机化主管部门积累了较为丰富的推广工作经验。

（二）深松作业监测系统

由于机械故障或人为因素，容易引起深松作业质量差等突出问题，国内外研究了多种方法对耕深作业质量进行监控。下面主要介绍基于下拉杆倾角传感器的耕深监测方法。

1. 系统组成

深松监测系统主要包括GNSS作业监测模块和监控平台组成(图8-16)。其中，GNSS深松作业监测终端由微控制器、GNSS定位模块、作业深度监测装置、机具识别装置、图像采集装置、显示报警装置、数据存储模块及GPRS通信模块等组成。

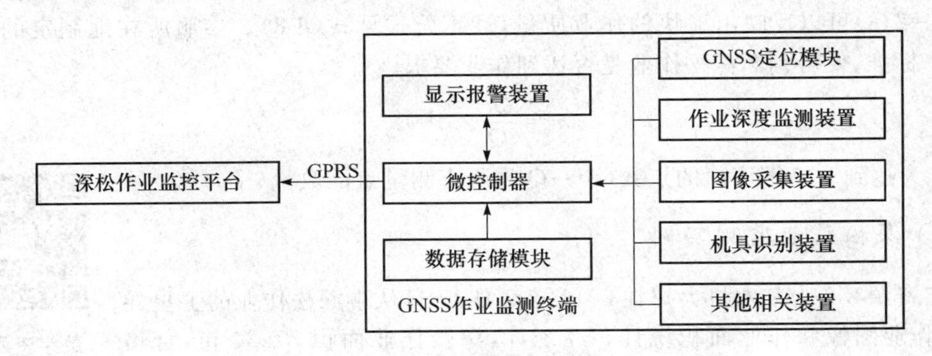

图 8-16　深松监测系统结构

作业深度监测装置利用倾角传感器测量深松机相对于水平面的倾角变化量，据此计算深松机的入土深度。机具识别装置用于识别拖拉机挂载的深松机，以便作业监测终端自动获取深松机组的机具类型和作业幅宽等信息。

数字资源 8-5　倾角传感器和机具感知传感器实物安装图

2. 耕深监测原理

倾角传感器安装在拖拉机的下拉杆上，实时测量下拉杆的角度变化，从而计算耕深 H。

图 8-17 为耕深监测原理图，根据下拉杆 OA 的角度变化，得耕深计算公式

$$H = L(\sin\alpha + \sin\beta) \tag{8-7}$$

式中，α 为深松机标定时下拉杆与水平面间的夹角；β 为深松机作业时下拉杆与水平面间的夹角。

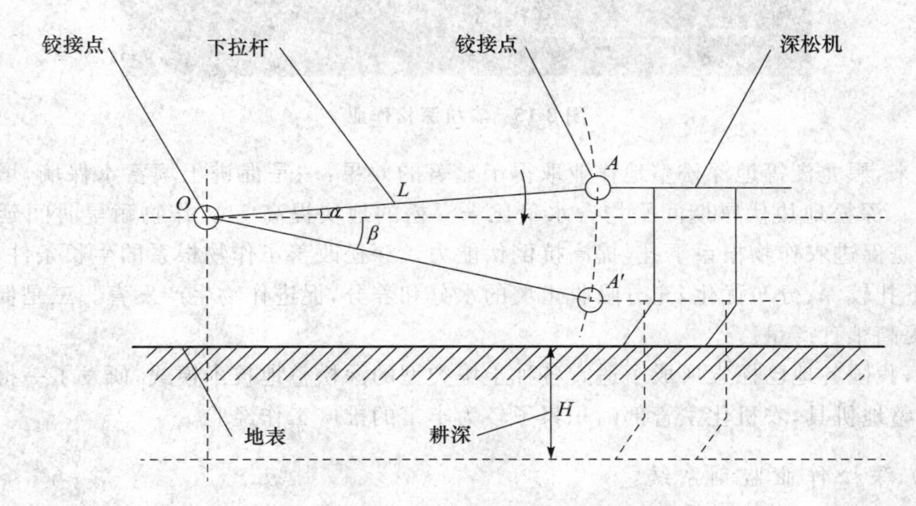

图 8-17　耕深监测原理

式(8-7)为理想状态下的耕深监测公式。在实际作业中，不仅要测量下拉杆的角度，还要测量深松机的姿态。

3. 面积计算方法

计算面积主要依据拖拉机的行驶轨迹、农具的幅宽，采用式(8-5)等方法进行计算。

4. 合格率计算方法

合格率(σ)可以反映出地块的作业质量，计算公式见式(8-8)。参照所在地制定的深松作业合格率标准，便可判断深松作业是否达到作业要求。

$$\sigma = \frac{Q_1}{Q} \times 100\% \tag{8-8}$$

式中，Q_1 为达到合格深度值的点数(个)；Q 为所有测量点的数量(个)。

（三）深松作业监测实例

数字资源 8-6 为某农机大户在 2019 年 5 月 17 日从事深松作业的卫星导航轨迹、作业图像和作业面积统计。经统计，深松作业面积 87.24 亩，合格率 98%。

数字资源 8-6
深松作业实例

利用倾角传感器测量耕深，不受地面遗留的秸秆、杂草、垄和土块的影响，具有较好的环境适应性。但当深松机在有坡度或起伏的农田中作业时，会导致较大的误差。由于拖拉机的下拉杆存在自由行程，深松机在颠簸中作业时，也会报告异常值。

数字资源 8-7 湖北省北斗农机信息化管理系统

数字资源 8-7 为湖北省北斗农机信息化管理系统，该系统不仅能够管理深松作业，还能够对机插秧、植保和稻麦收割等农机作业进行管理。利用差分北斗/GNSS 终端，可以实现精准的作业面积计量，为政府部门发放农机作业补贴、落实惠农政策，奠定了可靠的技术基础。

三、北斗海洋渔业应用

我国是渔业大国，水域面积 300 余万 km^2，渔业船舶 28.14 余万艘，渔民 1 000 余万人。因缺乏有效的通信手段和有效的救援手段，渔业生产属于高危行业。基于北斗短报文的海洋渔业应用，可以说是我国最为成功的北斗农机位置服务应用。

（一）系统结构及功能

海洋渔业渔船船位监控指挥管理系统（图 8-18）由北斗卫星及卫星地面站、船载终端、运营服务中心和渔业管理部门用户陆地监控台站等组成。通过整合卫星导航定位系统、地理信息系统、移动通信网络和因特网等技术手段，构建了多网合一的统一信息管理和信息共享平台。

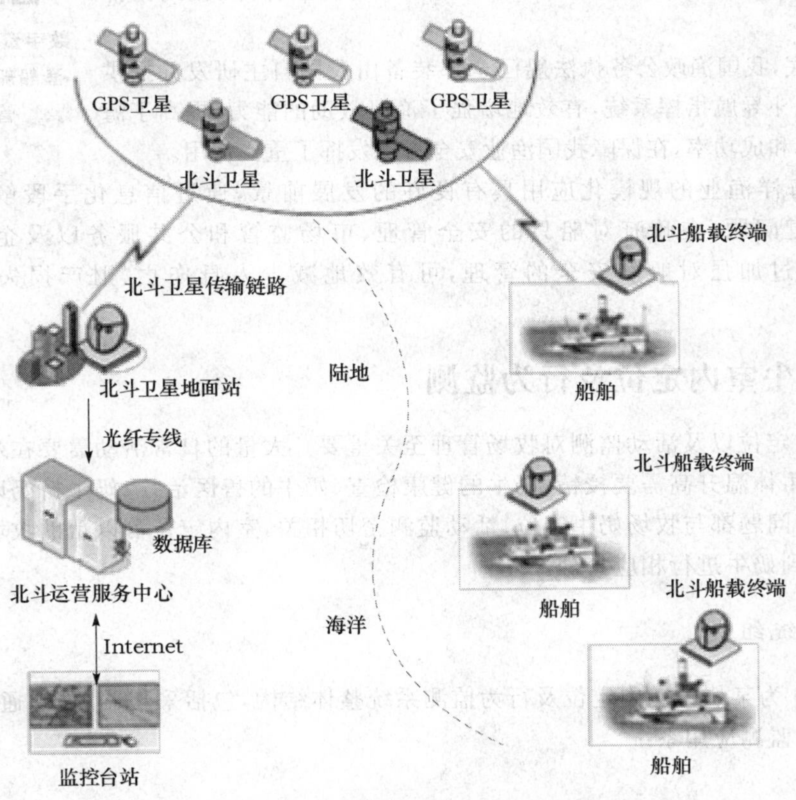

图 8-18 海洋渔业渔船船位监控指挥管理系统结构

系统主要提供远海及近海渔船船舶的位置监控、紧急报警服务、区域报警、渔船出入港报告等服务。通过北斗天枢运营服务中心，向各级渔业管理部门、渔业公司提供海上渔船的监控管理、遇险救助和短信息互通服务。

（二）应用模式及运营服务

目前，海洋渔业运营的北斗天枢运营服务中心有北京和海口 2 个互为备份的运营分中心以及分布在沿海主要省、市的多个营业网点组成。

中心设有北斗终端用户特服号码“2097002”、手机短信特服号码“10660096”、注册会员业务操作网络服务平台等，能够为移动终端用户、手机用户、管理部门提供 7×24 小时全天候服务，同时设有 Call Center（呼叫中心）客服号码，可为用户提供咨询、技术支持、投诉、售前售后等服务。

（三）应用实例

南沙渔船船位监控指挥管理系统是我国北斗卫星导航定位系统的民用推广项目，通过北斗天枢运营服务中心，向南海局政府管理部门、企业的地面监控台站、渔业作业船只提供监控管理、遇险救助、短信息通信等服务。该系统自 2007 年 5 月系统试运行以来，在东沙群岛搁浅事件和“米娜”台风事件，以及渔船被外国抓扣救援事件中，均发挥了明显的安全保障、救助指挥的作用。

数字资源 8-8　南沙渔船船位监控指挥管理系统

2012 年底，我国渔政公务执法船已全部装备由我国自主研发并提供相关服务的北斗导航指挥系统，有效地增强了渔民救助的能力，提高了海上搜救的效率和成功率，在保障我国渔业安全方面发挥了重要作用。

北斗在海洋渔业的规模化应用具有良好的发展前景，通过信息化手段解决船舶安全管理中的关键问题，在政府对船只的安全管理、市场监管和公共服务以及企业的安全监控等方面，通过加强对船舶安全的管理，可有效地减少人身伤亡、财产损失和降低环境污染。

四、奶牛室内定位及行为监测

奶牛室内定位以及活动监测对牧场管理至关重要。大量的日常活动需要在牛群中搜索个体奶牛，如奶牛体温升高需要授精、奶牛的健康检查、奶牛的兽医治疗、奶牛挤奶以及奶牛与牧场程序同步等问题都与牧场奶牛定位、活动监测密切相关，室内定位可以帮助牧场工作人员快速、轻松地找到奶牛进行相应处理。

（一）系统组成

如图 8-19 为某奶牛室内定位及行为监测系统整体结构，包括采集器、移动通信模块、服务器和奶牛发情监测应用系统。

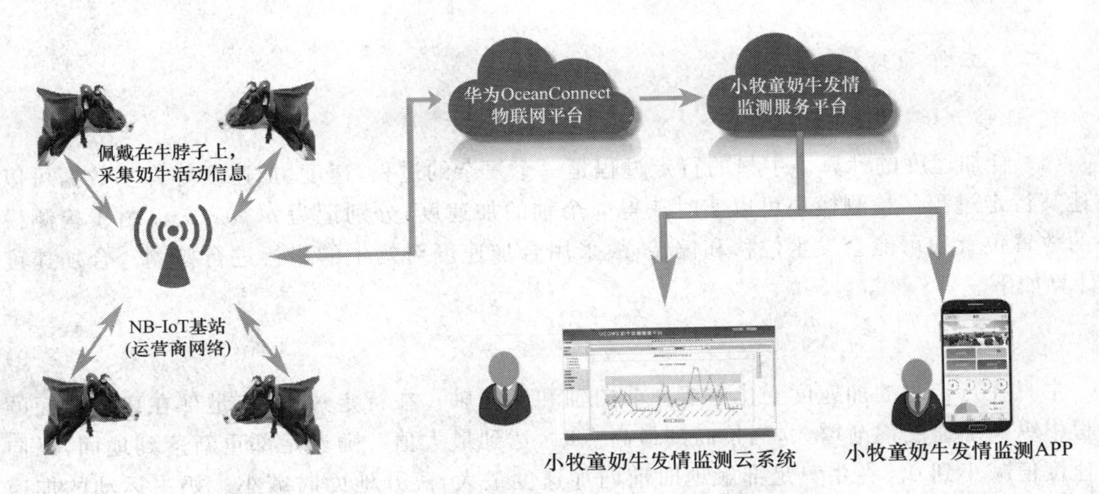

图 8-19　奶牛室内定位及行为监测系统结构

1. 采集器

常见的采集器可以检测奶牛的步数、姿态、体温等信息，以分析奶牛的运动量和健康状况。奶牛的步数往往采用三轴加速度计进行检测，姿态则采用气压计进行检测。由于位置对于寻找奶牛至关重要，有的采集器还具有室内定位功能。

数字资源 8-9　佩戴检测模块的奶牛

奶牛佩戴检测模块的方式有 2 种，包括项圈式和脚环式。为便于摘、戴且避免损坏，检测模块往往套在奶牛脖子上。

2. 移动通信模块

通信方式有多种多样，比如 ZigBee、LoRa 和 NB-IoT。ZigBee 和 LoRa 需要自行安装通信基站，覆盖范围有限，且需经 GPRS 传输至服务器。而近几年发展的 NB-IoT 则可以直接将采集器接入运营商的网络，不需要专人维护基站，且覆盖强，信号范围广。

数字资源 8-10　ZigBee 介绍

数字资源 8-11　LoRa 介绍

数字资源 8-12　NB-IoT 介绍

3. 应用系统

奶牛发情监测云系统包含 PC 端软件和移动端 APP，软件能够实时、准确地将采集到的奶牛活动量进行分析，形成牛只活动量曲线，准确地分析出发情牛只信息，形成牛只发情数据报表、动态更新配种状态，通过移动端 APP、软件报表报送至牛场工作人员。奶牛发情监测云系统 PC 端软件提供日常奶牛发情预警管理、牛舍管理、牛只信息管理、奶牛活动量曲线、定位管理等报表管理功能；奶牛发情监测云系统移动端 APP 可通过扫描奶牛活动量采集器二维码或条码信息绑定牛只耳标号录入系统，系统具有牛只基本信息管理、发情管理、配种管理、孕检管理和异常管理等功能。

（二）工作原理

1. 计步方法

（1）合加速度的计算。牛只的行走过程是一个复杂的过程，速度、加速度等许多数据可以描述其行走过程。检测模块可以实时获得3个轴的加速度，分别记为a_x、a_y、a_z。由于检测模块的放置位置很可能会发生位移和偏转，故采用合加速度对奶牛的步行进行检测。合加速度a计算如下。

$$a = \sqrt{a_x^2 + a_y^2 + a_z^2} \tag{8-9}$$

牛只在行走时的加速度变化主要在前向轴和纵向轴。在行走过程中，足部在离开地面的过程中纵向加速度逐渐增大，当抬高到最高点时，达到最大值。随着足部重新落到地面，纵向加速度值减小到0。在牛只足部触地时前向加速度最大，离开地面时减小。奶牛运动的加速度波形具有一定的规律，可以根据这一规律确定奶牛的步伐。

（2）加速度滤波处理。在计步过程中，可以通过检测加速度正弦波的波峰数来识别步数，若连续检测到2个波峰则记为一步。由于外界干扰而产生的伪波峰和伪波谷（图8-20）是计步误差的主要来源。为此，对加速度进行多次低通滤波，使波形变得更平滑，对伪波峰进行初步地滤除。

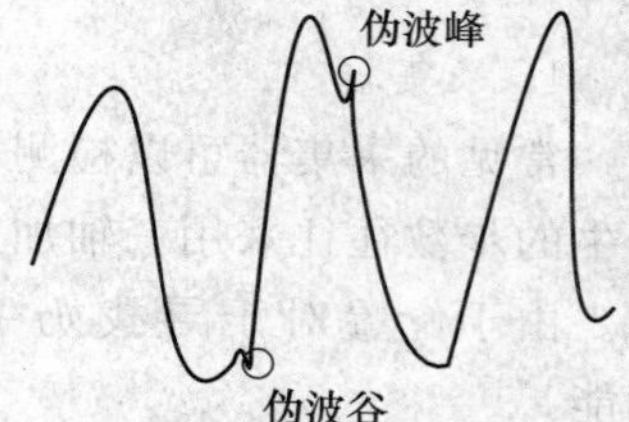

图8-20　伪波峰和伪波谷示意图

（3）计步阈值确定。对滤波后的加速度，再利用峰值阈值和时间阈值进一步全面滤除伪波峰和进行步数统计。牛只在运动或静止状态下所采集到的加速度波形并不一样，其运动幅度与加速度波峰的峰值具有对应关系。奶牛与人的行走状态类似，从而可以通过设定加速度阈值范围，滤去过高或过低的信号噪声，在合理范围内的加速度信号才是有效的。

通过设定相邻波峰之间的时间差阈值来确定1步，以防止计步过程在时域范围内反应太敏感或太迟缓。通过实际观察发现，牧场中的奶牛其走路频率很低，基本不会出现频率特别高的情况。有时处于发情期的奶牛其步数频率较高，但也不会出现大于4 Hz的情况。因此，可以通过时间差阈值来进一步提高计步精度。

2. 姿态检测

奶牛一般情况处于3种姿态：走路、站立、趴卧。当计步器可以记录步数时一定是处于走路状态；当奶牛停止步行时可能处于2种状态：一种是站立不动，另一种是处于趴卧状态。由于成年奶牛从站立到趴卧状态脖颈高度至少会下降50 cm。在海拔3 km以下时，高度每下降100 m，气压增加1 kPa。由于奶牛在趴卧时高度差值比较大，可以采用高精度的气压传感器探测奶牛所处高度实时气压值数据。

将当前的气压值数据不断地与前一时刻气压数据对比就可以知道奶牛所处姿态。如果奶牛停止步行后气压值上升5 Pa以上，系统即会判断其从站立状态转变为趴卧状态。如果停止步行后气压值增加未超过5 Pa，系统仍会判断奶牛处于站立状态。当系统判断奶牛处于趴卧状态后，仍然会向缓存中存储气压值数据，并将连续3 s的气压值数据取平均值，作为趴卧气压均值。实时采样的气压值数据会与趴卧气压平均值数据对比。如果实时气压值比趴卧气压平均值数据减小超过5 Pa，则判定奶牛重新站立。

3. 体温检测

在奶牛养殖中，奶牛体温是衡量奶牛健康状况和生理状态的重要参数，奶牛体温的检测对于奶牛疾病诊断、发情预测及健康管理等具有重要意义。

传统的奶牛体温测量采用人工直肠测温方式，通过兽用水银或电子温度计测温，这种方式测量的体温较为准确，但是需要专人负责，劳动强度大；而且直肠部位不适合长期放置传感器，容易引起奶牛疾病的交叉传播，同时不能满足规模化养殖的精细管理要求。

自动测温主要采用温度传感器和无线通信技术相结合的方式来检测奶牛体温的变化并实现奶牛体温的传输。自动测温又分为接触式、非接触式、植入式 3 种方式。接触式测温精度高，但传感器位置难以固定；非接触式测温速度快，不受时间限制，但测量结果常受到外界环境的影响；植入式测温保证埋置于奶牛体内的温度传感器处于接近恒温和少干扰的环境，可使精度准确性大幅度提高。

4. 室内定位

常用的奶牛跟踪无线定位技术有 UWB(Ultra Wide Band)精准定位技术和 RSSI(Received Signal Strength Indication)信号定位技术等。下面介绍 UWB 室内定位方法。

UWB 技术是一种可以在大部分无线电频段上使用的低功耗无线电技术，常用于短程、高带宽的通信，目前研究人员将其应用于传感器数据采集、精确定位和位置跟踪。研究表明，在半开放的奶牛牛舍中使用 UWB 系统，其定位的平均误差约为 0.11 m。相比于其他定位技术，UWB 技术具有定位精度高、传输速率快、抗干扰性强、功耗低、系统容量大等优点，但缺点是频谱利用率低、传输数据率低、成本较高。利用奶牛室内定位系统，可以准确地定位单个奶牛或多头奶牛，不仅可以节省宝贵的时间，优化劳动效率，还有助于及时、准确地对奶牛执行治疗。

数字资源 8-13　UWB 定位原理

数字资源 8-14　奶牛室内定位

（三）数据应用

1. 健康监测

奶牛的健康状况会通过活动量和采食规律体现。活动量监测是通过计算奶牛行走参数来实现的。如果当前步数明显低于前期平均数值，系统就会给管理人员发送报警信息，以追踪疾病早期或瘸腿的奶牛。

2. 发情监测

奶牛发情状态通常会由各项生理参数反映，其中最具有代表性的生理体征参数是体温和活动量(即步数)，高精度的温度检测可以提供最佳授精时刻的建议(数字资源 8-15)。

经研究发现，牛只在发情期体温呈规律性变化，可为鉴定发情、预测排卵时间提供参考。奶牛发情前 4～5 d 体温开始下降，至发情前 2 d 降到最低，随后体温逐渐升高，发情当天达到最高。奶牛在发情时活动量也会明显增加，并随着发情进程的逐渐升高，在发情盛期时达到最高，其发情时的活动量会增加至平时的 3～5 倍。此外，奶牛在发情期间，其活动量会上升、静卧时间变长、体温比平常高 0.5℃左右。

建立以奶牛行走步数、静卧时间、行走时间、温度为输入，以奶牛行为特征为输出的 LVQ 神经网络发情行为辨识模型与预测模型。经过初步试验验证，设计的监测系统和神经网络辨识算法检测奶牛发情的检出率可达 95%及以上，准确率达到 90%及以上。

数字资源 8-15 奶牛活动量监测实例

复习思考题

1. 简述位置服务的起源与发展。
2. 农机位置服务的类型有哪些？
3. 车载农用 GNSS 终端可以采集哪些数据？这些数据可以发挥什么作用？
4. 如何融合 GNSS 终端采集的各种数据，以提高轨迹分割和面积计量的精度？
5. 采棉机的远程监测如何发挥维修保养的作用？
6. 深松监测的基本原理是什么？
7. 北斗海洋渔业应用有哪些意义？
8. 如何根据加速度波形准确计算牛只的步数？为什么要用合加速度？

参考文献

[1] B. Erickson, J. Lowenberg-DeBoer. 2019 Precision Agricultural Services Dealership Survey Results[R]. https://www.croplife.com/management/2019-precision-agriculture-dealership-survey-more-moves-toward-decision-agriculture/.

[2] J. Wang, Y. Zhu, Z. Chen, et al. Auto-steering based precise coordination method for in-field multi-operation of farm machinery[J]. Int J Agric & Biol Eng, 2018, 11(5): 174-181.

[3] H. Seyyedhasani, J. S. Dvorak. Using the Vehicle Routing Problem to reduce field completion times with multiple machines[J]. Computers and Electronics in Agriculture, 2017, 134: 142-150.

[4] K.-K. Oh, H.-S. Ahn. Leader-follower type distance-based formation control of a group of autonomous agents[J]. International Journal of Control, Automation and Systems, 2017, 15(4): 1738-1745.

[5] G. T. C. Edwards, J. Hinge, N. Skou-Nielsen, et al. Route planning evaluation of a prototype optimised infield route planner for neutral material flow agricultural operations[J]. Biosystems Engineering, 2017, 153: 149-157.

[6] C. Zhang, N. Noguchi, L. Yang. Leader-follower system using two robot tractors to improve work efficiency[J]. Computers and Electronics in Agriculture, 2016, 121: 269-281.

[7] C. Wu, L. Zhou, J. Wang, et al. Smartphone based precise monitoring method for farm operation[J]. International Journal of Agricultural and Biological Engineering, 2016, 9(3): 111-121.

[8] European GNSS Agency (GSA). GNSS Market Report (Issue 5). https://www.gsa.europa.eu/system/files/reports/gnss_mr_2017.pdf.

[9] K. Zhou, A. L. Jensen, C. G. Sørensen, et al. Agricultural Operations Planning in Fields with Multiple Obstacle Areas[J]. Computers and Electronics in Agriculture, 2014, 109: 12-22.

[10] Q. Zhang, F. J. Pierce. Agricultural Automation: Fundamentals and Practices[M]. New York: CRC Press, 2013.

[11] D. D. Bochtis, P. Dogoulis, P. Busato, et al. A flow-shop problem formulation of biomass handling operations scheduling[J]. Computers and Electronics in Agriculture, 2013, 91: 49-56.

[12] J. Jin, L. Tang. Coverage path planning on three-dimensional terrain for arable farming[J]. Journal Of Field Robotics, 2011, 28(3): 424-440.

[13] B. S. Blackmore, H. W. Griepentrog, S. Fountas. Autonomous Systems for European Agriculture[C]. https://www.uni-hohenheim.de › qisserver › rds.

[14] 安晓飞，孟志军，武广伟，等. 基于CAN总线的谷物产量快速计量系统研发(英文)[J]. 农业工程学报，2015，31(S2)：262-266.

[15] 白晓平，胡静涛，王卓. 基于视觉伺服的联合收获机群协同导航从机定位方法[J]. 农业工程学报，2016，32(24)：59-68.

[16] 白晓平，王卓，胡静涛，等. 基于领航-跟随结构的联合收获机群协同导航控制方法[J]. 农业机械学报，2017，48(07)：14-21.

[17] 曹冲. GPS现代化及其令人刮目的规划部署[J]. 卫星与网络，2018 (07)：22-23.

[18] 曹冲.北斗导航产业发展现状与前景分析[J].卫星应用,2018 (04):10-13.
[19] 曹冲.前六代俱往矣 GPSⅢ开启现代化新进程[J].卫星与网络,2019 (04):40-42.
[20] 曹如月,李世超,魏爽,等.基于 Web-GIS 的多机协同作业远程监控平台设计[J].农业机械学报,2017,48(S1):52-57(14).
[21] 曾庆斌,张古斌,谢颂诗.天宝 xFill 断点续测技术在工程测量实践中的应用[J].地球,2014(10):154-154.
[22] 承继成.精准农业技术与应用[M].北京:科学出版社,2004.
[23] 党亚民,秘金钟,成英燕.全球导航定位系统原理与应用[M].北京:测绘出版社,2007.
[24] 邓中亮,尹露,唐诗浩,等.室内定位关键技术综述[J].导航定位与授时,2018,5(03):14-23.
[25] 邓中亮,余彦培,徐连明,等.室内外无线定位与导航[M].北京:北京邮电大学出版社,2013.
[26] 段运红.中国一拖发布首台真正意义上的无人驾驶拖拉机[J].农业机械,2016 (11):60-61.
[27] 关群.凯斯纽荷兰工业集团推出无人驾驶概念拖拉机[J].农业机械,2016 (09):40-43.
[28] 韩树丰,何勇,方慧.农机自动导航及无人驾驶车辆的发展综述(英文)[J].浙江大学学报:农业与生命科学版,2018,44(04):381-391(515).
[29] 韩英,贾如,唐汉.精准变量施肥机械研究现状与发展建议[J].农业工程,2019,9(05):1-6.
[30] 何勇,冯雷.地球空间信息学基础[M].杭州:浙江大学出版社,2010.
[31] 胡丹丹.我国首轮农业全过程无人作业试验启动[J].农村·农业·农民:B版,2018 (07):42.
[32] 胡刚,马昕,范秋燕.北斗卫星导航系统在海洋渔业上的应用[J].渔业现代化,2010,1(37):60-62.
[33] 胡静涛,高雷,白晓平,等.农业机械自动导航技术研究进展[J].农业工程学报,2015,31(10):1-10.
[34] 胡炼,林潮兴,罗锡文,等.农机具自动调平控制系统设计与试验[J].农业工程学报,2015,31(08):15-20.
[35] 黄丁发,张勤,张小红,等.卫星导航定位原理[M].武汉:武汉大学出版社,2015.
[36] 吉辉利,王熙.农机卫星导航自动驾驶作业精度评估试验的研究[J].中国农业大学学报,2017(11):148-156.
[37] 贾全,张小超,苑严伟,等.拖拉机自动驾驶系统上线轨迹规划方法[J].农业机械学报,2018,49(04):36-44.
[38] 贾全.拖拉机自动导航系统关键技术研究[D].北京:中国农业机械化科学研究院,2013.
[39] 鞠德明,孟志军,王培.黑龙江垦区北安管理局农户使用精准农业技术现状调查[J].黑龙江八一农垦大学学报,2014,26(05):21-26.
[40] 兰玉彬.植保无人机在新疆棉花生产中的应用及思考[J].农机市场,2018 (06):19.
[41] 李安宁,郭京华,刘小伟,等.赴美国精准农业考察情况报告——中美科技合作交流计划精准农业考察团[J].农业工程技术,2018,38(09):112-117.
[42] 李春林.StarFire™星基差分增强技术与应用[J].农业工程技术,2018,38(18):55.
[43] 李建文,李作虎,郝金明,等.GNSS的兼容与互操作初步研究[J].测绘科学技术学报,2009,26(3):177-180.
[44] 李世超,曹如月,魏爽,等.基于 TD-LTE 的多机协同导航通信系统研究[J].农业机械学报,2017,48(S1):45-51.
[45] 李天文.GPS 原理及应用.2 版[M].北京:科学出版社,2010.
[46] 刘大杰,施一民,过静君.全球定位系统(GPS)的原理与数据处理[M].上海:同济大学出版社,1996.
[47] 刘海颖,王惠南,陈志明.卫星导航原理与应用[M].北京:国防工业出版社,2013.
[48] 刘卉,孟志军,付卫强.基于 GPS 轨迹的农机垄间作业重叠与遗漏评价[J].农业工程学报,2012,28(18):149-154.
[49] 刘卉,孟志军,王培,等.基于农机空间轨迹的作业面积的缓冲区算法[J].农业工程学报,2015,31(07):180-184.
[50] 刘基余.GPS 卫星导航定位原理与方法.2 版[M].北京:科学出版社,2019.

[51] 刘基余.GPS卫星导航定位原理与方法[M].北京:科学出版社,2003.

[52] 刘经南,吴杭彬,郭迟,等.高精度道路导航地图的进展与思考[J].中国工程科学,2018,20(02):99-105.

[53] 刘军,袁俊,蔡骏宇,等.基于GPS/INS和线控转向的农业机械自动驾驶系统[J].农业工程学报,2016,32(01):46-53.

[54] 刘小伟,吴才聪.基于北斗系统发展我国精准农业技术装备[J].农业工程技术,2018,38(18):14-19.

[55] 罗锡文,单鹏辉,张智刚,等.基于推杆电动机的拖拉机液压悬挂控制系统[J].农业机械学报,2015,46(10):1-6.

[56] 罗锡文,廖娟,胡炼,等.提高农业机械化水平 促进农业可持续发展[J].农业工程学报,2016,32(01):1-11.

[57] 罗锡文,廖娟,邹湘军,等.信息技术提升农业机械化水平[J].农业工程学报,2016,32(20):1-14.

[58] 孟志军,刘卉,王华,等.农田作业机械路径优化方法[J].农业机械学报,2012,43(6):147-152.

[59] 孟志军,尹彦鑫,罗长海,等.农机深松作业远程监测系统设计与实现[J].农业工程技术,2018,38(18):34-37.

[60] 施闯,楼益栋,宋伟伟,等.广域实时精密定位原型系统及初步结果[J].武汉大学学报:信息科学版,2009,34(11):1271-1274.

[61] 隋铭明,沈飞,徐爱国,等.基于北斗卫星导航的秸秆机械化还田作业管理系统[J],农业工程学报,2016,47(1):23-28.

[62] 孙波,李斌,杨开伟,等.三种全球对流层改正模型特性分析[J].数字通信世界,2012(08):39-42.

[63] 田光兆,顾宝兴,Irshad Ali Mari,等.基于三目视觉的自主导航拖拉机行驶轨迹预测方法及试验[J].农业工程学报,2018,34(19):40-45.

[64] 童星.高速公路车路协同智能交互体系自动驾驶技术探究[J].中国交通信息化,2018(07):93-95.

[65] 汪懋华,李民赞.现代精细农业理论与实践[M].北京:中国农业大学出版社,2012.

[66] 汪懋华,赵春江,李民赞,等.数字农业[M].北京:电子工业出版社,2012.

[67] 汪懋华.“精细农业”发展与工程技术创新[J].农业工程学报,1999,15(1):1-8.

[68] 王慧南.GPS导航原理与应用[M].北京:科学出版社,2003.

[69] 王立新,朱宁欣,初小兵,等.浅析农业机械机器的视觉导航技术[J].农业与技术,2018,38(13):63-64.

[70] 王培,孟志军,尹彦鑫,等.基于农机空间运行轨迹的作业状态自动识别试验[J].农业工程学报,2015,31(03):56-61.

[71] 王志海,王沛东,孟志军,等.谷物联合收获机测产技术发展现状与展望[J].农机化研究,2014 (01):9-15.

[72] 吴才聪,胡冰冰,韩碧云,等.区域农用GNSS基准站云端管理方法与系统研究[J].农业机械学报,2018,49(01):143-150.

[73] 吴才聪,赵欣,田娟,等.基于CORS与UHF的农用GNSS差分信号中继方法[J].农业机械学报,2018,49(S1):23-28.

[74] 吴才聪,苑严伟,韩云霞.北斗在农业生产过程中的应用[M].北京:电子工业出版社,2016.

[75] 吴才聪.北斗在农机精准作业中的应用及思考[J].农业工程技术,2017,37(30):39-41.

[76] 吴才聪.美国精准农业技术应用概况及北斗农业应用思考[J].卫星应用,2015(6):14-18.

[77] 吴才聪.美行漫记:体验美国精准农业应用[J].卫星应用,2015,42(06):40-44.

[78] 吴晓鹏,赵祚喜,张智刚,等.东方红拖拉机自动转向控制系统设计[J].农业机械学报,2009,40(S1):1-5.

[79] 夏清松,唐秋华,张利平.多仓储机器人协同路径规划与作业避碰[J].信息与控制,2019,48(1):22-28.

[80] 谢斌,李皓,朱忠祥,等.基于倾角传感器的拖拉机悬挂机组耕深自动测量方法[J].农业工程学报,2013,29(4):15-21.

[81] 谢斌,武仲斌,毛恩荣.农业拖拉机关键技术发展现状与展望[J].农业机械学报,2018,49(08):1-17.

[82] 徐菁,周小琴.寻踪觅影为哪般——卫星导航定位技术在野生动物保护中的应用[J].国际太空,2013(10):58-65.

[83] 徐绍铨,张华海,杨志强. GPS测量原理及应用[M]. 武汉:武汉大学出版社,2005.
[84] 徐以厅,宋济宇. Trimble RTX技术综述[J]. 测绘通报,2014(02):137-138.
[85] 杨丽,颜丙新,张东兴,等. 玉米精密播种技术研究进展[J]. 农业机械学报,2016,47(11):38-48.
[86] 杨卫中,吴才聪. 国际GNSS精准农业应用概况[J]. 农业工程技术,2018,38(18):20-21.
[87] 於少文,孔繁涛,张建华,等. 可穿戴设备技术在奶牛养殖中的应用及发展趋势[J]. 中国农业科技导报,2016,18(05):102-110.
[88] 苑严伟,李树君,方宪法,等. 氮磷钾配比施肥决策支持系统[J]. 农业机械学报,2013,44(08):240-244.
[89] 苑严伟,张小超,毛文华,等. 超低空无人飞行器虚拟现实技术实现与仿真[J]. 农业机械学报,2009,40(06):147-152.
[90] 苑严伟,张小超,吴才聪,等. 玉米免耕播种施肥机精准作业监控系统[J]. 农业工程学报,2011,27(08):222-226.
[91] 张道萍,樊博,刘强,等. 多作战任务时间协同规划方法[J]. 指挥控制与仿真,2013,35(03):18-22.
[92] 张红平,张一,蒋捷,等. 基于天地图和北斗定位的藏羚羊跟踪与保护系统开发[J]. 地理信息世界,2015,22(2):31-33.
[93] 张小超,胡小安,苑严伟,等. 精准农业智能变量作业装备研究开发[J]. 农业工程,2011(03):26-32.
[94] 张小超,胡小安,张银桥,等. 联合收获机粮食产量分布信息获取技术[J]. 农业机械学报,2009,40(S1):173-176.
[95] 张智刚,王进,朱金光,等. 我国农业机械自动驾驶系统研究进展[J]. 农业工程技术,2018,38(18):23-27.
[96] 赵春江,郑文刚. 信息技术在农业节水中的应用[M]. 北京:科学出版社,2012.
[97] 赵宏涛,许伟,陈峰,等. 高速铁路列车运行计划自动调整系统研究[J]. 铁道运输与经济,2019,41(02):59-64.
[98] 赵忠明,周天颖,严泰来,等. 空间信息技术原理及其应用[M]. 北京:科学出版社,2013.
[99] 周建郑. GNSS定位测量[M]. 北京:测绘出版社,2014.